U0234364

高等学校建筑电气与智能化专业推荐教材

电路分析基础

郭莉莉　奚春彦　魏惠芳　主编

中国建筑工业出版社

图书在版编目（CIP）数据

电路分析基础 / 郭莉莉，奚春彦，魏惠芳主编. —
北京 ：中国建筑工业出版社，2023.9
高等学校建筑电气与智能化专业推荐教材
ISBN 978-7-112-29035-2

Ⅰ.①电… Ⅱ.①郭…②奚… ③魏… Ⅲ.①电路分
析-高等学校-教材Ⅳ.①TM133

中国国家版本馆 CIP 数据核字（2023）第 150604 号

本书共分 13 章，主要内容包括：电路基本概念和电路定律；电阻电路的等效变换；电阻电路的分析方法；电路定理；一阶动态电路的时域分析；正弦稳态电路的分析；谐振电路；互感电路；三相电路；线性动态电路的复频域分析；电路方程的矩阵形式；二端口网络；非线性电路。另有实验、电路仿真、用电安全三个附录。基本上每节都有配套的视频课程，放在正文节名称后，可扫码观看。

本书可供高等学校电子、电气、信息类等专业师生使用，并可供大中专院校师生等参考。

本书作者制作了配套的教学课件，有需要的教师可以通过以下方式获取：jckj@tabp.com.cn。
电话：(010) 58337285，建工书院：http://edu.cabplink.com。

扫码观看全书视频

责任编辑：郭 栋 吉万旺
责任校对：张 颖

高等学校建筑电气与智能化专业推荐教材
电路分析基础
郭莉莉 奚春彦 魏惠芳 主编

*

中国建筑工业出版社出版、发行（北京海淀三里河路 9 号）
各地新华书店、建筑书店经销
北京科地亚盟排版公司制版
北京圣夫亚美印刷有限公司印刷

*

开本：787 毫米×1092 毫米 1/16 印张：18 字数：445 千字
2023 年 10 月第一版 2023 年 10 月第一次印刷
定价：**49.00** 元（赠教师课件）
ISBN 978-7-112-29035-2
(41624)

编　委　会

主　编：郭莉莉　奚春彦　魏惠芳
委　员：赵晓曦　尹泽成　许伟靖　贾雪松　赵光平
　　　　那　欣　徐爽爽

前　　言

　　"电路"是高等工科院校电类相关专业的一门重要技术基础课，通过本课程的学习，可以使学生掌握电路的基本理论和分析计算电路的方法，为学习后续课程准备必要的基础知识。为了适应 21 世纪新时代高等教育培养高素质人才的需要，我们总结了多年来电路课程教学和教学改革的体会，对传统的教学内容进行了归纳和精选，本书在把握删繁就简原则的同时，保证了必需的常用基础知识，注重教学的实用性，在总体结构上力求重点突出，概念清晰，尽量避免深奥的纯数学推导，使用简洁、通俗的语言，阐明基本问题。全书采取了在保证基本概念、基本定律和基本分析方法的前提下，尽可能使教材内容满足后续课程教学的需要的连贯性，并考虑到电工电子技术的高速发展，不但给出了大量的例题和习题，还在附录部分增加了经典实验方法和仿真例程，对学生的学习和深入理解本门课程知识内容起到了理论与实践紧密结合、相互促进、启发的作用。

　　编写组成员多年来一直从事本学科的研究与教学，结合在实际教学工作中遇到的问题和解决经验的基础上，编写了本书。全书共分为 13 章，按编排顺序，主要内容为：电路基本概念和电路定律、电阻电路的等效变换、电阻电路的分析方法、电路定理、一阶动态电路的时域分析、正弦稳态电路的分析、谐振电路、互感电路、三相电路、线性动态电路的复频域分析、电路方程的矩阵形式、二端口网络、非线性电路。

　　本书由沈阳城市建设学院信息与控制工程学院组织编写。第 1 章由魏惠芳副教授编写；第 2 章及附录 B 由尹泽成编写；第 3、5 两章由郭莉莉教授、赵晓曦共同编写；第 4、8 两章由那欣编写；第 6、7 两章由贾雪松编写；第 9 章由奚春彦正研级高级工程师编写；第 10、11 两章由赵光平高级工程师编写；第 12、13 两章由许伟靖编写、附录 A、C 由徐爽爽编写。全书由郭莉莉教授统稿。

　　由于编者水平有限，书中难免存在错误和不妥之处，敬请读者给予批评指正。

目　　录

第 1 章　电路基本概念和电路定律 ··· 001
1.1　电路和电路模型 ·· 001
1.2　参考方向 ·· 001
1.3　电功率和能量 ·· 003
1.4　基本电路元件 ·· 004
1.5　电阻 ·· 005
1.6　独立电源 ·· 009
1.7　受控电源 ·· 010
1.8　基尔霍夫定律 ·· 011
习题 ·· 014
答案 ·· 016

第 2 章　电阻电路的等效变换 ·· 017
2.1　等效变换 ·· 017
2.2　电阻的等效变换 ·· 018
2.3　电源的等效变换 ·· 025
2.4　等效电阻 ·· 030
习题 ·· 031
答案 ·· 034

第 3 章　电阻电路的分析方法 ·· 035
3.1　电路的图 ·· 035
3.2　独立方程数 ·· 038
3.3　支路电流法 ·· 039
3.4　网孔电流法 ·· 041
3.5　回路电流法 ·· 044
3.6　节点电压法 ·· 048
习题 ·· 052
答案 ·· 054

第 4 章　电路定理 ·· 055
4.1　叠加定理与齐性定理 ·· 055
4.2　替代定理 ·· 058
4.3　戴维南定理与诺顿定理 ·· 059
4.4　最大功率传输定理 ·· 064
4.5　对偶定理 ·· 066

习题 ·· 067

答案 ·· 068

第 5 章　一阶动态电路的时域分析 ···················· 069
5.1　电容元件与电感元件 ···························· 069

5.2　换路定律 ···································· 073

5.3　RC 电路的响应 ································ 076

5.4　RL 电路的响应 ································ 082

5.5　三要素法 ···································· 085

习题 ·· 088

答案 ·· 089

第 6 章　正弦稳态电路的分析 ························ 090
6.1　复数 ·· 090

6.2　正弦量 ······································ 092

6.3　电路元件与电路定律的相量形式 ·················· 097

6.4　阻抗与导纳 ·································· 100

6.5　正弦稳态电路的相量分析法 ···················· 104

6.6　正弦稳态电路的功率 ·························· 107

6.7　最大功率传输 ································ 112

习题 ·· 113

答案 ·· 114

第 7 章　谐振电路 ································ 115
7.1　网络函数 ···································· 115

7.2　RLC 串联谐振电路 ···························· 117

7.3　GLC 并联谐振电路 ···························· 119

习题 ·· 121

答案 ·· 121

第 8 章　互感电路 ································ 122
8.1　互感电路的基本概念 ·························· 122

8.2　互感电路的分析 ······························ 126

8.3　理想变压器 ·································· 129

习题 ·· 133

答案 ·· 134

第 9 章　三相电路 ································ 135
9.1　三相电路的基本概念 ·························· 135

9.2　对称三相电路的电压电流关系 ·················· 137

9.3　对称三相电路的计算 ·························· 139

9.4　不对称三相电路的概念 ························ 143

9.5　三相电路的功率 ······························ 144

习题 ·· 149

    答案 ·········· 152

第 10 章　线性动态电路的复频域分析 ·········· 154
  10.1　拉普拉斯变换及其基本性质 ·········· 154
  10.2　拉普拉斯反变换的部分分式展开 ·········· 159
  10.3　运算电路与运算法 ·········· 163
  10.4　网络函数 ·········· 172
  10.5　零极点与稳定性 ·········· 174
  习题 ·········· 178
  答案 ·········· 182

第 11 章　电路方程的矩阵形式 ·········· 184
  11.1　割集 ·········· 184
  11.2　关联矩阵、回路矩阵、割集矩阵 ·········· 185
  11.3　回路电流方程的矩阵形式 ·········· 191
  11.4　结点电压方程的矩阵形式 ·········· 194
  习题 ·········· 198
  答案 ·········· 201

第 12 章　二端口网络 ·········· 204
  12.1　二端口网络 ·········· 204
  12.2　二端口的参数与方程 ·········· 207
  12.3　二端口的连接 ·········· 215
  12.4　回转器 ·········· 219
  习题 ·········· 222
  答案 ·········· 224

第 13 章　非线性电路 ·········· 226
  13.1　非线性电阻 ·········· 226
  13.2　非线性电容和非线性电感 ·········· 231
  13.3　非线性电路的分析 ·········· 233
  13.4　小信号分析法 ·········· 235
  习题 ·········· 239
  答案 ·········· 240

附录 A　实验 ·········· 242
  A.1　实验设备简介 ·········· 242
  A.2　实验项目 ·········· 245

附录 B　电路仿真 ·········· 264
  B.1　Multisim 仿真软件概述 ·········· 264
  B.2　Multisim 电路仿真 ·········· 267

附录 C　用电安全 ·········· 274

第 1 章　电路基本概念和电路定律

随着科技的发展和进步，在人们生产与生活的各个领域都充满着各种各样的电气设备。这些电气设备尽管用途不同、性能各异，但几乎都是由各种基本电路所组成。因此，学习电路的基础知识、分析电路的规律与方法，是学习电路分析基础的重要内容，也是为后面学习电子技术、供配电电路、电力电子技术打基础的。

本章主要讨论电压和电流的参考方向、基尔霍夫定律、电源的工作状态以及电路中电位的概念及计算等，这些都是分析与计算电路的基础。

1.1　电路和电路模型

电路（electric circuit），简单地说，就是电流流通的路径。它是由某些电气设备和电气元件为实现能量的输送和转换，或实现信号的传递和处理而按一定方式组合起来的整体。

1.1电路和电路模型

1.1.1　实际电路

图 1-1 是常见的手电筒电路。把干电池和灯泡经过开关用导线连接起来，就构成了电路。电路中的干电池是提供能量的，称为电源；灯泡是取用电能的，称为负载；而把电源和负载连接起来的开关及导线，是中间环节。

任何一个电路，无论其具体用途是什么、复杂程度如何，都可以看成由电源、负载和中间环节这三部分所构成。

1.1.2　电路模型

在设计电路中，通常用电路图来表示电路。在电路图中，各种电器元件都不需要画出原有的形状，而是采用统一规定的图形符号来表示，用理想元件构成的电路常称为实际电路的"电路模型"。图 1-2 就是图 1-1 的电路模型。进行理论分析时所指的电路，都是电路模型。

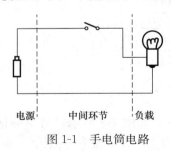

图 1-1　手电筒电路

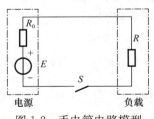

图 1-2　手电筒电路模型

1.2　参　考　方　向

1.2参考方向

电路理论中涉及很多物理量，有电流、电压、电荷、电量、磁通、电功率、电能等，其中用得最多的就是电流和电压。下面主要介绍电流和电压的实际方向和参考方向。

1.2.1 电流的参考方向

规定电流的实际方向为正电荷运动的方向或负电荷运动的相反方向。电流的值等于单位时间内通过导体横截面的电荷量的大小，用字母 i 表示，即：

$$i = \frac{\mathrm{d}q}{\mathrm{d}t} \tag{1-1}$$

在 SI 制中，电流 i 的单位是 A（安培），简称安；电量 q 的单位是 C（库仑），简称库；时间 t 的单位是 s（秒）。

如果电流的大小和方向都不随时间变化，则称为直流电流（Direct Current，DC），用大写字母 I 表示；如果电流的大小和方向都随时间变化，则称为交流电流（Alternating Current，AC），用小写字母 i 表示。

电压的实际方向是指电场力把单位正电荷从电路中的一点移到另一点所做的功。即：

$$u = \frac{\mathrm{d}W}{\mathrm{d}q} \tag{1-2}$$

在 SI 制中，电压的单位是 V（伏特），简称伏。功的单位是 J（焦耳）。直流电压用大写字母 U 表示，交流电压用小写字母 u 表示。

在电路分析时，电流和电压的实际方向有时难以确定，因而可以任意选定一个方向作为电流或电压的参考方向（也称为正方向）。

图 1-3 为电流的参考方向与实际方向的关系。根据假定的电流参考方向列写电路方程进行求解后，如果电流值为正，则表示电流的实际方向和参考方向相同；如果电流值为负，则表示电流的实际方向和参考方向相反。交流电流的实际方向是随时间而变的，因此当电流的参考方向确定后，如果在某一时刻电流值为正，则表示在该时刻电流的实际方向和参考方向相同；如为负值，则相反。

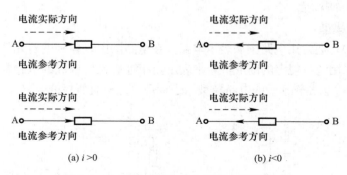

(a) $i > 0$ (b) $i < 0$

图 1-3 电流的参考方向与实际方向的关系

电流的参考方向有两种表示方法。一种是用箭头表示，如图 1-3 所示。另一种是用双下标表示，图 1-3(a) 所示电路中的参考方向，可表示为 I_{AB}，表示参考方向由 A 指向 B；图 1-3(b) 所示电路中的参考方向，可表示为 I_{BA}，表示参考方向由 B 指向 A。

1.2.2 电压的参考方向

图 1-4 为电压的参考方向与实际方向的关系。如果电压值为正，则表示电压的实际方向和参考方向相同；如果电压值为负，则表示电压的实际方向和参考方向相反。

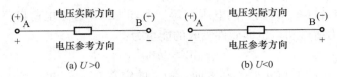

(a) $U>0$ (b) $U<0$

图 1-4　电压的参考方向与实际方向的关系

电压的参考方向有三种表示方法。第一种是用正负极表示，如图 1-3 所示。第二种是用双下标表示，图 1-4(a) 所示电路中的参考方向，可表示为 U_{AB}，表示参考方向由 A 指向 B；图 1-4(b) 所示电路中的参考方向，可表示为 U_{BA}，表示参考方向由 B 指向 A。第三种方法是用箭头表示，与电流参考方向的箭头表示方法类似。

1.2.3　关联参考方向

一个元件的电流或电压的参考方向可以独立地任意指定。如果指定流过元件的电流的参考方向是从电压正极性的一端指向负极性的一端，即两者的参考方向一致，如图 1-5 所示，则把电流和电压的这种参考方向称为关联参考方向；反之，当两者不一致时，称为非关联参考方向。

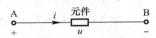

图 1-5　电压和电流的
关联参考方向

使用参考方向需注意的几个问题：

（1）参考方向是认为规定的电流、电压为正的方向，在分析问题时需要先规定参考方向，然后根据规定的参考方向列写方程。

（2）参考方向一经规定，在整个分析计算过程中不能变动。

（3）不标明参考方向而说某电流或电压的值为正或负是没有意义的。

（4）参考方向可以任意规定，不影响计算结果。因为参考方向相反时，解出的电流、电压也要改变正负号，最后得到的实际结果仍然相同。

（5）参考方向的正负只是表示参考方向与实际方向是相同或相反，与电流或电压的大小无关。

（6）在分析计算电路时，无源元件（如电阻）常取关联参考方向；有源元件（如电源）常取非关联参考方向。

1.3　电功率和能量

1.3 电功率
和能量

在电路的分析和计算中，能量和功率的计算是十分重要的。一方面，这是因为电路在工作状况下总伴随有电能与其他形式能量的相互交换；另一方面，电气设备、电路部件本身都有功率的限制，在使用时要注意其电流值或电压值是否超过额定值，过载会使设备或部件损坏，或使其不能正常工作。

1.3.1　电功率

电功率与电压和电流密切相关。当正电荷从元件上电压的"＋"极经元件运动到电压的"－"极时，与此电压相应的电场力要对电荷做功，这时，元件吸收能量；反之，正电荷从电压的"－"极经元件运动到电压"＋"极时，与此电压相应的电场力做负功，元件向外释放电能。

如果在 dt 时间内，有 dq 电荷自元件上电压的"＋"极经历电压到达电压的"－"

极。根据电压的定义（A、B 两点的电压 u 等于电场力将单位正电荷自 A 点移动至 B 点时所做的功），电场力所做功，也即元件吸收的能量为：

$$dW = u\,dq \tag{1-3}$$

现在假设 i 在元件上与 u 成关联方向，由 i 的定义 $i = dq/dt$，有 $dW = ui\,dt$，功率是能量的导数，故元件的吸收功率为：

$$p = \frac{dW}{dt} = ui \tag{1-4}$$

在 $t_0 \sim t$ 的时间内，元件吸收的能量为：

$$W(t) = \int dW = \int_{q(t_0)}^{q(t)} u\,dq = \int_{t_0}^{t} u(\xi)i(\xi)\,d\xi \tag{1-5}$$

1.3.2　电路实际功率的判断

由于 u、i 都是代数量，因此，功率 p 和吸收的能量 W 也都是代数量。当 $p > 0$、$W > 0$ 时，元件确实吸收功率与能量；当 $p < 0$、$W < 0$ 时，元件实际释放电能或发出功率。

当电流单位为 A，电压的单位为 V 时，能量的单位为 J（焦耳，简称焦）；当时间的单位为 s（秒）时，功率的单位为 W（瓦特，简称瓦）。

在指定电压和电流的参考方向后，应用式（1-4）求功率 p 时应当注意：当电压和电流的参考方向为关联参考方向时，乘积"ui"表示元件吸收的功率；当 p 为正值时，表示该元件确实吸收功率。如果电压和电流的参考方向为非关联参考方向时，乘积"ui"表示元件发出的功率，此时当 p 为正值时，该元件确实发出功率。一个元件若吸收功率 100W，也可以认为它发出功率 -100W；同理，一个元件若发出功率 100W，也可以认为它吸收功率 -100W。这两种说法是一致的。

在图 1-5 中，已知某元件两端的电压为 5V，A 点电位高于 B 点电位；电流 i 的实际方向为自 A 点到 B 点，其值为 2A。根据图 1-5 中指定的参考方向，u 和 i 为关联参考方向，$u = 5$V，$i = 2$A。据式（1-4），$p = 10$W，为正值，此元件吸收的功率为 10W。如果指定的 u 和的参考方向为非关联参考方向时，则此时 $u = -5$V，$i = 2$A。按式（1-4），元件发出的功率 $p = -10$W，为负值。所以，此元件实际上还是吸收 10W，两次求得的结果一致。

1.3.3　电能

电能是指在一定的时间内电路元件或设备吸收或发出的电能量，用符号 W 表示，其国际单位为焦耳。电能的计算公式为：

$$W(t) = pt = UIt \tag{1-6}$$

通常电能用千瓦时（kW·h）来表示大小，也称为度（电）。1 度（电）＝1kW·h＝3.6×10^6J，即功率为 1000W 的供能或耗能元件，在 1h（小时）的时间内所发出或消耗的电能量为 1 度。

1.4 基本
电路元件

1.4　基本电路元件

1.4.1　电路元件

理想电路元件包括理想无源元件和理想电源元件两类。理想无源元件包括理想电阻元件、理想电容元件和理想电感元件三种，简称电阻、电容和电感。其中，电阻又称为耗能元件，电容和电感又称为储能元件。

1.4.2　集总参数电路

集总参数电路是由电路电气器件的尺寸和工作信号的波长来做标准划分的，要知道集总参数电路首先要了解实际电路的基本定义。实际电路又可分为分布参数电路和集总参数电路。

由电阻器、电容器、线圈、变压器、晶体管、运算放大器、传输线、电池、发电机和信号发生器等电气器件和设备连接而成的电路，称为实际电路。以电路电气器件的实际尺寸（d）和工作信号的波长（λ）为标准划分，实际电路又可分为集总参数电路和分布参数电路。

满足 $d \ll \lambda$ 条件的电路，称为集总参数电路。其特点是电路中任意两个端点间的电压和流入任一器件端钮的电流完全确定，与器件的几何尺寸和空间位置无关。不满足 $d \ll \lambda$ 条件的电路，称为分布参数电路。其特点是电路中的电压和电流是时间的函数而且与器件的几何尺寸和空间位置有关。有波导和高频传输线组成的电路是分布参数电路的典型例子。

1.5　电　阻

1.5 电阻

1.5.1　定义

在电场力作用下，电流在导体中流动时，所受到的阻力称为电阻。它等于加在导体两端的电压和通过导体电流的比值。电阻用符号 R 表示，电路符号如图 1-6 所示。电阻的国际单位是欧姆，简称欧，用符号 Ω 表示，常用电阻单位还有千欧（$k\Omega$）和兆欧（$M\Omega$）。

$$1k\Omega = 10^3\,\Omega \quad 1M\Omega = 10^6\,\Omega$$

1.5.2　线性时不变电阻

导体的电阻是客观存在的，线性电阻（一般导体均可视为线性）不随导体两端电压的大小变化，即没有电压，导体仍然有电阻。试验证明：温度一定时，导体的电阻与导体长度 L 成正比，与导体的横截面积 S 成反比，并与导体的材料有关，这个规律叫作电阻定律，用公式表示为：

图 1-6　电阻的
电路符号

$$R = \rho \frac{L}{S} \tag{1-7}$$

式中　ρ——电阻率，与材料性质有关。

线性电阻都满足欧姆定律，这是分析电路的基本定律之一。欧姆定律是指通过电阻的电流和电阻两端的电压成正比。当通过电阻的电流与电阻两端的电压取关联参考方向时，欧姆定律的表达式为：

$$R = \frac{U}{I} \tag{1-8}$$

当通过电阻的电流与电阻两端的电压取非关联参考方向时，欧姆定律的表达式前面应加负号。

电阻上吸收（消耗）的功率为：

$$p = ui = i^2 R = \frac{u^2}{R} \tag{1-9}$$

在 $t_1 \sim t_2$ 时间内，电阻上吸收（消耗）的电能为：

$$W = \int_{t_1}^{t_2} Ri^2 \, \mathrm{d}t \tag{1-10}$$

在电工上，为了表征导体导电性能，还会用到电导这个概念。电导即电阻的倒数，用符号 G 表示，即：

$$G = \frac{1}{R} \tag{1-11}$$

电导描述了导体导电的本领。导体的电导越大，其电阻越小，导电性能越好。电导的单位是西门子，简称西，符号是 S。

如果电阻不是一个常数，而是随着电压或电流变动，那么这种电阻就称为非线性电阻。其电路符号如图 1-7 所示。

非线性电阻中的电流与其两端电压的关系不再满足欧姆定律，一般不能用数学式表示，而是用电压与电流的关系曲线 $U = f(I)$ 或 $I = f(U)$ 表示。

非线性电阻在实际电路中也有很多应用。图 1-8 为二极管的伏安特性曲线。

图 1-7　非线性电阻的符号

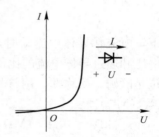

图 1-8　二极管的伏安特性曲线

1.5.3　功率和能量

图 1-9 为电容元件的电路符号，其电流、电压的参考方向如图 1-9 所示。

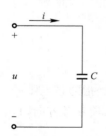

图 1-9　电容元件
的电路符号

在电容的两端加上电压 u，电容即被充电并在两极板之间建立电场，设极板上所带的电荷为 q，则电容的定义为：

$$C = \frac{q}{u} \tag{1-12}$$

式中，电荷 q 的单位是库仑，电压 u 的单位是伏特，电容 C 的单位是法拉（F）。实际电容的电容量很小，所以电容 C 的单位通常是微法（μF）或皮法（pF）。

$$1\mu\text{F} = 10^{-6}\text{F} \quad 1\text{pF} = 10^{-12}\text{F}$$

与电阻类似，电容分为线性电容和非线性电容两类：线性电容的 C 是个常数，不随电压变化；非线性电容的 C 是变量，随电压变化而变化。本书只讨论线性电容。

当加在电容上的电压 u 增加时，极板上的电荷 q 也增加，电容充电；电压 u 减小时，极板上的电荷 q 也减少，电容放电。电流的定义为：

$$i = \frac{\mathrm{d}q}{\mathrm{d}t} \tag{1-13}$$

将式（1-12）代入式（1-13），得电容元件的 VCR（电压电流关系）为：

$$i = C \frac{\mathrm{d}u}{\mathrm{d}t} \tag{1-14}$$

式（1-14）说明，电容的电流与它两端电压的变化率成正比，只有电压发生变化时，电容元件中才会有电流 i 通过，因此，电容元件是一种动态元件。

注意式（1-14）是在 u 和 i 取关联参考方向的情况下得出的，如果 u 和 i 取非关联参考方向，要加一负号。

当电压 u 为恒定值时，电压的变化率 $\frac{\mathrm{d}u}{\mathrm{d}t}=0$，因此，电容中始终没有电流，即 $i=0$。因此，电容元件具有隔断直流的作用，即电容在直流电路中相当于开路。

将式（1-14）两边乘以 u，并积分，得：

$$W = \int_0^t ui\,\mathrm{d}t = \int_0^u Cu\,\mathrm{d}u = \frac{1}{2}Cu^2 \tag{1-15}$$

上式表明，当电容元件上的电压增加时，电场能量也增加；在此过程中电容元件从电源取用能量（充电）。电容元件中的电场能量为 $\frac{1}{2}Cu^2$。当电压降低时，电场能量也减少，即电容元件向电源释放能量（放电）。因此，电容元件不消耗能量，是储能元件。

图 1-10 为一电感元件，当有电流 i 通过线圈时，线圈中就会建立磁场。设通过线圈的磁通为 ϕ，线圈匝数为 N，则与线圈相交磁链 Ψ 为：

$$\Psi = N\phi \tag{1-16}$$

磁通 ϕ 与电流 i 的方向关系由右手定则确定。电感元件的参数定义为：

$$L = \frac{\Psi}{i} = \frac{N\phi}{i} \tag{1-17}$$

L 称为电感或自感。线圈的匝数 N 越多，其电感越大；线圈中单位电流产生的磁通越大，电感也越大。

电感的单位是亨［利］（H）或毫亨（mH）。磁通的单位是韦［伯］（Wb）。电感元件的电路符号如图 1-11 所示。

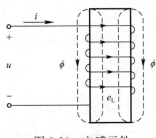

图 1-10　电感元件

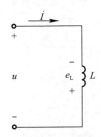

图 1-11　电感元件的电路符号

当电感 L 中的电流 i 发生变化时，由它建立的磁链 Ψ 也随之变化。根据电磁感应定律，磁链随时间变化就要在电感线圈中引起感应电动势 e_{L}；而且，e_{L} 总起着阻碍电流 i 变化的作用。电磁感应定律的公式为：

$$e_{\mathrm{L}} = -\frac{\mathrm{d}\Psi}{\mathrm{d}t} = -N\frac{\mathrm{d}\phi}{\mathrm{d}t} = -L\frac{\mathrm{d}i}{\mathrm{d}t} \tag{1-18}$$

由 KVL（基尔霍夫电压定律），得：

$$u + e_L = 0 \qquad (1\text{-}19)$$

或：

$$u = -e_L = L \frac{\mathrm{d}i}{\mathrm{d}t} \qquad (1\text{-}20)$$

当线圈中通过恒定电流时，其上电压 u 为零，故在直流电路中，电感元件可视作短路。

将式（1-20）两边乘以 i 并积分，得：

$$W = \int_0^t ui\,\mathrm{d}t = \int_0^i Li\,\mathrm{d}i = \frac{1}{2} \qquad (1\text{-}21)$$

上式表明，当电感元件中的电流增大时，磁场能量增大；在此过程中，电能转换为磁能，即电感元件从电源取用能量（充电）。电感元件中的磁场能为 $\frac{1}{2}Li^2$；当电流减小时，磁场能减小，磁能转换为电能，即电感元件向电源释放能量（放电）。因此，电感元件也不消耗能量，是储能元件。

与电阻和电容类似，电感分为线性电感和非线性电感两类：线性电感的 L 是个常数，不随电流变化；非线性电感的 L 是变量，随电流变化而变化。本书只讨论线性电感。

1.5.4 开路和短路

在图 1-12 所示的电路中，若开关断开，则电源处于开路状态。开路时，电路中的特点是：开路时电流为零，负载的功率为零，相当于电阻无穷大，开路电压为电源的空载电压，等于电源电动势。

$$I = 0$$
$$U = U_0 = E$$
$$P = 0$$

由于工作不慎或绝缘破损等，导致电源的两端被阻值近似为零的导体连接，称为短路状态，如图 1-13 所示。短路时电路中的特点是：电源的端电压即负载的电压为零，负载的电流与功率也为零；通过电源的电流最大，该电流为短路电流 $I_{SC} = \dfrac{E}{R_0}$。

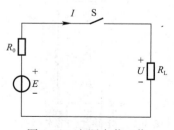

图 1-12　电源有载工作

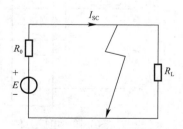

图 1-13　短路电路

此时，电源产生的功率 $P_S = R_0 I_S^2$，全部被内阻消耗。因为电源的内阻很小，电流很大，超过电源和导线的额定电流，如不及时切断，将引起剧热而使电源、导线及仪器、仪表等设备烧坏。为了防止短路所引起的事故，通常在电路中接入熔断器或断路器，一旦发生短路事故，它能迅速自动切断电路。

【例 1.1】　分析图 1-14 所示的电路，试回答以下问题：

（1）求开关 S 闭合前后电路中的电流 I_1、I_2、I 及电源的端电压 U；

（2）当 S 闭合时，I_1 是否被分去一些？

（3）如果电源的内阻 R_0 不能忽略不计，则闭合 S 时 60W 电灯中的电流是否有所变动？

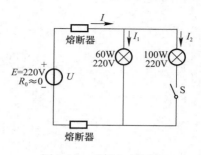

图 1-14　【例 1.1】图

【解】　（1）由于 $R_0 \approx 0$，所以电源端电压为 $U \approx E = 220V$。电灯获得额定电压为 220V。

各电灯电阻为

$$R_{60} = \frac{U_N^2}{P_N} = \frac{220^2}{60} \approx 807\Omega$$

$$R_{100} = \frac{U_N^2}{P_N} = \frac{220^2}{100} = 484\Omega$$

开关 S 闭合前：　　$I_2 = 0A$，　$I_1 = \frac{E}{R_{60}} = \frac{220}{807} = 0.273A$

开关 S 闭合后：R_{60} 与 R_{100} 并联，总电阻为

$$R = \frac{R_{60} \cdot R_{100}}{R_{60} + R_{100}} = \frac{1}{\dfrac{60}{220^2} + \dfrac{100}{220^2}} = \frac{220^2}{160}\Omega$$

$$I = \frac{E}{R} = \frac{220}{220^2} \times 160 = 0.727A$$

$$I_1 = \frac{E}{R_{60}} \approx 0.273A$$

$$I_2 = \frac{E}{R_{100}} = I - I_1 \approx 0.454A$$

（2）S 闭合时，I_1 并未被分去一些，因为各灯中电流取决于它们所获得的端电压，端电压不变则电流不变。

（3）如果电源内阻 R_0 不能忽略不计，则电源端电压 U 将低于电动势 E，且随电路总电流增大而下降。闭合 S 接入 100W 电灯后，总电流增大，电源电压将小于 220V，60W 灯中电流将减小，但并非被 100W 灯分去；同样，100W 灯中电流将小于上题的计算结果。

1.6　独 立 电 源

1.6 独立电源

给电路提供电能的元件，称为电源。电源分为独立源和受控源两大类。独立源能够独立的给电路提供能量，而受控源给电路提供的电压或电流受其他支路的电压或电流控制。本节中只介绍独立电源。

1.6.1　理想电压源

独立源按照提供能量的性质不同，可分为电压源和电流源两种。本节只以理想的电源元件为例，介绍两种电源的特点。

图 1-15 为电压源的电路符号和伏安特性。

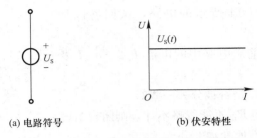

(a) 电路符号　　　　　　　(b) 伏安特性

图 1-15　电压源电路符号和伏安特性

电压源基本性质是：它提供的是恒定的电压值或固定时间函数值；电压源两端的电压由它本身决定，与流过它的电流无关；电压源的电流由他本身和所连接的外电路共同决定。

1.6.2　理想电流源

图 1-16 为电流源的电路符号和伏安特性。

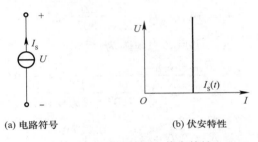

(a) 电路符号　　　　　　　(b) 伏安特性

图 1-16　电流源符号和伏安特性

电流源基本性质是：它提供的是恒定的电流值或固定时间函数值；电流源输出的电流由它本身决定，与它两端的电压和外电路无关；电流源的电压由其本身和所连接的外电路共同决定。

1.6.3　实际电压源

常见实际电源（如发电机、蓄电池等）的工作机理比较接近电压源，其电路模型是电压源与电阻的串联组合。

1.6.4　实际电流源

像光电池一类器件，工作时的特性比较接近电流源，其电路模型是电流源与电阻的并联组合。另外，专门设计的电子电路可作为电流源而广泛应用于集成电路之中。

1.7 受控电源

1.7　受控电源

1.7.1　定义

受控（电）源又称"非独立"电源。受控电压源的激励电压或受控电流源的激励电流与独立电压源的激励电压或独立电流源的激励电流有所不同，后者是独立量，前者则受电路中某部分电压或电流控制。

双极晶体管的集电极电流受基极电流控制，运算放大器的输出电压受输入电压控制，所以这类器件的电路模型中要用到受控源。

1.7.2　分类

受控电压源或受控电流源因控制量是电压或电流可分为电压控制电压源（VCVS）、电压控制电流源（VCCS）、电流控制电压源（CCVS）和电流控制电流源（CCCS）。这四种受控源的图形符号如图 1-17 所示。为了与独立电源相区别，用菱形符号表示其电源部分。图中，u_1 和 i_1 分别表示控制电压和控制电流从 μ、r、g 和 β 分别是有关的控制系数；其中，μ 和 β 是量纲一的量，r 和 g 分别具有电阻和电导的量纲。这些系数为常数时被控制量和控制量成正比，这种受控源称为线性受控源，本书只考虑线性受控源，故一般将略去"线性"两字。

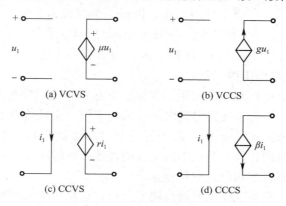

(a) VCVS　　(b) VCCS　　(c) CCVS　　(d) CCCS

图 1-17　受控电源

1.7.3　受控源与独立源的关系

在图 1-17 中，把受控源表示为具有四个端子的电路模型，其中受控电压源或受控电流源具有一对端子，另一对控制端子则为开路或短路，分别对应于控制量是开路电压或短路电流。这样处理有时会带来方便。所以，可以把受控源看作是一种四端元件；但在一般情况下，不一定要在图中专门标出控制量所在处的端子。

独立电源是电路中的"输入"，表示外界对电路的作用，电路中电压或电流是由于独立电源起的"激励"作用产生的。受控源则不同，它是用来反映电路中某处的电压或电流能控制另一处的电压或电流的现象，或表示一处的电路变量与另一处电路变量之间的一种耦合关系。在求解具有受控源的电路时，可以把受控电压（电流）源作为电压（电流）源处理，但必须注意其激励电压（电流）是取决于控制量的。

【例 1.2】　图 1-18 中，$i_S = 2A$，VCCS 的控制系数 $g = 2S$，求 u。

【解】　由图 1-18，左部先求控制电压 u_1，$u_1 = 5i_S = 5 \times 2 = 10V$；故 $u = 2gu_1 = 2 \times 2 \times 10V = 40V$。

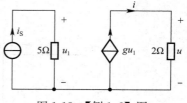

图 1-18　【例 1.2】图

1.8　基尔霍夫定律

分析和计算直流电阻电路的基本定律，除了以前学过的欧姆定律之外，还有基尔霍夫定律。基尔霍夫定律包含两部分内容：基尔霍夫电流定律（Kirchhoff's Current Law，简称 KCL）和基尔霍夫电压定律（Kirchhoff's Voltage Law，简称 KVL）。

1.8 基尔霍夫
定律

1.8.1 结点与支路

介绍基尔霍夫定律前，首先介绍电路中常见的几个名词。

支路：电路中的任意一条分支，称为支路。流过支路的电流，称为支路电流。

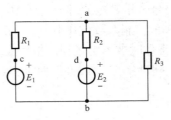

图 1-19 举例电路

节点：三条或三条以上支路的连接点，称为节点。

回路：电路中任意一闭合的路径，称为回路。

网孔：内部不包含支路的回路，称为网孔。

举例如图 1-19 所示电路图，该电路中支路数为 3 条，分别是 acb、adb 和 ab。节点数为 2 个，分别是 a 和 b。回路数是 3 个，分别为 acbda、adba 和 acba。网孔数为 2 个，分别是 acbda 和 adba。

1.8.2 基尔霍夫电流定律（KCL）

基尔霍夫电流定律也称基尔霍夫第一定律。它是基于电荷守恒原理和电流的连续性，用来确定连接于同一节点的各支路电流之间关系的定律，它只适用于节点。

KCL 的具体内容是：任一瞬间，流入任一节点的电流之和等于流出该节点的电流之和。或者说，在任一瞬间，任一节点上的电流的代数和恒等于零。若规定参考方向向着节点的电流取正号，则背着节点的就取负号。

根据计算的结果，有些支路的电流可能是负值，这是由于所选定的电流的参考方向与实际方向相反造成的。

在图 1-20 所示的电路中，对于节点 a，根据 KCL 可列方程：

$$I_3 = I_1 + I_2$$

整理成：

$$I_1 + I_2 - I_3 = 0$$

即：

$$\sum I = 0 \tag{1-22}$$

基尔霍夫电流定律不仅适用于节点，还可以推广应用到电路中任一假定的闭合面。如图 1-21 所示晶体管中，画虚线的部分看作一个假想的闭合面，根据基尔霍夫电流定律有：

$$I_E = I_C + I_B \tag{1-23}$$

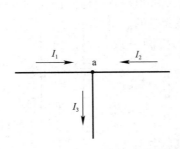

图 1-20 节点 a 上电流关系

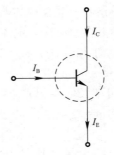

图 1-21 KCL 的推广应用

【例 1.3】 如图 1-20 所示电路中，$I_1 = 5A$，$I_3 = 3A$，求 I_2。

【解】 因为

$$I_1 + I_2 - I_3 = 0$$

即

$$5 + I_2 - 3 = 0$$

则

$$I_2 = -2A$$

【例 1.4】　在图 1-22 所示的电路中，已知 $I_1=3A$，$I_4=-5A$，$I_5=8A$，试求：I_2、I_3 和 I_6。

【解】　根据图中标出的电流参考方向，应用基尔霍夫电流定律，分别由节点 a、b、c 求得：

$$I_6=I_4-I_1=-8A$$
$$I_2=I_5-I_4=13A$$
$$I_3=I_6-I_5=-16A$$

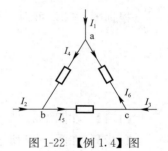

图 1-22　【例 1.4】图

1.8.3　基尔霍夫电压定律（KVL）

基尔霍夫电压定律，也称基尔霍夫第二定律。它描述了电路中任一闭合回路中各部分电压间的关系，它只适用于回路。

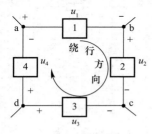

图 1-23　回路上电压关系

KVL 的具体内容是：任一瞬间，沿任一闭合回路绕行一周，各部分电压的代数和恒等于零。或者说，在任一瞬间，沿着闭合回路的某一点，按照一定的方向绕行一周，各元件上的电位降之和等于电位升之和。

在图 1-23 所示电路中，带有数字标号的方块表示电路中元件，在回路中，采用顺时针方向绕行一周，如果规定电位降为正号，则电位升为负号。根据 KVL，可列方程：

$$u_3=u_1+u_2+u_4$$

整理得：

$$u_1+u_2+u_4-u_3=0$$

即：

$$\sum U=0$$

【例 1.5】　如图 1-24 所示电路，分别对回路 1 和回路 2 列 KVL 方程。

【解】　对于回路 1，按照图中标出的顺时针绕行方向，判断电位升的元件有 E_1，电位降的元件有 R_1 和 R_3，列 KVL 方程有：

$$E_1=I_1R_1+I_3R_3$$

同理，对于回路 2，列 KVL 方程有：

$$E_3=I_2R_2+I_3R_3$$

需要强调的是，在列写方程时，需要标注出电压、电流的参考方向及回路的绕行方向。因为参考方向选择的不同，直接影响该项的正负号。

基尔霍夫电压定律不仅适用于回路，还可以推广应用到假想回路或回路的一部分，如图 1-25 所示部分电路。

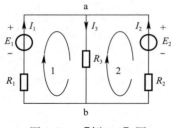

图 1-24　【例 1.5】图

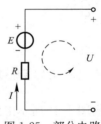

图 1-25　部分电路

根据图 1-23，可列 KVL 方程：

$$E = IR + U$$

习　　题

【1.1】　在图 1-26 所示电路中，$U_1 = -6V$，$U_2 = 4V$，试问 U_{ab} 等于多少伏？

【1.2】　在图 1-27 所示电路中，求电流 I。

【1.3】　在图 1-28 所示电路中，求 U_{ab}、U_{bc}、U_{ca}。

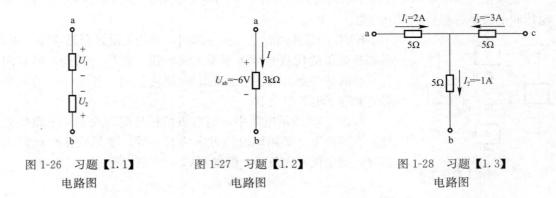

图 1-26　习题【1.1】
电路图

图 1-27　习题【1.2】
电路图

图 1-28　习题【1.3】
电路图

【1.4】　如图 1-29（a）所示是一电池电路，当 $U = 3V$，$E = 5V$ 时，该电池作电源用还是作负载用？（b）也是一电池电路，当 $U = 5V$，$E = 3V$ 时，则又如何？

【1.5】　如图 1-30 所示的电路中，五个元件代表电源或负载。电流和电压的参考方向如图所示，已知：$I_1 = -4A$，$I_2 = 6A$，$I_3 = 10A$，$U_1 = 140V$，$U_2 = -90V$，$U_3 = 60V$，$U_4 = -80V$，$U_5 = 30V$。

（1）试标出各电流的实际方向和各电压的实际极性（可另画一图）。

（2）判断哪些元件是电源？哪些是负载？

（3）计算每个元件的功率，电源发出的功率和负载取用的功率是否平衡？

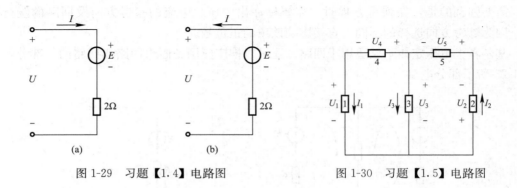

图 1-29　习题【1.4】电路图

图 1-30　习题【1.5】电路图

【1.6】　化简图 1-31 所示电路。

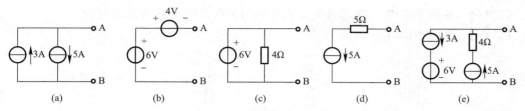

图 1-31　习题【1.6】电路图

【1.7】　实际电源的伏安特性曲线如图 1-32 所示，试求其电压源模型，并把它等效成电流源模型。

【1.8】　有一直流电源，其额定功率 $P_N=200W$，额定电压 $U_N=50V$，内阻 $R_0=0.5\Omega$，负载电阻 R 可以调节，其电路如图所示。试求：

（1）额定工作状态下的电流及负载电阻；

（2）开路状态下的电源端电压；

（3）电源短路状态下的电流。

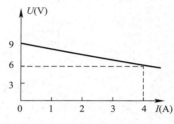

图 1-32　习题【1.7】
伏安特性曲线

【1.9】　有人欲将 110V、100W 和 110V、40W 的两只白炽灯串接后接在 220V 的电源上使用，是否可以？为什么？

【1.10】　一只 110V、8W 的指示灯，现在要接在 380V 的电源上，问要串联多大阻值的电阻？

【1.11】　如图 1-33 所示，如果让电路中的电流 $I=0A$，则 U_S 应为多大？

【1.12】　在图 1-34 所示的电路中，$R_1=5\Omega$，$R_2=15\Omega$，$U_S=100V$，$I_1=5A$，$I_2=2A$，若 R_2 电阻两端电压 $U=30V$，求电阻 R_3。

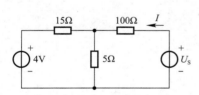

图 1-33　习题【1.11】电路图

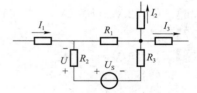

图 1-34　习题【1.12】电路图

【1.13】　图 1-35 是电源的有载工作的电路。电源的电动势 $E=220V$，内阻 $R_0=0.2\Omega$；负载电阻 $R_1=10\Omega$，$R_2=6.67\Omega$；线路电阻 $R_l=0.1\Omega$。试求负载电阻 R_2 并联前后：（1）电路中电流 I；（2）电源端电压 U_1 和负载端电压 U_2；（3）负载功率 P；（4）当负载增大时，总的负载电阻、线路中电流、负载功率、电源端和负载端的电压是如何变化的？

【1.14】　求图 1-36 所示的电路中的电流 I、I_1 和电阻 R。

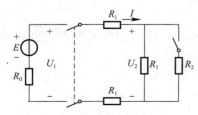

图 1-35　习题【1.13】电路图

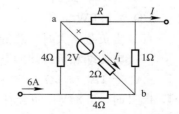

图 1-36　习题【1.14】电路图

【1.15】 在图 1-37 中，试求开关 S 断开和闭合两种情况下 A 点的电位。

【1.16】 在图 1-38 中，求 A 点电位。

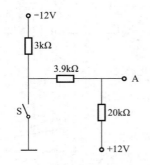 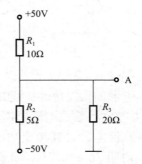

图 1-37 习题【1.15】电路图　　　图 1-38 习题【1.16】电路图

答　案

【1.1】 —10V。

【1.2】 —2mA。

【1.3】 5V、20V、—25V。

【1.4】 （a）图电源；（b）图负载。

【1.5】 （1）略；

（2）元件 1、2 为电源，3、4、5 为负载；

（3）电源发出功率 1100W，等于负载吸收功率。

【1.6】 （a）2A；（b）2V；（c）6V；（d）5A；（e）2A。

【1.7】 略。

【1.8】 （1）4A，12.5Ω；

（2）52V；

（3）104A。

【1.9】 不可以。40W 灯会烧坏，100W 亮度不足。

【1.10】 选用 3.7 kΩ 电阻。

【1.11】 1V。

【1.12】 17.5Ω。

【1.13】 （1）21.2A；

（2）216V，212V；

（3）4.49kW。

（4）当负载增大时，总的负载电阻减小、线路中电流增大、负载功率增大、电源端和负载端的电压均降低。

【1.14】 6A、—1A、0.5Ω。

【1.15】 断开时—5.84V；闭合时 1.96V。

【1.16】 —14.3V。

第2章　电阻电路的等效变换

实际分析各类电路过程中，经常会遇到多回路、多结点的复杂电路问题，如何通过等效分析模型的方法来简化分析过程，就是本章讨论的问题。等效变换是分析电路的一种重要方法。简化复杂电路，首先，思考确认需要分析的复杂电路能否化繁为简，即学习电路等效变换的概念以及等效分析思路；其次，学习如何简化复杂电路，具体讨论各类复杂电路的等效变换的方法。

2.1　等 效 变 换

在开始学习电路等效变换前，先掌握几个重要概念：

（1）线性电路：完全由线性元件、独立源或线性受控源组成的电路，称为线性电路。

（2）线性电阻电路：线性电路中的无源元件均为线性电阻的电路，称为线性电阻电路，简称电阻电路。

（3）直流电路：电路中的独立电源都是采用的直流电源时，电路称为直流电路。在此基础上，如果直流电路中的所有无源元件均为电阻元件时，则该电路称为直流电阻电路。

当电路结构较为简单时，并不需要列写 KVL、KCL 方程组来进行求解。可以电路的不同连接方式将电路进行等效变换，通过化简电路来进行求解。对复杂电路网络进行分析时，对其中某一支路的电压、电流或者功率的问题，需要联立较多方程，不便于求解。解决这类问题的方法就是对电路的某一个部分进行化简。即用一个较为简单的电路来替代原有的复杂电路，较大程度地简化电路分析和计算过程。等效变换是求局部响应的有效手段。

2.1.1　一端口

戴维南定理中介绍的二端网络为一端口网络，即由两个端子向外引出的电路称为二端网络，两个端子从一个端子流入的电流等于从另一个端子流出的电流的二端网络称为一端口网络，如图 2-1 所示。一端口网络即具有两个端子的网络，也可以是具有多于两个端子，但关注的只是其中两个端子（作为一个端口）性能的网络。网络内部没有独立源的一端口网络，称为无源一端口网络；如有，则称为有源一端口网络。

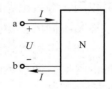

图 2-1　一端口网络

等效的含义为两个内部结构完全不同的一端口网络，如果它们端子上具有完全相同的电压和电流，即具有相同的伏安关系 VCR，那么我们就可以认为它们是等效的。如果说两个电路等效，那么只涉及两者对外显示出的性能，而并不涉及两者的内部性能。因此，即便两个内部结构完全不同的电路网络，如一个网络内部非常复杂，另一个网络内部却很

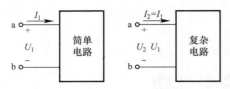

图 2-2 两个一端口网络等效

简单，如果两个电路网络具有相同的对外部性能，那么两个网络也是等效的，如图 2-2 所示。即电路等效的概念是对外电路而言，而与内电路的无关，对内电路不等效。

2.1.2 一端口的等效变换

对电路进行分析和计算时，可以将电路中的某一部分进行简化，即用一个较为简单的电路来替换原电路。端口外部性能完全相同的电路互为等效电路。以图 2-3 的电路为例。图 2-3(a) 所示的电路，即在 1、1′ 端口右侧虚线框中给出的几个电阻构成的电路 N_1 可以用电路 N_2 的一个等效电阻 R_{eq} 替代，如图 2-3(b) 所示，其中电阻 R_{eq} 称为等效电阻，等效电阻值决定于被替代的原电路中的各电阻的值以及它们的连接方式。因此，对外电路而言，互为等效的电路可以相互替换，即前面所说的电路的等效变换。

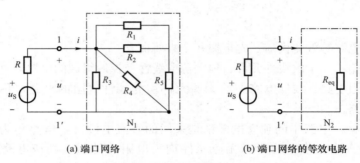

(a) 端口网络　　　　　　　　　　　(b) 端口网络的等效电路

图 2-3 等效变换示意图

电路进行等效变换时，等效一定时对外电路而言的，内部不一定等效。也就是说，当电路中的某一部分用其等效电路替代后，其他未被替代的部分的电压和电流都应该保持不变。

在进行电路等效变换时应明确：

（1）电路等效变换的前提：两电路具有相同的端口伏安特性（VCR）。

（2）电路等效变换的对象：用等效变换的方法求解电路时，电压和电流保持不变的部分仅限于等效电路以外，这就是"对外等效"的概念。等效电路与被它替代的那部分电路显然是不同的。"对外等效"一定是对外部特性的等效。

（3）电路等效变换的目的：简化电路，简化电路分析过程，以便更简单地求出需要求解的答案。通过电路的等效变换，将复杂的电路等效成另一个简单电路，可以更容易地求取和分析结果。

2.2 电阻的等效变换

2.2 电阻的
等效变换

电阻是组成电路的基本元器件，也是欧姆定律的实例体现。电阻元件在电路中的连接方式是非常灵活的，有串联、并联，也有 Y 形联结和 △ 形联结。对电阻电路进行等效变换，就可以通过一个等效电阻来表示。接下来，就介绍电阻的等效变换的前提调节和计算方法。

2.2.1　电阻的串并联等效变换

在图 2-4(a) 中的 N_1 电路所示，为 n 个电阻 R_1、R_2、$\cdots\cdots R_n$ 进行首位的连接，连成一串时的串联组合，称为串联。电阻串联时，在电源的作用下流过每个电阻的电路为同一电流。

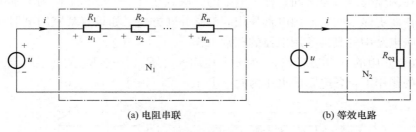

(a) 电阻串联　　　　　　　　　(b) 等效电路

图 2-4　串联电阻电路与其等效电路

根据 KVL，串联电路的总电压等于各个串联电阻的电压之和，可列电路的方程：

$$u = u_1 + u_2 + \cdots + u_n = \sum_{k=1}^{n} u_k \tag{2-1}$$

并由电阻元件的伏安关系，可得：

$$u = (R_1 + R_2 + \cdots + R_k + \cdots + R_n)i \tag{2-2}$$

电路 N_1 和 N_2 具有相同的对外特性，即电路 N_2 是 N_1 等效电路。因此，N_1 的串联等效电阻为：

$$R_{eq} = R_1 + R_2 + \cdots + R_n = \frac{u}{i} = \sum_{k=1}^{n} R_k \tag{2-3}$$

电阻 R_{eq} 是这些串联电阻的等效电阻。由式（2-3）可知，串联等效电阻 R_{eq} 是所有串联电阻之和，其值大于任一个串联电阻值。

在电阻串联时，各电阻上的电压为：

$$u_k = R_k i = \frac{R_k}{R_{eq}} u \quad (k=1, 2, \cdots, n) \tag{2-4}$$

可见，各电阻上的电压与其各自的电阻值成正比；或者说，总电压根据各个串联电阻的阻值进行分压，阻值越大，根据伏安关系可知，分到的电压也就越大。因此，我们称式（2-4）为串联的分压公式。串联电路中的电阻分压作用在电工技术领域中的应用是非常广泛的，例如，电子电路中的信号分压；常用电位器实现可调串联分压电路；直流电动机用串联电阻的降压启动等。

特别的，如果 n 个阻值相同的电阻进行串联，即 $R_1 = R_2 = \cdots\cdots = R_n = R$ 时，其等效电阻 $R_{eq} = nR$，任意一个串联电阻上的电压相等，为：

$$u_k = \frac{u}{n} \quad k=1, 2, \cdots, n$$

电路吸收的总功率为：

$$p = (R_1 + R_2 + \cdots + R_n)i^2 = p_1 + p_2 + \cdots + p_n = R_{eq} i^2 \tag{2-5}$$

其中不同电阻吸收的功率与其电阻值的关系为：

$$p_1 : p_2 : \cdots : p_n = R_1 : R_2 : \cdots : R_n \qquad (2\text{-}6)$$

由式（2-5）和式（2-6）可知，电阻串联电路吸收或者说消耗掉的总功率等于各电阻消耗功率的总和，与电阻阻值成正比，即阻值越大者，消耗的功率越大。

电路中另一个常见的元件连接方式就是并联。如果有多个电阻首尾两端分别接在一起，且连接在两个公共节点之间，称为电阻的并联。在日常生活和工作的场景中，并联的应用实例往往要更多一些。家用电器采用的都是并联方式，如果有某家用电器故障不工作时，而不影响电路中的其他家用电器的正常工作。

在图 2-5(a) 中的 N_1 电路所示，为 n 个电阻 R_1、R_2、$\cdots\cdots R_n$ 的并联组合。电阻并联时，在电源的作用下，各电阻的电压为同一电压。

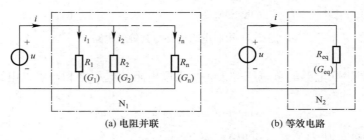

(a) 电阻并联   (b) 等效电路

图 2-5　并联电阻电路与其等效电路

由于电压相等，总电流 i 根据 KCL 可得：

$$i = i_1 + i_2 + \cdots + i_n = u/R_1 + u/R_2 + \cdots + u/R_n$$
$$= u(1/R_1 + 1/R_2 + \cdots + 1/R_n) = uG_{eq} \qquad (2\text{-}7)$$

如果并联电路 N_1 和只有一个电阻（或电导）的电路 N_2 等效，则等效电路中的等效电导为：

$$G_{eq} = G_1 + G_2 + \cdots + G_k + \cdots + G_n = \sum_{k=1}^{n} G_k = \sum_{k=1}^{n} 1/R_k \qquad (2\text{-}8)$$

G_{eq} 是 n 个电阻并联后的等效电导。等效电阻 R_{eq} 为：

$$R_{eq} = \frac{1}{G_{eq}} = 1 / \sum_{k=1}^{n} G_k = 1 / \sum_{k=1}^{n} 1/R_k \qquad (2\text{-}9)$$

显然，并联等效电阻要小于任一个参与并联的电阻。

此外，电阻并联时具有分流作用，各电阻中的电流为：

$$i_k = G_k u = \frac{G_k}{G_{eq}} i \, (k = 1, \ 2, \ \cdots, \ n) \qquad (2\text{-}10)$$

可见，每个并联电阻中的电流与它们各自的电导值成正比。式（2-10）称为并联电路的电流分配公式，或称分流公式。它表明 n 个电阻并联之后总电流在每个电阻中的分配比例。电阻值大（或电导值小）的电阻分得的电流要小，电阻值小（或电导值大）的电阻分得的电流要大。

在式（2-9）中，当 n 取 2 时，即电路变为由两个电阻构成的并联电路，如图 2-6(a) 所示。

图 2-6(b) 中的等效电阻为：

$$R_{eq} = \frac{1}{1/R_1 + 1/R_2} = \frac{R_1 R_2}{R_1 + R_2}$$

两并联电阻的电流分别为：

$$i_1 = \frac{G_1}{G_{eq}} i = \frac{R_2}{R_1 + R_2} i \quad i_2 = \frac{G_2}{G_{eq}} i = \frac{R_1}{R_1 + R_2} i$$

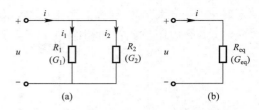

图 2-6　两个电阻并联电路与其等效电路

实际应用中，在同一电压等级（如我们日常使用的 220V 交流电）的电器都使并联在该电压的电源上使用的。在电源电压保持不变的前提下，并联的用电负荷越多，即负载越大，则相应电路中的等效电阻越小，电路中的总电流和总功率就会大。

并联电路吸收的总功率为：

$$p = (G_1 + G_2 + \cdots + G_n)u^2 = p_1 + p_2 + \cdots + p_n = G_{eq}u^2 \tag{2-11}$$

$$p_1 : p_2 : \cdots : p_n = G_1 : G_2 : \cdots : G_n \tag{2-12}$$

通过式（2-11）、式（2-12）可知，电阻并联电路消耗的总功率等于各并联电阻消耗功率之和。阻值越大，消耗功率越小。

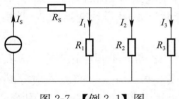

图 2-7　【例 2.1】图

【例 2.1】　在图 2-7 所示的电路中，$I_S = 16.5\text{mA}$，$R_S = 2\text{k}\Omega$，$R_1 = 40\text{k}\Omega$，$R_2 = 10\text{k}\Omega$，$R_3 = 25\text{k}\Omega$，求 I_1、I_2 和 I_3。

【解】　电流源 R_S 不影响 R_1、R_2、R_3 中电流的分配。现在 $G_1 = \frac{1}{R_1} = 0.025\text{mS}$，$G_2 = \frac{1}{R_2} = 0.1\text{mS}$，$G_3 = \frac{1}{R_3} = 0.04\text{mS}$。按电流分配公式，可得

$$\begin{aligned} I_1 &= \frac{G_1}{G_1 + G_2 + G_3} I_S = \frac{0.025}{0.025 + 0.1 + 0.04} \times 16.5\text{mA} \\ &= 2.5\text{mA} \end{aligned}$$

$$\begin{aligned} I_2 &= \frac{G_2}{G_1 + G_2 + G_3} I_S = \frac{0.1}{0.025 + 0.1 + 0.04} \times 16.5\text{mA} \\ &= 10\text{mA} \end{aligned}$$

$$\begin{aligned} I_3 &= \frac{G_3}{G_1 + G_2 + G_3} I_S = \frac{0.04}{0.025 + 0.1 + 0.04} \times 16.5\text{mA} \\ &= 4\text{mA} \end{aligned}$$

当电路中电阻的连接方式中既有串联又有并联时，称为电阻的串联、并联，也称为混联。如图 2-8 所示。可自行判断下电路中的每个电阻的连接关系以及等效电阻的表达式。

2.2.2　电阻的星角等效变换

在电路中的元件联结方式多种多样，除了熟悉的元件串联、并联外，还有非串非并连接的形式，如电阻的 Y 形联结与 △ 形联结。Y 形联结也称为星形联结，如图 2-9（a）中所示，电阻 R_1、R_2、R_3 为 Y 形联结，三个电阻有一个共同的公共端，另外一端接在 3 个端子上。Y

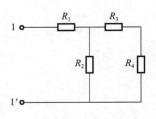

图 2-8　电阻的混联

形联结与△形联结也称为三角形联结，如图 2-9（b）中所示，电阻 R_{12}、R_{23}、R_{31} 为△形联结，3 个电阻彼此首尾相连并分别接在 3 个端子。

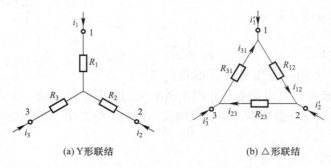

(a) Y形联结   (b) △形联结

图 2-9　Y形联结与△形联结电路

由于电阻的 Y 形联结与△形联结既非串联也非并联结构，在进行电路分析中，不能用简单的串、并联等效方法来解决问题。因此在电路分析中如果遇到 Y 形联结与△形联结结构时，常按照实际需要将两种电路进行相互等效变换来达到简化电路分析的目的。即 Y 形联结的电阻可由△形联结电阻等效代替；同时，也可以将△形联结电阻等效变换成 Y 形联结电阻。

在进行 Y-△（星角）等效变换的基本原则：任意两个端子之间具有相同的端口伏安关系，即要求任意两个端子的对应端子之间具有相同的电压 u_{12}、u_{23}、u_{31}；而流入对应端子的电流分别相等，$i_1 = i_1'$、$i_1 = i_2'$、$i_1 = i_3'$。在此条件下，即两者等效。根据以上内容，就可以推导出 Y 形联结与△形联结电阻等效变换的具体条件。

对于△形联结电路，流经各电阻的电流为：

$$i_{12} = \frac{u_{12}}{R_{12}}, \quad i_{23} = \frac{u_{23}}{R_{23}}, \quad i_{31} = \frac{u_{31}}{R_{31}} \tag{2-13}$$

根据 KCL 可得，3 个端子的电流分别为：

$$\left.\begin{aligned} i_1' &= \frac{u_{12}}{R_{12}} - \frac{u_{31}}{R_{31}} \\ i_2' &= \frac{u_{23}}{R_{23}} - \frac{u_{12}}{R_{12}} \\ i_3' &= \frac{u_{31}}{R_{31}} - \frac{u_{23}}{R_{23}} \end{aligned}\right\} \tag{2-14}$$

对于 Y 形联结电路，根据 KVL 和 KCL 联立，求出端子电压与电流之间的关系，可得方程如下：

$$\left.\begin{aligned} i_1 + i_2 + i_3 &= 0 \\ R_1 i_1 - R_2 i_2 &= u_{12} \\ R_2 i_2 - R_3 i_3 &= u_{23} \end{aligned}\right\}$$

以及 $u_{12} + u_{23} + u_{31} = 0$，可以解得电流如下：

$$i_1 = \frac{R_3 u_{12}}{R_1 R_2 + R_2 R_3 + R_3 R_1} - \frac{R_2 u_{31}}{R_1 R_2 + R_2 R_3 + R_3 R_1} \left.\vphantom{\frac{R_3 u_{12}}{R_1 R_2}}\right\}$$

$$i_2 = \frac{R_1 u_{23}}{R_1 R_2 + R_2 R_3 + R_3 R_1} - \frac{R_3 u_{12}}{R_1 R_2 + R_2 R_3 + R_3 R_1} \qquad (2\text{-}15)$$

$$i_3 = \frac{R_2 u_{31}}{R_1 R_2 + R_2 R_3 + R_3 R_1} - \frac{R_1 u_{23}}{R_1 R_2 + R_2 R_3 + R_3 R_1}$$

由于无论 u_{12}、u_{23} 和 u_{31} 取何值，两个等效电路的对应的端子电流均相等，因此上述式子中的 u_{12}、u_{23} 和 u_{31} 前面的系数应该对应相等。于是，便可得到 Y 形联结的电阻来确定△形联结的电阻公式，如下：

$$R_{12} = \frac{R_1 R_2 + R_2 R_3 + R_3 R_1}{R_3}$$

$$R_{23} = \frac{R_1 R_2 + R_2 R_3 + R_3 R_1}{R_1}$$

$$R_{31} = \frac{R_1 R_2 + R_2 R_3 + R_3 R_1}{R_2} \qquad (2\text{-}16)$$

将式（2-16）中三式相加，并在将等式右侧进行通分可得：

$$R_{12} + R_{23} + R_{31} = \frac{(R_1 R_2 + R_2 R_3 + R_3 R_1)^2}{R_1 R_2 R_3}$$

通过代入 $R_1 R_2 + R_2 R_3 + R_3 R_1 = R_{12} R_3 = R_{31} R_2$，即可得到 Y 形联结的电阻 R_1 的表达式。同样方法，可推导出 R_2 和 R_3 的表达式，为：

$$R_1 = \frac{R_{12} R_{31}}{R_{12} + R_{23} + R_{31}} \left.\vphantom{\frac{R_{12} R_{31}}{R_{12}}}\right\}$$

$$R_2 = \frac{R_{23} R_{12}}{R_{12} + R_{23} + R_{31}} \qquad (2\text{-}17)$$

$$R_3 = \frac{R_{31} R_{23}}{R_{12} + R_{23} + R_{31}}$$

式（2-17）就是根据△形联结的电阻来推导 Y 形联结的电阻公式。

总结以上变换，可归纳 Y-△联结电阻互换公式为：

$$Y \text{ 形电阻} = \frac{\triangle \text{ 形相邻电阻的乘积}}{\triangle \text{ 形电阻之和}}$$

$$\triangle \text{ 形电阻} = \frac{Y \text{ 形电阻两两乘积之和}}{Y \text{ 形不相邻电阻}}$$

若 Y 形联结中的 3 个电阻值相等，即 $R_1 = R_2 = R_3 = R$，则等效变换为△形联结的 3 个电阻也相等，通过式（2-16）、式（2-17）可得：

$$R_{12} = R_{23} = R_{31} = 3R$$

其中，式（2-16）、式（2-17）也可以电导形式表示，则：

$$G_{12} = \frac{G_1 G_2}{G_1 + G_2 + G_3} \left.\vphantom{\frac{G_1 G_2}{G_1}}\right\}$$

$$G_{23} = \frac{G_2 G_3}{G_1 + G_2 + G_3} \qquad (2\text{-}18)$$

$$G_{31} = \frac{G_3 G_1}{G_1 + G_2 + G_3}$$

式（2-18）记忆公式可总结为：在进行 Y-△联结等效变换时，△联结中的各电阻的电导值为：

$$\triangle \text{电导} = \frac{\text{Y形相邻电导之积}}{\text{Y形电导之和}}$$

【例2.2】 在图 2-10 的桥形电路中，电阻参数如图所示，试求总电阻 R_{12}。

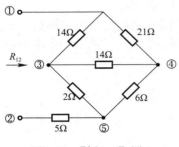

图 2-10 【例 2.2】图 1

【解】 将电路中的节点①、③、④为△形电路，通过 Y-△等效变换将原电路用 Y 电路替代，可得图 2-11（a）所示电路，其中 Y-△等效电阻为：

$$R_2 = \frac{14 \times 21}{14 + 14 + 21}\Omega = 6\Omega$$

$$R_3 = \frac{14 \times 14}{14 + 14 + 21}\Omega = 4\Omega$$

$$R_4 = \frac{14 \times 21}{14 + 14 + 21}\Omega = 6\Omega$$

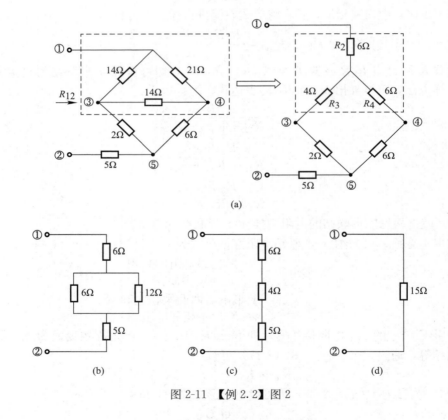

(a)

(b)   (c)   (d)

图 2-11 【例 2.2】图 2

运用串联的方法可得图 2-11（b），再进行并联可得图 2-11（c），从而求得：

$$R_{12} = 15\Omega$$

另一种方法是将节点①、④、⑤用△形电路来替代，节点③Y 形联结中的公共点，求节点过程如图 2-12 所示。

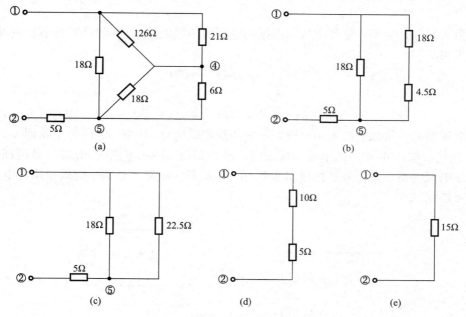

图 2-12　【例 2.2】的另一种等效形式

2.3　电源的等效变换

2.3 电源的
等效变换

电路分析中，经常会遇到含有多个独立源的串联、并联的情况。在学习不同电阻电路的等效变换的方法后，也可以应用等效变换的思路和方法将其简化进行求解。

2.3.1　理想电源的等效变换

在日常生活与工作中，许多电子装置的电源由多节电池首尾相连构成来提高供电电源的电压，这种连接称为电源的串联。图 2-13（a）为 n 个电压源串联的电路，按照电阻等效的方法，同样成效成一个电压源。根据 KVL，有：

$$u_S = u_{S1} + u_{S2} + \cdots + u_{Sn} = \sum_{k=1}^{n} u_{Sk} \tag{2-19}$$

如果 u_{Sk} 的参考方向与图 2-13（b）中的 u_S 参考方向一致时，则上式中 u_{Sk} 的前面取"＋"号，不一致时取"－"号。

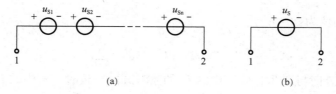

图 2-13　电压源的串联和其等效电源

但是需要指出，在实际应用中，一般不同型号、不同数值的电压源是不能串联使用的，这里主要做理论分析，因此不同数值的电压源才可以串联，甚至极性相反也是允许的。

　　以图 2-14(a) 为例，是两个取值不同的电压源串联电路，根据 KVL 方程得电路 ab 端口的电压为：

$$u_{ab}(t) = u_{S1}(t) - u_{S2}(t)$$

或

$$u_{ba}(t) = u_{S2}(t) - u_{S1}(t)$$

　　由电压源的电压和电流关系可得，该电压源串联电路 ab 端口电压是电压源 $u_{S1}(t)$ 与 $u_{S2}(t)$ 的代数和，ab 端口的电流为任意值。图 2-14(a) 所示电路的 ab 端口呈现理想电压源的电压电流关系，即等效替换成图 2-14(b) 中的任一电路，且两个等效电压源电压大小相等，极性相反。

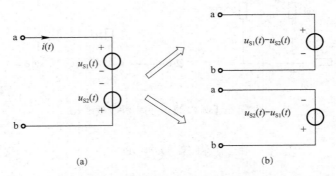

图 2-14　两个电压源的串联和其等效电路

　　因此，可以总结为，n 个电压源串联等效为一个电压源，等效电压源的值等于 n 个电压源的代数和，其参考极性与代数和中取"＋"号的电压源保持一致。

　　图 2-15(a) 为 n 个电流源的并联，可以通过图 (b) 中的一个电流源等效替代。

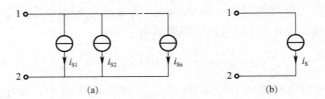

图 2-15　电流源并联和其等效电路

　　且等效电流的值为：

$$i_S = i_{S1} + i_{S2} + \cdots + i_{Sn} = \sum_{k=1}^{n} i_{Sk}$$

　　当 i_{Sk} 的参考方向与图 2-15(b) 中的 i_S 的参考方向一致时，式中的 i_{Sk} 的前面取"＋"号，不一致时取"－"号。

　　以图 2-16(a) 为例，是两个取值不同的电流源并联电路，根据 KCL 方程得电路 ab 端口的电压电流关系为：

$$i(t) = i_{S1}(t) - i_{S2}(t)$$

由端口呈现电流源的电压电流关系，该电流源并联电路 ab 端口电流是电流源 $i_{S1}(t)$ 与 $i_{S2}(t)$ 的代数和，ab 端口的电压为任意值。因此，两个电流源并联等效为一个电流源，即等效替换成图 2-16(b) 中的任一电路，两个等效电流源电流大小相等，极性相反。

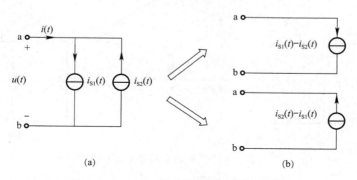

图 2-16　两个电流源的并联和其等效电路

因此，可以总结为，n 个电流源并联等效为一个电流源，等效电流源的值等于 n 个电流源的代数和，其参考极性与代数和中取"＋"号的电流源保持一致。

在独立源的等效过程中，需要注意的是：只有激励电压相等且极性一致的电压源才允许并联，否则违背 KVL。只有激励电流相等且方向一致的电流源才允许串联，否则违背 KCL。另外，当一个电流源与电压源串联时，对外的作用如同该电流源，而电流源的电压要受到所串电压源的影响；当一个电压源和电流源并联时，对外的作用同该电压源，而电压源的电流要受所并联的电流源的影响。

2.3.2　实际电源的等效变换

在电源实际应用过程中（如电池），由于其输出电压并不是恒定不变的，所以，在对实际电路进行分析的时候要熟悉实际电源模型及其分析方法。而描述一个实际电源一般有两种电路模型，即电压源模型和电流源模型，如图 2-17 所示。理论上，这两种实际电源模型之间能够进行等效。

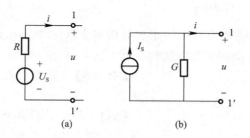

图 2-17　两个实际电源模型

如图 2-18 所示，实际电源模型之间的等效变换有两种情况，一是将实际电压源等效替换成实际电流源，即已知实际电压源的参数 u_S、R_u，可求实际电流源的参数 i_S、R_i；二是把实际电流源等效替换成实际电压源，即已知实际电流源的参数 i_S、R_i，可求实际电压源的参数 u_S、R_u。在图 2-18(a)、(b) 所示电路端口 u、i 参考方向相同的情况下，

图 2-18(a) 的端口电压电流关系为：

$$u = u_S - R_u i$$

图 2-18(b) 的端口电压电流关系为

$$u = R_i i_S - R_i i$$

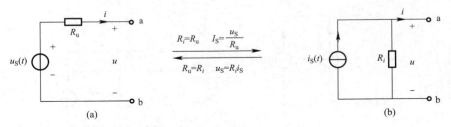

图 2-18　两个实际电源模型的等效变换

通过上式可以看出，当 $R_u = R_i$、$u_S = R_i i_S$ 时，两电路的端口伏安关系相同，即两者互为等效电路。在进行实际电压源等效实际电流源模型的变换时，存在如下等效变换关系：实际电源模型的内电阻不变，有 $R_u = R_i$；当电源的等效变换时，电流源 $i_S(t)$ 的大小等于电压源模型电路中 ab 端口的短路电流 $i_S = u_S / R_u$，i_S 的方向指向 u_S 的正极，如图 2-19 所示。

在进行实际电流源等效实际电压源模型的变换时，电压 u_S 的大小等于电流源模型电路中的 ab 端口的开路电压 $u_S = R_i i_S$，电压 u_S 的极性与开路电压一致，如图 2-20 所示。

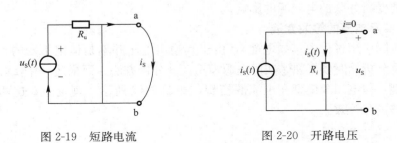

图 2-19　短路电流　　　　　　　图 2-20　开路电压

利用实际电源之间的等效变换可以求解分析很多电压源、电流源和电阻组成的简单电路。后面章节会介绍较复杂的有源电路的计算方法。

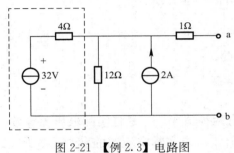

图 2-21　【例 2.3】电路图

【例 2.3】　如图 2-21 所示电路，化简其至最简电路。

【解】　首先，将虚框实际电压源等效替换成实际电流源，等效替换如图 2-22(a) 所示；其次，将图 2-22(a) 的电流值为 8A 和 2A 两个实际电流源进行合并，化简后的电路如图 2-22(b) 所示；最后，将 10A 和 3Ω 并联的电流源模型再等效替换成实际电压源模型，再与 1Ω 串联后，如图 2-22

(c) 所示。

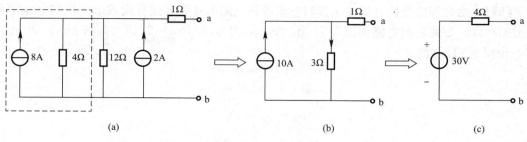

图 2-22　【例 2.3】电路图

【例 2.4】　如图 2-23 所示电路，求电路中的电流 i。

【解】　图 2-23(a) 所示电路可简化为图 2-23(e) 所示的电路，简化过程如下：

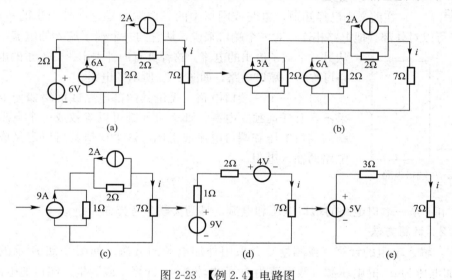

图 2-23　【例 2.4】电路图

由图 2-23(e) 可见，化简后的电路可求得电流为：

$$i = \frac{5}{3+7}\mathrm{A} = 0.5\mathrm{A}$$

受控电压源、电阻的串联组合和受控电流源、电导的并联组合也可以利用上述方法进行等效变换。具体方法就是将不同受控源当作独立电源一样处理即可。需要注意的是在等效变换的过程中必须保存控制量所在的支路，不能够在等效变换过程中将其消掉。

【例 2.5】　如图 2-24 中所示电路，已知 $u_S=12\mathrm{V}$，$R=2\Omega$，VCCS 的电流 i_C 受电阻 R 上的电压 u_R 控制，且 $i_C=gu_R$，$g=2\mathrm{S}$。求 u_R。

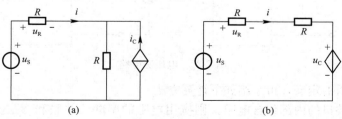

图 2-24　【例 2.5】电路图

【解】 通过等效变换，把电压控制电流源和电阻的并联等效替换成电压控制电压源和电阻的串联。替换后的电路如图 2-24(b) 所示，且 $u_C = Ri_C = 2 \times 2 \times u_R = 4u_R$，而 $u_R = Ri$，根据 KVL 可得：

$$Ri + Ri + u_C = u_S$$
$$2u_R + 4u_R = u_S$$

$$u_R = \frac{u_S}{6} = 2V$$

2.4 等效电阻

2.4 等效电阻

2.4.1 定义

在前文中已经知道，电路或网络中的一个端口是它向外引出的一对端子，这对端子可以对外部其他电路相连。对一个端口来说，从它的一个端子流入的电流一定等于从另一个端子流出的电流。这种具有向外引出一对端子的电路或网络可称为一端口电路，如图 2-25 所示的电路。

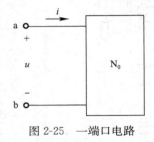

图 2-25　一端口电路

对于一个一端口电路，无论其内部电路或网络如何复杂，如果不含有任何独立电源，那么对外都可以等效成一个电阻。该电路的端口电压和端口电流成正比，这个比值就可以定义成一端口电路的输入电阻。

$$R_{in} = \frac{u}{i} \tag{2-20}$$

式中，u 和 i 是一端口电路的端口电压和电流，且为关联参考方向。

2.4.2 计算方法

通常，输入电阻的计算（或测量）会采用外加电源的方法。如图 2-26 所示的在端口 ab 处施加电压为 u_S 的电压源（或电流为 i_S 的电流源）。计算（或测量）端口的电流 i（或电压 u），然后即可求得 u 和 i 的比值，有：

$$R_i = \frac{u_S}{i} = \frac{u}{i_S}$$

即可得一端口电路的输入电阻。以上求解输入电阻的方法被称作电压、电流法，是测量无源一端口输入电阻的常用方法。

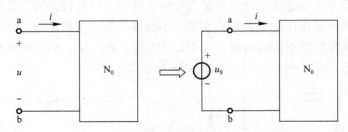

图 2-26　电压法电路

根据输入电阻的定义，可总结如下计算方法：

（1）如果一端口的内部仅含电阻，则应用电阻的串联、并联和 Y-△变换等等效替换方法求它的等效电阻，输入电阻等于等效电阻。

（2）对于含有受控源和电阻的一端口电路，用在端口加电源的方法求输入电阻：加电压源 u_S，产生电流 i；或者施加电流源 i_S，产生电压 u，然后计算电压和电流的比值即可得到输入电阻。

需要说明的是：

（1）对于含有独立电源的一端口电路，在计算输入电阻时要求先将内部的独立电源置零：即将电压源短路，电流源断路处理。

（2）应用电压、电流法求取输入电阻时，端口电压、电流的参考方向对一端口来说是并联。

【例 2.6】　如图 2-27(a) 中电路所示的一端口电路的输入电阻 R_{in}，并求其等效电路。

【解】　将图 2-27(a) 的 ab 端口外加一电压为 u_S 的电压源，并对端口内部电路进行简化可得到如图 2-27(b) 所示，电路可简化为图 2-27(c) 所示的电路。简化过程如下：

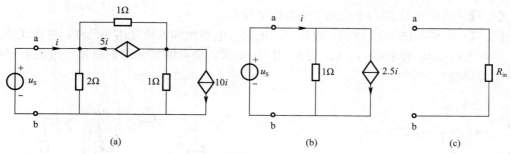

图 2-27　【例 2.6】电路图

由图 2-27(b) 可得：

$$u = (i - 2.5i) \times 1 = -1.5i$$

因此，一端口输入电阻为：

$$R_{in} = \frac{u}{i} = -1.5\Omega$$

当存在受控源且在一定的参数条件下，输入电阻 R_{in} 是有可能出现为零值或出现为负值。当电阻为负时，实际是一个发出功率的元件。而在本例中一端口向外发出功率是由于受控源发出的功率。

习　　题

【2.1】　求图 2-28 中所示各电路中 ab 端口的等效电阻。

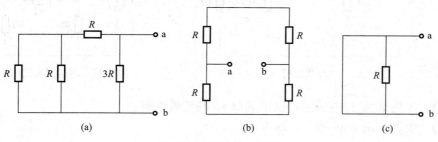

图 2-28　习题【2.1】图

【2.2】 求图 2-29 中所示电路中端口 ab 的等效电阻。

【2.3】 求图 2-30 中所示电路中的输入电阻。

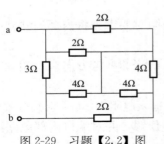

图 2-29 习题【2.2】图

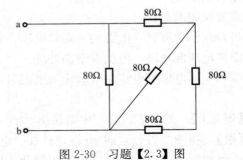

图 2-30 习题【2.3】图

【2.4】 求图 2-31 中所示电路中的等效电导 G。

【2.5】 电路如图 2-32 所示，电路中的电阻、电压源和电流源均为已知，并为正值。

（1）求电压 u_2 和电流 i_2；（2）若电阻 R_1 增大，会对哪些元件的电压、电流有影响，并有哪些影响？

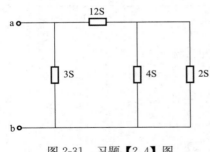

图 2-31 习题【2.4】图

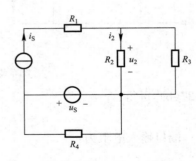

图 2-32 习题【2.5】图

【2.6】 求图 2-33 中所示电路中的电流 I。

【2.7】 电路如图 2-34 所示，求电压 U_1。

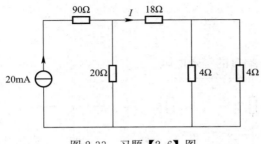

图 2-33 习题【2.6】图

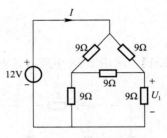

图 2-34 习题【2.7】图

【2.8】 电路如图 2-35 所示，试求端口 ab 的等效电阻。

【2.9】 电路如图 2-36 所示，试求电流 I。

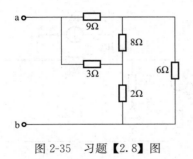

图 2-35　习题【2.8】图

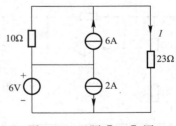

图 2-36　习题【2.9】图

【2.10】　电路如图 2-37 所示，将图中每个电路简化成一个等效的电压源或电流源模型。

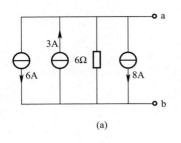

(a)

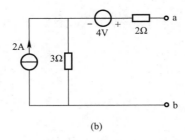

(b)

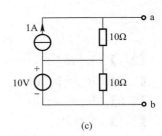

(c)

图 2-37　习题【2.10】图

【2.11】　电路如图 2-38 所示，求电路端口 ab 的输入电阻。

【2.12】　电路如图 2-39 所示，（1）求图（a）中的电流 i；（2）求图（b）中电压 u。

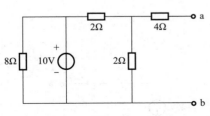

图 2-38　习题【2.11】图

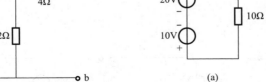

(a)　　　　　　(b)

图 2-39　习题【2.12】图

【2.13】　电路如图 2-40 所示，求电路中 R 消耗的功率 p_R。

【2.14】　电路如图 2-41 所示，（1）若 $R=4\Omega$，求 U_1 及 I；（2）若 $U_1=4\text{V}$，求电阻 R。

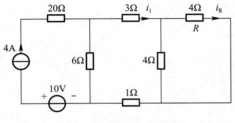

图 2-40　习题【2.13】图

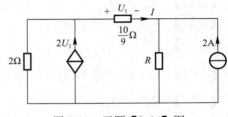

图 2-41　习题【2.14】图

【2.15】　电路如图 2-42 所示，求输入电阻。

【2.16】　电路如图 2-43 所示，求输入电阻。

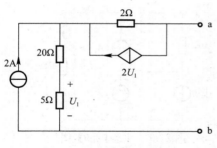

图 2-42 习题【2.15】图

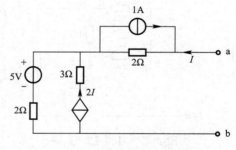

图 2-43 习题【2.16】图

答　案

【2.1】 $1.5R$，R，0。

【2.2】 $R_{ab}=1.5\Omega$。

【2.3】 $R_{in}=50\Omega$。

【2.4】 $G=7S$。

【2.5】 （1）$i_2=\dfrac{R_3}{R_2+R_3}i_S$，$u_2=R_2i_2=\dfrac{R_2R_3}{R_2+R_3}i_S$；（2）由于 $u_{i_S}=R_1i_S+u_2-u_S$，

　　　　u_{i_S} 随 R_1 的增大而增大。

【2.6】 $10mA$。

【2.7】 $6V$。

【2.8】 $R_{ab}=3.75\Omega$。

【2.9】 $I=2A$。

【2.10】

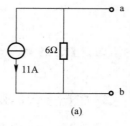

(a)

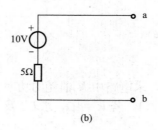

(b)

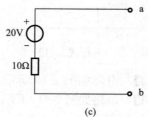

(c)

【2.11】 $R_{ab}=5\Omega$。

【2.12】 （1）$1A$；（2）$20V$。

【2.13】 $4W$。

【2.14】 （1）$I=-3A$，$U=-\dfrac{10}{3}V$；（2）$R=\dfrac{7}{6}\Omega$。

【2.15】 $R_{in}=7\Omega$。

【2.16】 $R_{in}=8\Omega$。

第3章　电阻电路的分析方法

对于结构较为简单的电阻电路，可以利用等效变换的方法进行分析。但这种方法改变了电路的原有结构，对于结构较为复杂的电阻电路来说不太适用，有时反而会使问题复杂化。因此，本章将介绍更普遍、更一般的方法来分析电阻电路。为了便于讨论和学习，本章将主要以线性电阻电路为对象，讨论在不改变电路结构的前提下建立电路方程的一般方法，其目的是为今后动态电路、正弦交流电路的分析打好基础。

本章的内容包括：电路图论的基本概念、KCL 及 KVL 的独立方程数、支路电流法、网孔电流法、回路电流法和结点电压法。

3.1　电 路 的 图

在电路分析中，将以图论为数学工具来选择电路独立变量，列出与之相应的独立方程。图论在电路中的应用也称为"网络图论"。网络图论为电路分析建立严密的数学基础并提供系统化的表达方法，更为利用计算机分析、计算、设计大规模电路问题奠定了基础。

3.1 电路的图

3.1.1　电路的图

图论是数学的一个分支，它的研究对象是图。在图论中，图是由若干给定的点及两点之间的连线所构成的用来描述某些事物之间的某种特定关系的图形。其中，点代表事物，两点之间的连线代表相应两个事物间的关系。如果把电路图中各支路的内容用线段代替，电路图就成为它的"图"。因此，在电路分析中，用图论的研究方法来讨论电路的连接性质是十分有必要的。

在图论中，一个图 G 是具有给定连接关系的结点和支路的集合。支路的端点必须是结点，但结点允许是孤立结点。孤立结点表示一个与外界不发生联系的"事物"，这点与电路图中支路和结点的概念是有差别的。在电路图中，支路是实体，结点则是支路的连接点，结点是由支路形成的，没有了支路也不存在结点。

图 3-1(a) 所示电路包含 6 个电阻和 2 个独立电源。如果认为每一个二端元件构成电路的一条支路，则图 3-1(b) 就是该电路的"图"，它共有 5 个结点和 8 条支路。有时为了需要，可以把元件的串联组合作为一条支路处理，并以此为根据画出电路的图。例如，图 3-1(a) 中电压源 u_{S1} 和电阻 R_1 的串联组合可以作为一条支路，这个电路的图将如图 3-1(c) 所示。它共有 4 个结点和 7 条支路。如果再把元件的并联组合也作为一条支路，例如，电流源 i_{S2} 和电阻 R_2 的并联组合。这样，图 3-1(c) 将成为图 3-1(d)，它共有 4 个结点和 6 条支路。所以，当用不同的元件结构定义电路的一条支路时，该电路的图以及它的结点数和支路数将随之不同。

在电路中通常指定每一条支路中的电流参考方向，电压一般取关联参考方向。电路的图的每一条支路也可以指定一个方向,此方向即该支路电流(电压)的参考方向。赋予支路方向的图称为"有向图",未赋予支路方向的图称为"无向图"。图 3-1(b)、(c)为无向图,图 3-1(d)为有向图。

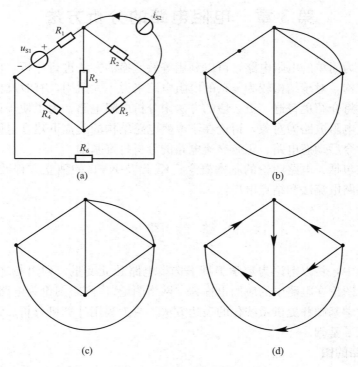

图 3-1 电路的图

从一个图 G 的某一结点出发,沿着一些支路移动到达另一结点(或回到原出发点),这样的一系列支路构成图 G 的一条路径。一条支路本身也算为路径。当图 G 的任意两个结点之间至少存在一条路径时,图 G 就称为连通图。

如果把一个图画在平面上,能使它的各条支路除连接的结点外不再交叉,这样的图称为平面图,否则称为非平面图。图 3-2(a)是一个平面图,图 3-2(b)则是典型的非平面图。

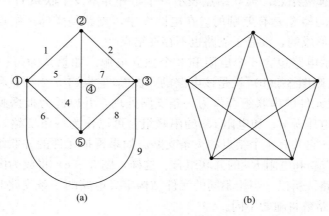

图 3-2 平面图与非平面图

3.1.2　树

连通图 G 的树 T 定义为：包含图 G 的全部结点且不包含任何回路的连通子图。

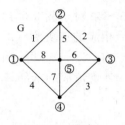

图 3-3　回路

对于图 3-3 所示图 G，符合上述定义的树有很多，图 3-4（a）、（b）、（c）绘出其中的 3 个。图 3-4（d）、（e）不是该图的树，因为图（d）中包含了回路；图（e）则是非连通的。树中包含的支路称为该树的树支，而其他支路则称为对应于该树的连支。例如图 3-4（a）所示树，它具有树支（5，6，7，8），相应的连支为（1，2，3，4）。对图 3-4（b）所示树，其树支为（1，3，5，6），相应的连支为（2，4，7，8）。树支和连支一起，构成图 G 的全部支路。

图 3-3 所示图 G 有 5 个结点，图 3-4（a）、（b）、（c）所示图 G 的每一个树具有 4 条支路，图 3-4（d）有 5 条支路，它不是树，图 3-4（e）只有 3 条支路，它也不是树。这个图 G 有许多不同的树，但不论是哪一个树，树支数总是 4。可以证明，任一个具有 n 个结点的连通图，它的任何一个树的树支数为 $(n-1)$。

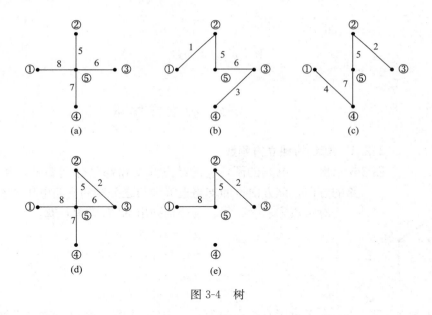

(a)　　　　　　　　(b)　　　　　　　　(c)

(d)　　　　　　　　(e)

图 3-4　树

3.1.3　回路

如果一条路径的起点和终点重合，且经过的其他结点不出现重复，这条闭合路径就构成图 G 的一个回路。例如，对图 3-3 所示图 G，支路（1，5，8），（2，5，6），（1，2，3，4），（1，2，6，8）等都是回路；其他还有支路（4，7，8），（3，6，7），（1，5，7，4），（3，4，8，6），（2，3，7，5），（1，2，6，7，4），（1，2，3，7，8），（2，3，4，8，5），（1，5，6，3，4）构成的 9 个回路，总共有 13 个不同的回路。

由于连通图 G 的树支连接所有结点又不形成回路，因此，对于图 G 的任意一个树，加入一个连支后，就会形成一个回路，并且此回路除所加连支外均由树支组成，这种回路称为单连支回路或基本回路。

对于图 3-5(a) 所示图 G，取支路（1，4，5）为树，在图 3-5(b) 中以实线表示，相应的连支为（2，3，6）。对应于这一树的基本回路是（1，3，5），（1，2，4，5）和（4，5，6）。每一个基本回路仅含一个连支，且这一连支并不出现在其他基本回路中。由连支形成的全部基本回路构成基本回路组，基本回路的个数显然等于连支数。

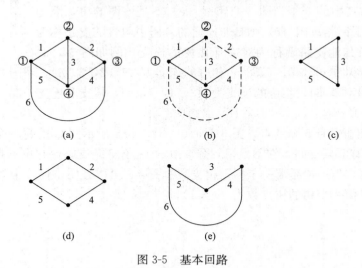

图 3-5　基本回路

3.2 独立方程数

3.2　独立方程数

3.2.1　KCL 的独立方程数

图 3-6 示出一个电路的图，它的结点和支路都已分别编号，并给出了支路的方向，该方向也即支路电流和与之关联的支路电压的参考方向。

对结点①、②、③、④分别列出 KCL 方程，有：

$$i_1 - i_4 - i_6 = 0$$
$$-i_1 - i_2 + i_3 = 0$$
$$i_2 + i_5 + i_6 = 0$$
$$-i_3 + i_4 - i_5 = 0$$

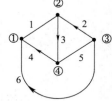

图 3-6　KCL 独立方程　　由于对所有结点都列写了 KCL 方程，而每一支路无例外地与 2 个结点相连，且每个支路电流必然从其中一个结点流入，从另一个结点流出。因此，在所有 KCL 方程中，每个支路电流必然出现 2 次，一次为正，另一次为负（指每项前面的"＋"或"－"）。若把以上 4 个方程相加，必然得出等号两边为零的结果。这就是说，这 4 个方程不是相互独立的，但上列 4 个方程中的任意 3 个是独立的。可以证明，对于具有 n 个结点的电路，在任意 $(n-1)$ 个结点上可以得出 $(n-1)$ 个独立的 KCL 方程。相应的 $(n-1)$ 个结点称为独立结点。

3.2.2　KVL 的独立方程数

对每个回路可以应用 KVL 列出有关支路电压的方程。例如，对图 3-3 所示图 G，如果按支路（1，5，8）和支路（2，5，6）分别构成 2 个回路列出 2 个 KVL 方程，不论支路电压和绕行方向怎样指定，支路 5 的电压将在这 2 个方程中出现，因为该支路是这 2 个回路的共有支路。把这 2 个方程相加或相减总可以把支路 5 的电压消去，而得到按支路（1，2，6，8）构成回路的 KVL 方程。可见这 3 个回路（方程）是相互不独立的，因为其中任何一个回路（方程）可以由其他 2 个回路（方程）导出。因此，这 3 个回路中只有 2 个是独立的。

一个图的回路数很多，如何确定它的一组独立回路有时不太容易。利用树的概念有助于寻找一个图的独立回路组，从而得到独立的 KVL 方程组。

由前面所学知识可知由连支形成的全部基本回路构成基本回路组，基本回路的个数等于连支数。如果对基本回路组列写 KVL 方程，由于每个连支只在一个回路中出现，因此这些 KVL 方程必构成独立方程组。换言之，根据基本回路所列出的 KVL 方程组是独立方程。对一个具有 b 条支路和 n 个结点的电路，连支数 $l=b-n+1$，这也就是一个图的独立回路的数目。选择不同的树，就可以得到不同的基本回路组。图 3-5（c）、（d）、（e）是以支路（1，4，5）为树相对应的基本回路组。

对于一个平面图，可以引入网孔的概念。平面图的一个网孔是它的一个自然的"孔"，它限定的区域内不再有支路。对图 3-2(a) 所示的平面图，支路（1，3，5），（2，3，7），（4，5，6），（4，7，8），（6，8，9）都构成网孔；支路（1，2，8，6），（2，3，4，8）等不构成网孔。平面图的全部网孔是一组独立回路，所以平面图的网孔数也就是独立回路数。图 3-2(a) 所示平面图有 5 个结点，9 条支路，独立回路数 $l=b-n+1=5$，而它的网孔数正好也是 5 个。

一个电路的 KVL 独立方程数等于它的独立回路数。以图 3-7(a) 所示电路的图为例，如果取支路（1，4，5）为树，则 3 个基本回路示于图 3-7(b)。按图中的电压和电流的参考方向及回路绕行方向，可以列出 KVL 方程如下：

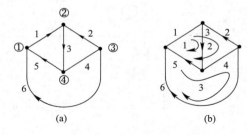

回路 1　　　$u_1+u_3+u_5=0$

回路 2　　　$u_1-u_2+u_4+u_5=0$

回路 3　　　$-u_4-u_5+u_6=0$

这是一组独立方程。

图 3-7　基本回路的 KVL 方程

3.3　支路电流法

3.3.1　定义

对一个具有 b 条支路和 n 个结点的电路，当以支路电压和支路电流为电路变量列写方程时，总计有 $2b$ 个未知量。根据 KCL 可以列出（$n-1$）个独立方程、根据 KVL 可以列出（$b-n+1$）个独立方程；根据元件的 VCR 又可列出 b 个方程。总计方程数为 $2b$，与未知量数目相等。因此，可由 $2b$ 个方程解出 $2b$ 个支路电压和支路电流。这种方法称为 $2b$ 法。

为了减少求解的方程数，可以利用元件的 VCR 将各支路电压以支路电流表示，然后代入 KVL 方程。这样，就得到以 b 个支路电流为未知量的 b 个 KCL 和 KVL 方程。方程

3.3 支路
电流法

数从 $2b$ 减少至 b。这种方法称为支路电流法。

3.3.2　方程的列写

现在以图 3-8(a) 所示电路为例说明支路电流法。把电压源 u_{S1} 和电阻 R_1 的串联组合作为一条支路；把电流源 i_{S5} 和电阻 R_5 的并联组合作为一条支路，这样电路的图就如图 3-8(b) 所示，其结点数 $n=4$，支路数 $b=6$，各支路的方向和编号也示于图中。求解变量为 i_1、i_2、$\cdots$、i_6。先利用元件的 VCR，将支路电压 u_1、u_2、$\cdots$、u_S 以支路电流 i_1、i_2、$\cdots$、i_6 表示。图 3-8(c)、(d) 给出支路 1 和支路 5 的结构，有：

$$\left.\begin{aligned}
u_1 &= -u_{S1} + R_1 i_1 \\
u_2 &= R_2 i_2 \\
u_3 &= R_3 i_3 \\
u_4 &= R_4 i_4 \\
u_5 &= R_5 i_5 + R_5 i_{S5} \\
u_6 &= R_6 i_6
\end{aligned}\right\} \tag{3-1}$$

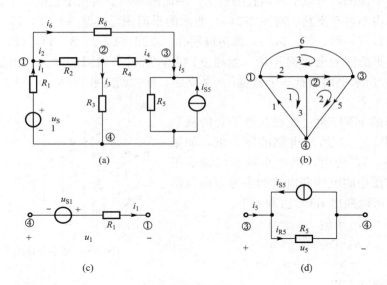

图 3-8　支路电流法

选择网孔作为独立回路，按图 3-8(b) 所示回路绕行方向列出 KVL 方程：

$$\left.\begin{aligned}
u_1 + u_2 + u_3 &= 0 \\
-u_3 + u_4 + u_5 &= 0 \\
-u_2 - u_4 + u_6 &= 0
\end{aligned}\right\} \tag{3-2}$$

将式 (3-1) 代入式 (3-2)，得：

$$\left.\begin{aligned}
-u_{S1} + R_1 i_1 + R_2 i_2 + R_3 i_3 &= 0 \\
-R_3 i_3 + R_4 i_4 + R_5 i_5 + R_5 i_{S5} &= 0 \\
-R_2 i_2 - R_4 i_4 + R_6 i_6 &= 0
\end{aligned}\right\} \tag{3-3}$$

把上式中的 u_S 和 $R_5 i_{S5}$ 项移到方程的右边后，与在独立结点①、②、③处列出的

KCL 方程联列，就组成了支路电流法的全部方程：

$$
\left.
\begin{array}{l}
-i_1 + i_2 + i_6 = 0 \\
-i_2 + i_3 + i_4 = 0 \\
-i_4 + i_5 - i_6 = 0 \\
R_1 i_1 + R_2 i_2 + R_3 i_3 = u_{S1} \\
-R_3 i_3 + R_4 i_4 + R_5 i_5 = -R_5 i_{S5} \\
-R_2 i_2 - R_4 i_4 + R_6 i_6 = 0
\end{array}
\right\}
\tag{3-4}
$$

式（3-4）中的 KVL 方程可归纳为：

$$
\sum R_k i_k = \sum u_{Sk}
\tag{3-5}
$$

此式须对所有的独立回路写出。式中，$R_k i_k$ 是回路中第 k 个支路中电阻上的电压，当 i 的参考方向与回路的方向一致时，该项在和式中取"＋"号；不一致时，则取"－"号；式中右方 u_{Sk} 是回路中第 k 个支路的电源电压，电源电压包括电压源的激励电压，也包括由电流源引起的电压。例如在支路 5 中并无电压源，仅为电流源与电阻的并联组合，但可将其等效变换为电压源与电阻的串联组合，其等效电压源为 $u_{S5} = R_5 i_{S5}$，在取代数和时，当 u_{Sk} 与回路方向一致时前面取"－"号（因移在等号另一侧），u_{Sk} 与回路方向不一致时，前面取"＋"号。此式实际上是 KVL 的另一种表达式，即任一回路中，电阻电压的代数和等于电压源电压的代数和。

列出支路电流法的电路方程的步骤如下：

（1）选定各支路电流的参考方向；

（2）对（$n-1$）个独立结点列出 KCL 方程；

（3）选取（$b-n+1$）个独立回路，指定回路的绕行方向，按照式（3-5）列出 KVL 方程。

支路电流法要求 b 个支路电压均能以支路电流表示，即存在式（3-1）形式的关系。当一条支路仅含电流源而不存在与之并联的电阻时，就无法将支路电压以支路电流表示。这种无并联电阻的电流源称为无伴电流源。当电路中存在这类支路时，必须加以处理后才能应用支路电流法。

如果将支路电流用支路电压表示，然后代入 KCL 方程，连同支路电压的 KVL 方程，可得到以支路电压为变量的 b 个方程。这就是支路电压法。

3.4　网孔电流法

3.4.1　定义

网孔电流法中，以网孔电流作为电路的独立变量，它仅适用于平面电路。

3.4 网孔
电流法

以下通过图 3-9（a）所示电路说明。图 3-9（b）是此电路的图，该电路共有 3 条支路，给定的支路编号和参考方向如图所示。

在结点①应用 KCL，有：

$$
-i_1 + i_2 + i_3 = 0
$$

或：

$$
i_2 = i_1 + i_3
$$

可见 i_2 不是独立的，它由 i_1、i_3 决定。i_2 分为两部分，即图 3-9（b）中向下方向的 i_1

及向上方向的 i_3。这两个电流可以看成是支路 1 与支路 3 中的电流 i_1 与 i_3 各自经过结点 ①后的延续，也就是将图中所有的电流归结为由两个沿网孔连续流动的假想电流 i_1 与 i_3 所产生，这两个假想的电流称之为网孔电流 i_{m1} 与 i_{m2}。根据网孔电流和支路电流参考方向的给定，可以得出其间的关系：支路 1 只有电流 i_{m1} 流过，支路电流 $i_1 = i_{m1}$；支路 3 只有电流 i_{m2} 流过，支路电流 $i_3 = i_{m2}$；但是支路 2 有 2 个网孔电流同时流过，在给定的参考方向下支路电流将是网孔电流的代数和，即 $i_2 = i_{m1} - i_{m2}$。

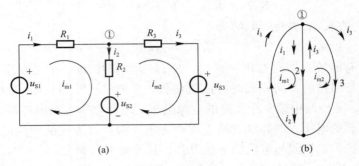

(a)　　　　　　　　　　(b)

图 3-9　网孔电流法

由于网孔电流已经体现了电流连续即 KCL 的制约关系，所以用网孔电流作为电路变量求解时只需列出 KVL 方程。全部网孔是一组独立回路，因而对应的 KVL 方程将是独立的，且独立方程个数与电路变量数均为全部网孔数，足以解出网孔电流。这种方法称为网孔电流法。

3.4.2　方程的列写

现以图 3-9(a) 所示电路为例，对网孔 1 与网孔 2 列出 KVL 方程。列方程时，以各自的网孔电流方向为绕行方向，逐段写出电阻以及电源上的电压。对于网孔 1，从结点①出发，可得到：

$$R_2(i_{m1} - i_{m2}) + u_{S2} - u_{S1} + R_1 i_{m1} = 0$$

对网孔 2 则有：

$$R_3 i_{m2} + u_{S3} - u_{S2} + R_2(i_{m2} - i_{m1}) = 0$$

式中，沿网孔 1 绕行方向列方程时，R_2 上的电压为 $R_2(i_{m1} - i_{m2})$。其中，i_{m2} 前的负号是因为电流 i_{m2} 在 R_2 上的流动方向与 i_{m1} 相反之结果；同理，在网孔 2 的方程中，沿着网孔 2 绕行方向，R_2 上的电压则为 $R_2(i_{m2} - i_{m1})$。经整理后，有：

$$\left. \begin{aligned} (R_1 + R_2)i_{m1} - R_2 i_{m2} &= u_{S1} - u_{S2} \\ -R_2 i_{m1} + (R_2 + R_3)i_{m2} &= u_{S2} - u_{S3} \end{aligned} \right\} \tag{3-6}$$

式（3-6）即为以网孔电流为求解对象的网孔电流方程。

现在用 R_1 和 R_2 分别代表网孔 1 和网孔 2 的自阻，它们分别是网孔 1 和网孔 2 中所有电阻之和，即 $R_{11} = R_1 + R_2$，$R_{22} = R_2 + R_3$；用 R_{12} 和 R_{21} 代表网孔 1 和网孔 2 的互阻，即两个网孔的共有电阻，本例中 $R_{12} = R_{21} = -R_2$。上式可改写为：

$$\left. \begin{aligned} R_{11} i_{m1} + R_{12} i_{m2} &= u_{S1} - u_{S2} \\ R_{21} i_{m1} + R_{22} i_{m2} &= u_{S2} - u_{S3} \end{aligned} \right\} \tag{3-7}$$

此方程可理解为：$R_{11}i_{m1}$ 项代表网孔电流 i_{m1} 在网孔 1 内各电阻上引起的电压之和，$R_{22}i_{m2}$ 项代表网孔电流 i_{m2} 在网孔 2 内各电阻上引起的电压之和。由于网孔绕行方向和网孔电流方向取为一致，故 R_{11} 和 R_{22} 总为正值。$R_{12}i_{m2}$ 项代表网孔电流 i_{m2} 在网孔 1 中引起的电压，而 $R_{21}i_{m1}$ 项代表网孔电流 i_{m1} 在网孔 2 中引起的电压。当两个网孔电流在共有电阻上的参考方向相同时，$i_{m2}(i_{m1})$ 引起的电压与网孔 1(2) 的绕行方向一致，应当为正；反之为负。为了使方程形式整齐，把这类电压前的"＋"号或"－"号包括在有关的互阻中。这样，当通过网孔 1 和网孔 2 的共有电阻上的两个网孔电流的参考方向相同时，互阻（R_{12}、R_{21}）取正；反之，则取负。故在本例中，$R_{12}=R_{21}=-R_2$。

对具有 m 个网孔的平面电路，网孔电流方程的一般形式可以由式（3-7）推广而得，即有：

$$\left.\begin{array}{l} R_{11}i_{m1}+R_{12}i_{m2}+R_{13}i_{m3}+\cdots+R_{1m}i_{mm}=u_{S11} \\ R_{21}i_{m1}+R_{22}i_{m2}+R_{23}i_{m3}+\cdots+R_{2m}i_{mm}=u_{S22} \\ \cdots\cdots \\ R_{m1}i_{m1}+R_{m2}i_{m2}+R_{m3}i_{m3}+\cdots+R_{mm}i_{mm}=u_{Smm} \end{array}\right\} \quad (3-8)$$

式中，具有相同双下标的电阻 R_{11}、R_{22}、R_{33} 等，是各网孔的自阻；有不同下标的电阻 R_{12}、R_{13}、R_{23} 等，是网孔间的互阻。自阻总是正的，互阻的正、负则视两网孔电流在共有支路上参考方向是否相同而定。方向相同时为正，方向相反时为负。显然，如果两个网孔之间没有共有支路，或者有共有支路但其电阻为零（例如，共有支路间仅有电压源），则互阻为零。如果将所有网孔电流都取为顺（或逆）时钟方向，则所有互阻总是负的。在不含受控源的电阻电路的情况下，$R_{ik}=R_{ki}$。方程右方 u_{S11}、u_{S22}、$\cdots$ 分别为网孔 1、网孔 2、$\cdots$ 中所有电压源电压的代数和，各电压源的方向与网孔电流一致时，前面取"－"号，反之取"＋"号。

【例 3.1】 在图 3-10 所示直流电路中，电阻和电压源均为已知，试用网孔电流法求各支路电流。

【解】 电路为平面电路，共有 3 个网孔。

（1）选取网孔电流 I_1、I_2、I_3，如图 3-10 所示。

（2）列网孔电流方程。

由

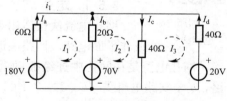

图 3-10 【例 3.1】图

$$R_{22}=(20+40)\Omega=60\Omega$$
$$R_{33}=(40+40)\Omega=80\Omega$$
$$R_{12}=R_{21}=-20\Omega$$
$$R_{13}=R_{31}=0$$
$$R_{23}=R_{32}=-40$$
$$U_{S11}=(180-70)V=110V$$
$$U_{S22}=70V$$
$$U_{S33}=-20V$$

故网孔电流方程为：

$$80I_1 - 20I_2 = 110$$
$$-20I_1 + 60I_2 - 40I_3 = 70$$
$$-40I_2 + 80I_3 = -20$$

（3）用消去法或行列式法，解得：

$$I_1 = 2\text{A}$$
$$I_2 = 2.5\text{A}$$
$$I_3 = 1\text{A}$$

（4）指定各支路电流如图 3-10 所示，有：

$$I_a = I_1 = 2\text{A}$$
$$I_b = -I_1 + I_2 = 0.5\text{A}$$
$$I_c = I_2 + I_3 = 1.5\text{A}$$
$$I_d = -I_3 = -1\text{A}$$

（5）校验。

取一个未用过的回路，例如取由 60Ω、40Ω 电阻及 180V、20V 电压源构成的外网孔，沿顺时针绕行方向写 KVL 方程，有：

$$60I_a - 40I_d = 180 - 20$$

将 I_a、I_d 值代入，得 $160 = 160$，故答案正确。

当电路中存在电流源和电阻的并联组合时，可将它等效变换成电压源和电阻的串联组合，再按上述方法进行分析。对于存在无伴电流源或受控源的情况，请参见 3.5 节。

3.5　回路电流法

3.5 回路
电流法

3.5.1　定义

网孔电流法仅适用于平面电路，回路电流法则无此限制，它适用于平面或非平面电路。回路电流法是一种适用性较强并获得广泛应用的分析方法。

网孔电流是在网孔中连续流动的假想电流，对于一个具有 b 个支路、n 个结点的电路，b 个支路电流受（$n-1$）个 KCL 独立方程所制约，因此，独立的支路电流只有（$b-n+1$）个，等于网孔电流数。回路电流也是在回路中连续流动的假想电流。但是与网孔不同，回路的取法很多，选取的回路应是一组独立回路，且回路的个数也应等于（$b-n+1$）个。选定一树以后形成的基本回路显然满足上述要求。这就是说，基本回路电流可以作为电路的独立变量来求解。

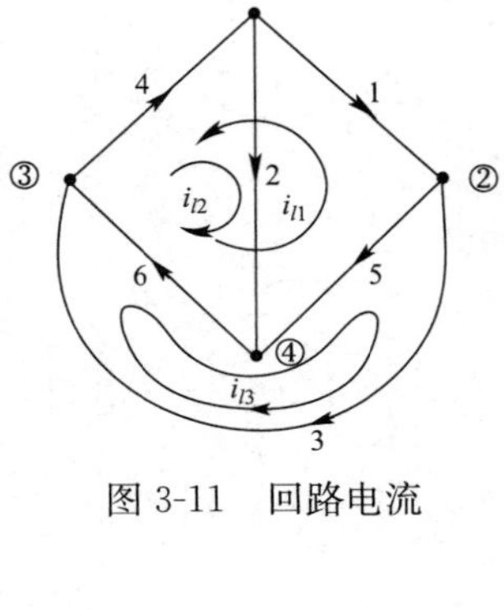

3.5.2　方程的列写

以图 3-11 所示电路为例，如果选支路（4，5，6）为树（在图中用粗线画出），可以得到以支路（1，2，3）为单连支的 3 个基本回路，它们是独立回路。把连支电流 i_1、i_2、i_3 分别作为在各自单连支回路中流动的假想回路电流 i_{l1}、i_{l2}、i_{l3}。支路 4 为回路 1 和 2 所共有，而其方向与回路 1 的绕行方向相反，与回路 2 的绕行方向相同，所以有：

图 3-11　回路电流

$$i_4 = -i_{l1} + i_{l2}$$

同理，可以得出支路 5 和支路 6 的电流 i_5 和 i_6 为：

$$i_5 = -i_{l1} - i_{l3}$$

$$i_6 = -i_{l1} + i_{l2} - i_{l3}$$

从以上三式可见，树支电流可以通过连支电流或回路电流表达，即全部支路电流可以通过回路电流表达。

列方程时，因回路电流已满足 KCL 方程，也只需按 KVL 列方程。对于 b 个支路、n 个结点的电路，回路电流数 $l = (b-n+1)$。以下，将以【例 3.2】所示电路介绍列出回路电流方程的方法。

【例 3.2】　给定直流电路如图 3-12(a) 所示，其中 $R_1 = R_2 = R_3 = 1\Omega$，$R_4 = R_5 = R_6 = 2\Omega$，$u_{S1} = 4V$，$u_{S5} = 2V$。试选择一组独立回路，并列出回路电流方程。

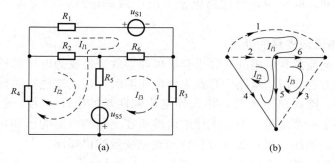

图 3-12　【例 3.2】图

【解】　电路的图如图 3-12(b) 所示，选择支路 4、5、6 为树，3 个独立回路（基本回路）绘于图中。连支电流 I_1、I_2、I_3 即为回路电流 I_{l1}、I_{l2}、I_{l3}。在三个基本回路列出以回路电流 I_{l1}、I_{l2}、I_{l3} 为变量的 KVL 方程，分别为：

$$\left. \begin{array}{l} R_1 I_{l1} + u_{S1} + R_6(I_{l1} - I_{l3}) + R_5(I_{l1} + I_{l2} - I_{l3}) - u_{S5} + R_4(I_{l1} + I_{l2}) = 0 \\ R_2 I_{l2} + R_5(I_{l1} + I_{l2} - I_{l3}) - u_{S5} + R_4(I_{l1} + I_{l2}) = 0 \\ R_6(I_{l3} - I_{l1}) + R_3 I_{l3} + u_{S5} + R_5(I_{l3} + I_{l1} - I_{l2}) = 0 \end{array} \right\} \quad (3-9)$$

代入数字并经整理后，可得：

$$\left. \begin{array}{l} 7I_{l1} + 4I_{l2} - 4I_{l3} = -2 \\ 4I_{l1} + 5I_{l2} - 2I_{l3} = 2 \\ -4I_{l1} - 2I_{l2} + 5I_{l3} = -2 \end{array} \right\} \quad (3-10)$$

解出 I_{l1}、I_{l2}、I_{l3} 后，可根据以下各式计算支路电流：

$$I_1 = I_{l1}$$

$$I_2 = I_{l2}$$

$$I_3 = I_{l3}$$

$$I_4 = -I_{l1} - I_{l2}$$

$$I_5 = I_{l1} + I_{l2} - I_{l3}$$

$$I_6 = -I_{l1} + I_{l3}$$

回路电流方程式（3-10）是 KVL 方程，其中左方各项是各个回路电流在回路中电阻上引起的电压。与网孔电流方程式（3-8）相似，对具有 1 个独立回路的电路可写出回路电流方程的一般形式：

$$
\left.
\begin{aligned}
R_{11}i_{l1} + R_{12}i_{l2} + R_{13}i_{l3} + \cdots + R_{1l}i_{ll} &= u_{S11}\\
R_{21}i_{l1} + R_{22}i_{l2} + R_{23}i_{l3} + \cdots + R_{2l}i_{ll} &= u_{S22}\\
&\cdots\cdots\\
R_{l1}i_{l1} + R_{l2}i_{l2} + R_{l3}i_{l3} + \cdots + R_{ll}i_{ll} &= u_{Sll}
\end{aligned}
\right\}
\tag{3-11}
$$

式中，有相同下标的电阻 R_{11}、R_{22}、R_{33} 等是各回路的自阻，有不同下标的电阻 R_{12}、R_{13}、R_{23} 等是回路间的互阻。自阻总是正的，互阻取正还是取负，则由相关两个回路共有支路上两回路电流的方向是否相同而决定，相同时取正，相反时取负。显然，若两个回路间无共有电阻，则相应的互阻为零。方程右方的 u_{S11}、u_{S22}、$\cdots$ 分别为各回路 1、2、$\cdots$ 中所有电压源的代数和。取和时，与回路电流方向一致的电压源前应取"$-$"号，否则取"$+$"号。

3.5.3 无伴电流源支路的处理

如果电路中有电流源和电阻的并联组合，可经等效变换成为电压源和电阻的串联组合后，再列回路电流方程。但当电路中存在无伴电流源时，就无法进行等效变换。此时，可采用下述方法处理。除回路电流外，将无伴电流源两端的电压作为一个求解变量列入方程。这样，虽然多了一个变量，但是无伴电流源所在支路的电流为已知，故增加了一个回路电流的附加方程。如此一来，独立方程数与独立变量数仍相同。

【例 3.3】 图 3-13 所示电路中 $U_{S1}=50\text{V}$，$U_{S3}=20\text{V}$，$I_{S2}=1\text{A}$，此电流源为无伴电流源。试用回路法列出电路的方程。

【解】 把电流源两端的电压 U 作为附加变量。该电路有 3 个独立回路，假设回路电流 I_{l1}、I_{l2}、I_{l3} 如图 3-14 所示。沿各自回路的 KVL 方程为：

$$
\left.
\begin{aligned}
(20+15+10)I_{l1} - 10I_{l2} - 15I_{l3} &= 0\\
-10I_{l1} + (10+30)I_{l2} + U &= 50\\
-15I_{l1} - U + (40+15)I_{l3} &= -20
\end{aligned}
\right\}
\tag{3-12}
$$

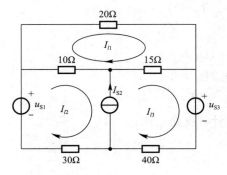

图 3-13 【例 3.3】图 1

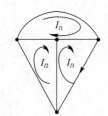

图 3-14 【例 3.3】图 2

无伴电流源所在支路有 I_{l2} 和 I_{l3} 通过，故附加方程为：

$$
I_{l3} - I_{l2} = 1
\tag{3-13}
$$

方程数和未知变量数相等。

3.5.4　受控电源支路的处理

当电路中含有受控电压源时，把它作为电压源暂时列于 KVL 方程的右边，同时把控制量用回路电流表示，然后将用回路电流表示的受控源电压项移到方程的左边。当受控源是电流源时，可参照前面处理独立电流源的方法进行（见下例）。

【例 3.4】　图 3-15 所示电路中有无伴电流源 i_{S1}，无伴电流控制电流源 $i_C = \beta i_2$，电压控制电压源 $u_C = \alpha u_2$，电压源 u_{S2}。列出回路电流方程。

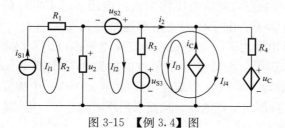

图 3-15　【例 3.4】图

【解】　取独立回路如图 3-15 所示，使无伴电流源和无伴受控电流源都只有一个回路电流流过，前者为 i_{l1}；后者为 i_{l3}，这样就可不再列回路 1 和回路 3 的 KVL 方程。把控制量用有关回路电流表示，有：

$$i_2 = i_{l2}$$
$$u_2 = R_2(i_{l1} - i_{l2})$$

直接应用公式（3-11）列出回路 2 和回路 4 的 KVL 方程比较困难，可以沿绕行方向逐段写出有关电压，有：

回路 2：　　　　　$-u_2 - u_{S2} + R_3(i_{l2} + i_{l3} - i_{l4}) + u_{S3} = 0$

回路 4：　　　　　$-u_{S3} + R_3(i_{l4} - i_{l2} - i_{l3}) + R_4 i_{l4} + u_C = 0$

带入 $u_2 = R_2(i_{l1} - i_{l2})$，$u_C = \alpha u_2$，有：

$$-R_2(i_{l1} - i_{l2}) + R_3(i_{l2} + i_{l3} - i_{l4}) = u_{S2} - u_{S3}$$
$$R_3(i_{l4} - i_{l2} - i_{l3}) + R_4 i_{l4} + \alpha R_2(i_{l1} - i_{l2}) = u_{S3}$$

经整理后，得：

$$-R_2 i_{l1} + (R_2 + R_3)i_{l2} + R_3 i_{l3} - R_3 i_{l4} = u_{S2} - u_{S3}$$
$$\alpha R_2 i_{l1} - (\alpha R_2 + R_3)i_{l2} - R_3 i_{l3} + (R_3 + R_4)i_{l4} = u_{S3}$$

附加方程为：

$$i_{l1} = i_{S1}$$
$$i_{l3} = \beta i_{l2}$$

如果将 i_{l1}、i_{l3} 带入前两个方程，可得到仅含 i_{l2}、i_{l4} 的两个方程。

回路电流法的步骤可归纳如下：

（1）根据给定的电路，通过选择一个树确定一组基本回路，并指定各回路电流（即连支电流）的参考方向。

（2）按一般公式（3-11）列出回路电流方程，注意自阻总是正的，互阻的正、负由相关的两个回路电流通过共有电阻时，两者的参考方向是否相同而定。并注意该式右边项取代数和时各有关电压源前面的"＋""－"号。

（3）当电路中有受控源或无伴电流源时，需另行处理。

（4）对于平面电路，可用网孔电流法。

3.6节点
电压法

3.6 节点电压法

3.6.1 定义

电路中，任意选择某一结点为参考结点，其他结点为独立结点，这些结点与此参考结点之间的电压称为结点电压，结点电压的参考极性是以参考结点为负，其余独立结点为正。由于任一支路都连接在两个结点上，根据 KVL，不难断定支路电压就是两个结点电压之差。如果每一个支路电流都可由支路电压来表示，那么它一定也可以用结点电压来表示。在具有 n 个结点的电路中写出其中 $(n-1)$ 个独立结点的 KCL 方程，就得到变量为 $(n-1)$ 个结点电压的共 $(n-1)$ 个独立方程，称为结点电压方程；最后，由这些方程解出结点电压，从而求出所需的电压、电流。这就是结点电压法。

3.6.2 方程的列写

例如，对于图 3-16 所示电路及其图，结点的编号和支路的编号及参考方向均示于图中。电路的结点数为 4，支路数为 6。以结点⓪为参考，并规定结点①、②、③的结点电压分别用 u_{n1}、u_{n2}、u_{n3} 表示。支路电压分别用 u_1、u_2、u_3、u_4、u_5 与 u_6 来表示。根据 KVL，不难求出 $u_1=u_{n1}$，$u_2=u_{n2}$，$u_3=u_{n3}$，$u_4=u_{n1}-u_{n2}$，$u_5=u_{n2}-u_{n3}$，以及 $u_6=u_{n1}-u_{n3}$。

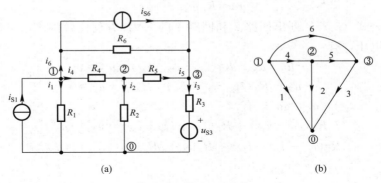

图 3-16 结点电压法

在结点①、②、③的 KCL 方程为：

$$\left.\begin{array}{l} i_1+i_4+i_6=0 \\ i_2-i_4+i_5=0 \\ i_3-i_5-i_6=0 \end{array}\right\} \tag{3-14}$$

根据各支路的 VCR 及支路电压与结点电压的关系，式（3-14）成为：

$$\left.\begin{array}{l} \left(\dfrac{u_{n1}}{R_1}-i_{S1}\right)+\left(\dfrac{u_{n1}-u_{n2}}{R_4}\right)+\left(\dfrac{u_{n1}-u_{n3}}{R_6}+i_{S6}\right)=0 \\[3mm] \dfrac{u_{n2}}{R_2}-\left(\dfrac{u_{n1}-u_{n2}}{R_4}\right)+\left(\dfrac{u_{n2}-u_{n3}}{R_5}\right)=0 \\[3mm] \left(\dfrac{u_{n3}-u_{S3}}{R_3}\right)-\left(\dfrac{u_{n2}-u_{n3}}{R_5}\right)-\left(\dfrac{u_{n1}-u_{n3}}{R_6}+i_{S6}\right)=0 \end{array}\right\} \tag{3-15}$$

经整理，就可得到以结点电压为独立变量的方程：

$$\left.\begin{aligned}
\left(\frac{1}{R_1}+\frac{1}{R_4}+\frac{1}{R_6}\right)u_{n1}-\frac{1}{R_4}u_{n2}-\frac{1}{R_6}u_{n3}&=i_{S1}-i_{S6}\\
-\frac{1}{R_4}u_{n1}+\left(\frac{1}{R_2}+\frac{1}{R_4}+\frac{1}{R_5}\right)u_{n2}-\frac{1}{R_5}u_{n3}&=0\\
-\frac{1}{R_6}u_{n1}-\frac{1}{R_5}u_{n2}+\left(\frac{1}{R_3}+\frac{1}{R_5}+\frac{1}{R_6}\right)u_{n3}&=i_{S6}+\frac{u_{n3}}{R_3}
\end{aligned}\right\} \tag{3-16}$$

式（3-16）可写为：

$$\left.\begin{aligned}
(G_1+G_4+G_6)u_{n1}-G_4u_{n2}-G_6u_{n3}&=i_{S1}-i_{S6}\\
-G_4u_{n1}+(G_2+G_4+G_5)u_{n2}-G_5u_{n3}&=0\\
-G_6u_{n1}-G_5u_{n2}+(G_3+G_5+G_6)u_{n3}&=i_{S6}+G_3u_{S3}
\end{aligned}\right\} \tag{3-17}$$

式中，G_1、G_2、$\cdots$、G_6 为支路1、2、$\cdots$、6的电导。列结点电压方程时，可以根据观察按 KCL 直接写出式（3-16）或式（3-17），不必按照前述步骤进行。为归纳出更为一般的结点电压方程，可令 $G_{11}=G_1+G_4+G_6$，$G_{22}=G_2+G_4+G_5$，分别为结点①、②、③的自导，自导总是正的，它等于连于各结点支路电导之和；令 $G_{12}=G_{21}=-G_4$，$G_{13}=G_{31}=-G_6$，$G_{23}=G_{32}=-G_5$，分别为①、②、①、③和②、③这 3 对结点间的互导。互导总是负的，它们等于连接于两结点间支路电导的负值。方程右方写为 i_{S11}、i_{S22}、i_{S33}，分别表示结点①、②、③的注入电流。注入电流等于流向结点的电流源的代数和，流入结点者前面取"＋"号，流出结点者前面取"－"号。注入电流源还应包括电压源和电阻串联组合经等效变换形成的电流源。在上例中，结点③除了有 i_{S6} 流入外，还有电压源 u_{S3} 形成的等效电流源 $\dfrac{u_{S3}}{R_3}$。3 个独立结点的结点电压方程为：

$$\left.\begin{aligned}
G_{11}u_{n1}+G_{12}u_{n2}+G_{13}u_{n3}&=i_{S11}\\
G_{21}u_{n1}+G_{22}u_{n2}+G_{23}u_{n3}&=i_{S22}\\
G_{31}u_{n1}+G_{32}u_{n2}+G_{33}u_{n3}&=i_{S33}
\end{aligned}\right\} \tag{3-18}$$

式（3-18）不难推广到具有 $(n-1)$ 个独立结点的电路，有：

$$\left.\begin{aligned}
G_{11}u_{n1}+G_{12}u_{n2}+G_{13}u_{n3}+\cdots+G_{1(n-1)}u_{n(n-1)}&=i_{S11}\\
G_{21}u_{n1}+G_{22}u_{n2}+G_{23}u_{n3}+\cdots+G_{2(n-1)}u_{n(n-1)}&=i_{S22}\\
&\cdots\cdots\\
G_{(n-1)1}u_{n1}+G_{(n-1)2}u_{n2}+G_{(n-1)3}u_{n3}+\cdots+G_{(n-1)(n-1)}u_{n(n-1)}&=i_{S(n-1)(n-1)}
\end{aligned}\right\} \tag{3-19}$$

求得各结点电压后，可根据 VCR 求出各支路电流。列结点电压方程时，不需要事先指定支路电流的参考方向。结点电压方程本身已包含了 KVL，而以 KCL 的形式写出，故如要检验答案，应按支路电流用 KCL 进行。

【例 3.5】　列出图 3-17 所示电路的结点电压方程。

【解】　指定参考结点，并对其他结点编号，设结点电压为 u_{n1}、u_{n2}、u_{n3} 与 u_{n4}。

图中各电阻以电阻值给出，因此，各支路电导为支路电阻的倒数。此处应注意：$G_1=\dfrac{1}{R_{1a}+R_{1b}}$ 及 R_9 不在方程中出现。

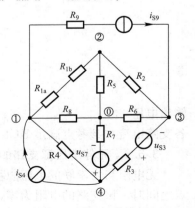

图 3-17　【例 3.5】图

$$\left(\frac{1}{R_{1a}+R_{1b}}+\frac{1}{R_4}+\frac{1}{R_8}\right)u_{n1}-\frac{1}{R_{1a}+R_{1b}}u_{n2}-\frac{1}{R_4}u_{n4}=i_{S4}-i_{S9}$$

$$-\frac{1}{R_{1a}+R_{1b}}u_{n1}\left(\frac{1}{R_{1a}+R_{1b}}+\frac{1}{R_2}+\frac{1}{R_5}\right)u_{n2}-\frac{1}{R_2}u_{n3}=0$$

$$-\frac{1}{R_2}u_{n2}+\left(\frac{1}{R_2}+\frac{1}{R_3}+\frac{1}{R_6}\right)u_{n3}-\frac{1}{R_3}u_{n4}=i_{S9}-\frac{u_{S3}}{R_3}$$

$$-\frac{1}{R_4}u_{n1}-\frac{1}{R_3}u_{n3}+\left(\frac{1}{R_3}+\frac{1}{R_4}+\frac{1}{R_7}\right)u_{n4}=-i_{S4}+\frac{u_{S7}}{R_7}+\frac{u_{S3}}{R_3}$$

（3-20）

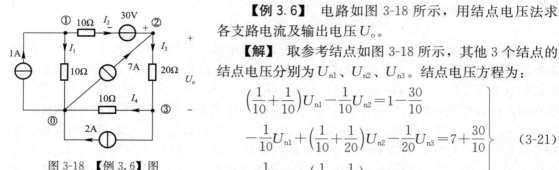

图 3-18 【例 3.6】图

【例 3.6】 电路如图 3-18 所示，用结点电压法求各支路电流及输出电压 U_o。

【解】 取参考结点如图 3-18 所示，其他 3 个结点的结点电压分别为 U_{n1}、U_{n2}、U_{n3}。结点电压方程为：

$$\left(\frac{1}{10}+\frac{1}{10}\right)U_{n1}-\frac{1}{10}U_{n2}=1-\frac{30}{10}$$

$$-\frac{1}{10}U_{n1}+\left(\frac{1}{10}+\frac{1}{20}\right)U_{n2}-\frac{1}{20}U_{n3}=7+\frac{30}{10}$$

$$-\frac{1}{20}U_{n2}+\left(\frac{1}{10}+\frac{1}{20}\right)U_{n3}=-2$$

（3-21）

整理得：

$$0.2U_{n1}-0.1U_{n2}=-2$$
$$-0.1U_{n1}+0.15U_{n2}-0.05U_{n3}=10$$
$$-0.05U_{n2}+0.15U_{n3}=-2$$

可解得：

$$U_{n1}=40\text{V}$$
$$U_{n2}=100\text{V}$$
$$U_{n3}=20\text{V}$$

假定各支路电流为 I_1、I_2、I_3、I_4，参考方向如图 3-18 所示，有：

$$I_1=\frac{U_{n1}}{10}=4\text{A}$$

$$I_2=\frac{U_{n1}-U_{n2}+30}{10}=-3\text{A}$$

$$I_3=\frac{U_{n2}-U_{n3}}{20}=4\text{A}$$

$$I_4=\frac{U_{n3}}{10}=2\text{A}$$

输出电压 $\qquad\qquad\qquad U_o=U_{n2}-U_{n3}=80\text{V}$

各支路电流在参考点满足 KCL，求解正确。

3.6.3 无伴电压源支路的处理

无电阻与之串联的电压源称为无伴电压源。当无伴电压源作为一条支路连接于两个结点之间时，该支路的电阻为零，即电导等于无限大，支路电流不能通过支路电压表示，结点电压方程的列写就遇到困难。当电路中存在这类支路时，有几种方法可以处理。第一种方法是把无伴电压源的电流作为附加变量列入 KCL 方程。每引入这样的一个变量，同时也增加了一个结点电压与无伴电压源电压之间的一个约束关系。将这些约束关系和结点电压方程合并成一组联立方程，其方程数仍将与变量数相同。另一种方法是将连接无伴电压源的两个结点的结点电压方程合为一个，即取一个包含这两结点的封闭面的 KCL，可避免附加电流变量的出现。同时，还应添加结点电压与无伴电压源的约束关系。

【例 3.7】 图 3-19 所示电路中，u_{S1} 为无伴电压源的电压。试列出此电路的结点电压方程。

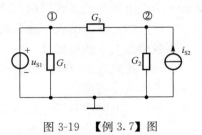

图 3-19 **【例 3.7】** 图

【解】 设无伴电压源支路的电流为 i，电路的结点电压方程为：

$$(G_1 + G_3)u_{n1} - i - G_3 u_{n2} = 0$$
$$-G_3 u_{n1} + (G_2 + G_3)u_{n2} = i_{S2}$$

补充的约束关系为：

$$u_{n1} = u_{S1}$$

由上列 3 个方程，可以联立解得 u_{n1}、u_{n2} 和 i。

这种方法实际上采用了混合变量。除了结点电压外，还把无伴电压源支路的电流作为变量。在回路电流法中，处理无伴电流源时也采用了混合变量。如果应用第二种处理方法，则舍弃上列 3 个方程中的第一个方程，可联立求解 u_{n2}。

3.6.4　受控电源支路的处理

若电路中存在受控电流源，在建立结点电压方程时，先把控制量用结点电压表示，并暂时把它当作独立电流源，按上述方法列出结点电压方程；然后，把用结点电压表示的受控电流源电流项移到方程的左边。当电路中存在有伴受控电压源时，把控制量用有关结点电压表示并变换为等效受控电流源。如果存在无伴受控电压源，可参照无伴独立电压源的处理方法。

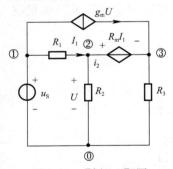

图 3-20 **【例 3.8】** 图

【例 3.8】 图 3-20 电路中独立源与 CCVS 都是无伴电压源。试列出其结点电压方程。

【解】 选择参考结点及标明独立结点，结点电压分别为 U_{n1}、U_{n2}、U_{n3}。独立电压源一端为参考结点，故结点①不列方程；对 CCVS 两端做包含结点②与③的封闭面 S，对 S 列 KCL 方程为：

$$\frac{U_{n2} - U_{n1}}{R_1} + \frac{U_{n2}}{R_2} - g_m U + \frac{U_{n3}}{R_3} = 0$$

附加方程

$$U_{n1} = U_S$$
$$U_{n2} - U_{n3} = R_m I_1$$

其中，控制量 U 与 I_1 可以结点电压来表示，即：

$$U = U_{n2}$$
$$I_1 = \frac{U_{n1} - U_{n2}}{R_1}$$

经整理，可得 3 变量方程组：

$$-\frac{1}{R}U_{n1} + \left(\frac{1}{R_1} + \frac{1}{R_2} - g_m\right)U_{n2} + \frac{1}{R_3}U_{n3} = 0$$

$$U_{n1} = U_S$$

$$-\frac{R_m}{R_1}U_{n1} + \left(1 + \frac{R_m}{R_1}\right)U_{n2} - U_{n3} = 0$$

结点电压法的步骤可以归纳如下：

（1）指定参考结点，其余结点对参考结点之间的电压就是结点电压。通常，以参考结点为各结点电压的负极性。

（2）按式（3-19）列出结点电压方程，注意自导总是正的，互导总是负的；并注意各结点注入电流前面的"＋""－"号。

（3）当电路中有受控源或无伴电压源时，需要另行处理。

本章介绍了分析线性电阻电路的支路电流法、回路电流法（含网孔电流法）和结点电压法。并提到了 $2b$ 法和支路电压法。就方程数目说，$2b$ 法为支路数 b 的 2 倍；支路电流（电压）法为支路数 b；结点电压法为独立结点数 $(n-1)$（n 为结点数）；回路电流法为独立回路数 $(b-n+1)$；其中，以 $2b$ 法为最多。支路电流法要求每个支路电压都能以支路电流表示，这就使该方法的应用受到一定的限制，例如对于无伴电流源就需要另行处理。结点电压法也有类似问题存在，它要求每个支路电流都能以支路电压表示，对于无伴电压源就需要另行处理。$2b$ 法就比较灵活，因为只要求写出每个支路的 VCR，对任何元件都不难做到。回路电流法存在与支路电流法类似的限制。结点电压法的优点是结点电压容易选择，不存在选取独立回路的问题。用网孔电流法时，选取独立回路简便、直观，但仅适用于平面电路。

线性电阻电路方程是一组线性代数方程。无论用以上哪一种方法，都可以获得一组未知数和方程数相等的代数方程。从数学上说，只要方程的系数行列式不等于零，方程就有解且是唯一解。线性电阻电路方程一般总是有解的，但是在某些特定条件以及特殊情况下，线性电阻电路方程可能无解，也可能存在多个解。

习　题

【3.1】　指出以下两种情况下，KCL、KVL 独立方程各为多少？

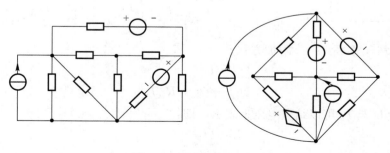

图 3-21　习题【3.1】图

【3.2】　对图 3-22(a)、(b)，各画出 4 个不同的树，树支数各为多少？

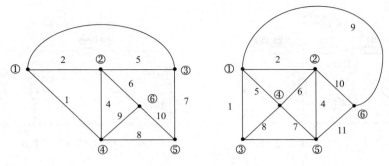

图 3-22 习题【3.2】图

【3.3】、图 3-23 所示电路中 $R_1 = R_2 = 10\Omega$，$R_3 = 4\Omega$，$R_4 = R_5 = 8\Omega$，$R_6 = 2\Omega$，$u_{S3} = 20V$，$u_{S6} = 40V$，用支路电流法求解电流 i_5。

【3.4】 用网孔电流法求解图 3-23 中电流 i_5。

【3.5】 用回路电流法求解图 3-23 中电流 i_5。

【3.6】 用回路电流法求解图 3-24 所示中 5Ω 电阻中的电流 i。

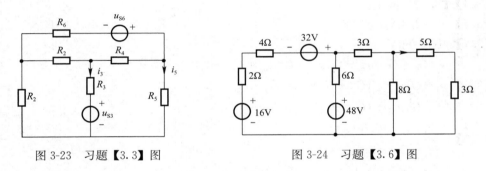

图 3-23 习题【3.3】图   图 3-24 习题【3.6】图

【3.7】 用回路电流法求解图 3-25 所示电路中电流 U_0。

【3.8】 列出图 3-26 所示电路的结点电压方程。

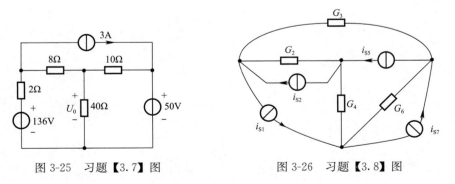

图 3-25 习题【3.7】图   图 3-26 习题【3.8】图

【3.9】 列出图 3-27 所示电路的结点电压方程。

【3.10】 列出图 3-28 所示电路的结点电压方程。

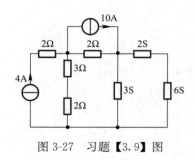

图 3-27　习题【3.9】图

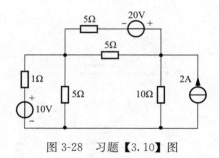

图 3-28　习题【3.10】图

答　案

【3.1】　图（a）中 KCL 独立方程数为 3；KVL 独立方程数为 5。

　　　　图（b）中 KCL 独立方程数为 4；KVL 独立方程数为 5。

【3.2】　略。

【3.3】　$i_5 = -0.956\text{A}$。

【3.4】【3.5】　同上。

【3.6】　$i = 2.4\text{A}$。

【3.7】　$U_o = 80\text{V}$。

【3.8】　$$\begin{cases} (G_2+G_3)u_{n1}-G_2 u_{n2}-G_3 u_{n3}=i_{S2}-i_{S1} \\ -G_2 u_{n1}+(G_2+G_4)u_{n2}=i_{S5}-i_{S2} \\ -G_3 u_{n1}+(G_3+G_6)u_{n3}=i_{S7}-i_{S5} \end{cases}$$

【3.9】　$$\begin{cases} 0.7u_{n1}-0.5u_{n2}=-6 \\ -0.5u_{n1}+5u_{n2}=10 \end{cases}$$

【3.10】　$$\begin{cases} 1.6u_{n1}-0.4u_{n2}=6 \\ -0.4u_{n1}+0.5u_{n2}=6 \end{cases}$$

第4章 电路定理

分析电路时，合理利用一些重要的电路定理，能使相对复杂的电路计算过程简化，包括叠加定理、齐性定理、替代定理、戴维南定理、诺顿定理、最大传输定理等。

4.1 叠加定理与齐性定理

线性性质是线性系统（含线性电路）最基本的性质，而叠加定理和齐性定理是线性电路的重要性质。叠加定理是可加性的反映，可加性的概念始终贯穿在叠加定理的应用中。

4.1叠加定理
与齐性定理

4.1.1 叠加定理

线性电路中，任一支路的电流（或电压）可以看成是电路中每一个独立电源单独作用于电路时，在该支路产生的电流（或电压）的代数和。

4.1.2 定理的证明

图 4-1 所示电路应用结点法：

$$(G_2 + G_3)u_{n1} = i_{S1} + G_2 u_{S2} + G_3 u_{S3}$$

解得结点电位：

$$u_{n1} = \frac{G_2 u_{S2}}{G_2 + G_3} + \frac{G_3 u_{S3}}{G_2 + G_3} + \frac{i_{S1}}{G_2 + G_3}$$

或：

$$u_{n1} = a_1 i_{S1} + a_2 u_{S2} + a_3 u_{S3}$$
$$= u_{n1}^{(1)} + u_{n1}^{(2)} + u_{n1}^{(3)}$$

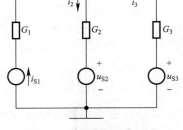

图 4-1 叠加定理的证明

支路电流为：

$$i_2 = (u_{n1} - u_{S2})G_2 = \left(\frac{G_2}{G_2 + G_3} - G_2\right)u_{S2} + \frac{G_3 u_{S3}}{G_2 + G_3} + \frac{i_{S1}}{G_2 + G_3}$$

$$i_3 = (u_{n1} - u_{S3})G_3 = \left(\frac{G_2}{G_2 + G_3}\right)u_{S2} + \left(\frac{G_3}{G_2 + G_3} - G_3\right)u_{S3} + \frac{i_{S1}}{G_2 + G_3}$$

以上各式表明：结点电压和各支路电流均为各独立电源的一次函数，均可看成各独立电源单独作用时产生的响应之叠加，即表示为：

$$u_{n1} = u_1 i_{S1} + u_2 u_{S2} + u_3 u_{S3} = u_{n1}^{(1)} + u_{n1}^{(2)} + u_{n1}^{(3)}$$
$$i_2 = b_1 i_{S1} + b_2 u_{S2} + b_3 u_{S3} = i_2^{(1)} + i_2^{(2)} + i_2^{(3)}$$
$$i_3 = c_1 i_{S1} + c_2 u_{S2} + c_3 u_{S3} = i_3^{(1)} + i_3^{(2)} + i_3^{(3)}$$

式中，a_1、a_2、a_3，b_1、b_2、b_3 和 c_1、c_2、c_3 是与电路结构和电路参数有关的系数。

4.1.3 应注意的问题

在使用叠加定理解题时，需要注意以下几点：

（1）由于线性电路中的电压和电流都与独立电压源（或独立电流源）呈一次函数关

系，所以叠加定理只适用于线性电路。

（2）对于一个如图 4-2(a) 所示的电路来说，使用叠加定理求解电路参数时，需遵循如下规则：当一个独立电源单独作用时，其余独立电源都等于零。此时的理想电压源应视为短路，理想电流源应视为开路。当独立电流源 i_{S1} 单独作用，此时独立电压源 u_{S2} 和 u_{S3} 视为短路，即一根导线，如图 4-2(b) 所示；当独立电压源 u_{S2} 或 u_{S3} 单独作用，此时独立电压源 i_{S1} 视为开路，而另一个独立电压源 u_{S3} 或 u_{S2} 视为短路，如图 4-2(c)、(d) 所示。

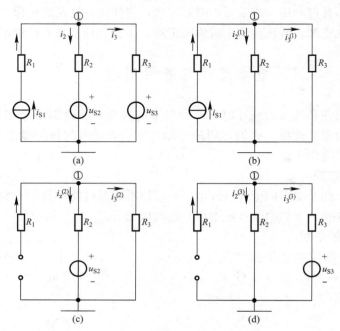

图 4-2　叠加定理的说明

（3）由于功率为电压和电流的乘积，不是独立电源的一次函数，所以在计算功率时，不能用叠加定理。

（4）应用叠加定理求电压和电流是代数量的叠加，要特别注意各代数量的符号。即注意在各电源单独作用时计算的电压、电流参考方向是否一致，一致时相加，反之相减。

（5）含受控源（线性）的电路，在使用叠加定理时，受控源不要单独作用，而应把受控源作为一般元件始终保留在电路中，这是因为受控电压源的电压和受控电流源的电流受电路的结构和各元件的参数所约束。

（6）叠加的方式是任意的，可以一次使一个独立源单独作用，也可以一次使几个独立源同时作用，方式的选择取决于分析问题的方便程度。

【例 4.1】　试用叠加定理计算图 4-3(a) 所示电路的电压 U。

【解】　应用叠加定理求解。首先，画出分电路图如图 4-2(b)、(c) 所示。对图 4-2(b)，当 12V 电压源作用时，应用分压原理，有：

$$U^{(1)} = -\frac{12}{9} \times 3 = -4V$$

对图 4-2(c)，当 3A 电流源作用时，应用分流公式，得：

$$U^{(2)} = (6//3) \times 3 = 6V \quad (\text{"//" 表示并联的意思})$$

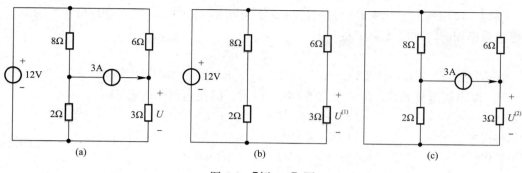

图 4-3　【例 4.1】图

则所求电压 U 为：

$$U = U^{(1)} + U^{(2)} = -4 + 6 = 2V$$

【例 4.2】 试用叠加定理计算图 4-4(a) 所示电路的电压 u。

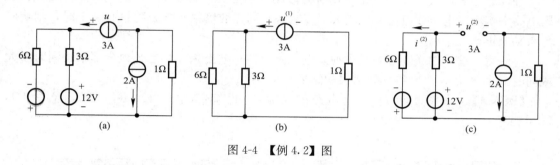

图 4-4　【例 4.2】图

【解】 应用叠加定理求解。首先，画出分电路图如图 4-4(b) 所示，当 3A 电流源作用时，

$$u^{(1)} = (6 // 3 + 1) \times 3 = 9V$$

其次，其余电源作用时，画出分电路图，如图 4-4(c) 所示，

$$u^{(2)} = 6i^{(2)} - 6 + 2 \times 1 = 8V \quad i^{(2)} = (6 + 12)/(6 + 3) = 2A$$

则所求电压为：

$$u = u^{(1)} + u^{(2)} = 9 + 8 = 17V$$

本例说明：叠加定理的使用方式是多样的，可以一次一个独立源单独作用，也可以一次几个独立源同时作用，取决于使分析计算简化的程度。

【例 4.3】 计算图 4-5(a) 所示电路的电压 u 和电流 i。

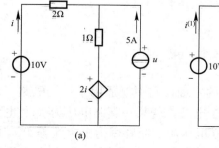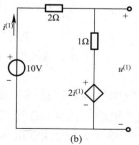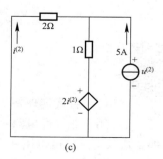

图 4-5　【例 4.3】图

【解】 应用叠加定理求解。首先，画出分电路图，如图4-5(b)、(c) 所示。当10V电压源单独作用时，如图4-5(b) 所示：

$$i^{(1)} = (10 - 2i^{(1)})/(2+1)$$

解得： $i^{(1)} = 2A$, $u^{(1)} = 1 \times i^{(1)} + 2i^{(1)} = 3i^{(1)} = 6V$

当5A电流源单独作用时，如图4-5(c) 所示，由左边回路的KVL：

$$2i^{(2)} + 1 \times (5 + i^{(2)}) + 2i^{(2)} = 0$$

解得： $i^{(2)} = -1A$, $u^{(2)} = -2i^{(2)} = -2 \times (-1) = 2V$

所以： $u = 6 + 2 = 8V$, $i = 2 + (-1) = 1A$

【注意】 受控源始终保留在分电路中。

4.1.4 齐性原理

由以上叠加定理可以得到齐性原理。

齐性原理表述为：线性电路中，所有激励（独立源）都增大（或减小）同样的倍数，则电路中响应（电压或电流）也增大（或减小）同样的倍数。当激励只有一个时，则响应与激励成正比。

应注意，这里的激励必须是指独立电压源或独立电流源，并且必须全部激励同时增大或同时减小 K 倍，否则将导致错误的结果。

【例4.4】 求图4-6(a) 所示电路的电流 i，已知： $R_L = 2\Omega$, $R_1 = 1\Omega$, $R_2 = 1\Omega$, $U_S = 51V$

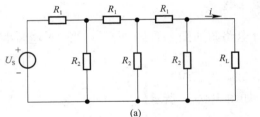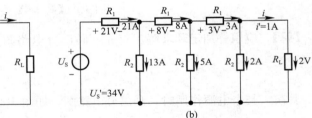

图4-6 【例4.4】图

【解】 采用倒推法：设 $i' = 1A$。则各支路电流如图4-6(b) 所示，此时电源电压为：

$$u'_S = 34V$$

根据齐性原理：当电源电压为 $u_S = 51V$ 时，满足关系：

$$\frac{i}{i'} = \frac{u_S}{u'_S} \quad 即： \quad i = \frac{u_S}{u'_S} i' = \frac{51}{34} \times 1 = 1.5A$$

4.2 替代定理

4.2替代定理

替代定理是一个应用范围很广泛的定理，它不仅适用于线性电路，也适用于非线性电路。对于给定的任意一个电路，若某一支路电压为 u_k、电流为 i_k，那么这条支路就可以用一个电压等于 u_k 的独立电压源，或者用一个电流等于 i_k 的独立电流源，或用 $R = u_k/i_k$ 的电阻来替代，替代后电路中全部电压和电流均保持原有值

（解答唯一）。替代定理时常用来对电路进行简化，从而使电路易于分析或计算。如图 4-7 所示。

【例 4.5】　求图示电路的支路电压和电流。

【解】　据图 4-8（a）可得：（"//"表示并联的意思）

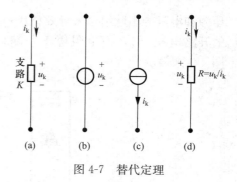

图 4-7　替代定理

$$i_1 = 110/[5 + (5+10)//10] = 10\text{A}$$
$$i_2 = 3i_1/5 = 6\text{A}$$
$$i_3 = 2i_1/5 = 4\text{A}$$
$$u = 10i_2 = 60\text{V}$$

替代以后有：

$$i_1 = (110-60)/5 = 10\text{A}$$
$$i_3 = 60/15 = 4\text{A}$$

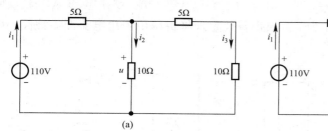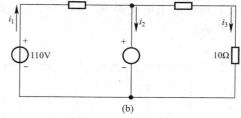

图 4-8　【例 4.5】图

由此可见，替代后各支路电压和电流完全不变。替代前后 KCL、KVL 关系相同，其余支路的 u、i 关系不变。用 u_k 替代后，其余支路电压不变（KVL），其余支路电流也不变，故第 k 条支路 i_k 也不变（KCL）。用 i_k 替代后，其余支路电流不变（KCL），其余支路电压不变，故第 k 条支路 u_k 也不变（KVL）。

【注意】

1. 替代定理既适用于线性电路，也适用于非线性电路。

2. 替代后，电路必须有唯一解；并且，无电压源回路和电流源节点。

3. 替代后，其余支路及参数不能改变。

4.3　戴维南定理与诺顿定理

4.3.1　工程意义

工程实际中，常常碰到只需研究某一支路的电压、电流或功率的问题。对所研究的支路来说，电路的其余部分就成为一个有源二端网络，可等效变换为较简单的含源支路（电压源与电阻串联或电流源与电阻并联支路），使分析和计算简化。戴维南定理和诺顿定理正是给出了等效含源支路及其计算方法。

4.3 戴维南定理与诺顿定理

4.3.2　戴维南定理

戴维南定理表述为：任何一个线性含源一端口网络，对外电路来说，总可以用一个电压源和电阻的串联组合来等效替代；此电压源的电压等于外电路断开时一端口网络端口处的开路电压 U_{oc}，而电阻等于一端口的输入电阻（或等效电阻 R_{eq}）。以上表述可以用图 4-9 来表示。

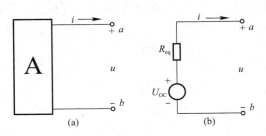

图 4-9　戴维南定理

4.3.3　定理的证明

这里，给出戴维南定理的一般证明。图 4-10(a) 为线性有源一端口网络 A 与负载网络 N 相连，设负载上电流为 i，电压为 u。根据替代定理将负载用理想电流源 i 替代，如图 4-10(b) 所示。

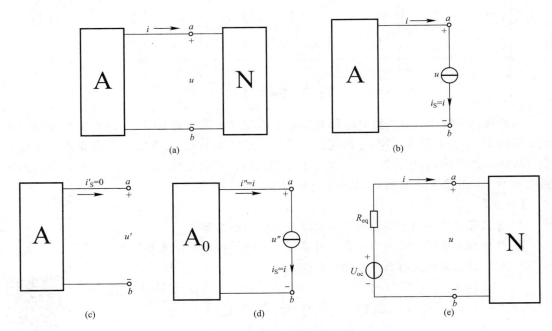

图 4-10　戴维南定理的证明

替代后不影响 A 中各处的电压和电流。由叠加定理 u 可以分为两部分，如图 4-10(c) 所示，其中 u' 是 A 内所有独立源共同作用时在端口产生的开路电压，$u'=U_{oc}$；在图 4-10(d) 中，当电流源 i 作用且 A 中的全部独立电源全部置零时，A 成为 A_0（受控源仍然保留在 A_0 中）。此时，在端口产生的电压即 $u''=-R_{eq}i$，其中 R_{eq} 为从 A_0 端口看入的等效电阻。

根据叠加原理，有 $$u=u'+u''=U_{oc}-R_{eq}i$$

这就证明了戴维南定理是正确的，如图 4-10(e) 所示。

应用戴维南定理要注意以下几个问题：

（1）含源一端口网络所接的外电路可以是任意的线性或非线性电路，外电路发生改变时，含源一端口网络的等效电路不变。

（2）当含源一端口网络内部含有受控源时，控制电路与受控源必须包含在被化简的同一部分电路中。

（3）开路电压 U_{oc} 和等效电阻 R_{eq} 必须准确无误地计算出来，然后才能得到正确的戴维南等效电路。对于开路电压 U_{oc} 和等效电阻 R_{eq} 的计算方法，我们用专门的小节来讲解。

4.3.4　开路电压与等效电阻的计算

1. 开路电压 U_{oc} 的计算方法

戴维南等效电路中电压源电压等于将外电路断开时的开路电压 U_{oc}，电压源方向与所求开路电压方向有关。计算 U_{oc} 的方法视电路形式选择前面学过的任意方法，使易于计算。

2. 等效电阻 R_{eq} 的计算方法

等效电阻为将一端口网络内部独立电源全部置零（电压源短路，电流源开路）后，所得无源一端口网络的输入电阻。常用下列三种方法计算：

（1）当网络内部不含有受控源时，可采用电阻串并联和△-Y 互换的方法计算等效电阻；

（2）外加电源法：加电压求电流或加电流求电压，则电压 u 与电流 i 的比值即为等效电阻；

（3）开路电压、短路电流法。即求得网络 A 端口间的开路电压后，将端口短路求得短路电流，则开路电压 U_{oc} 与短路电流 i_{SC} 的比值即为所求的等效电阻。

以上三种方法中，方法（2）、（3）更具有一般性。

【例 4.6】　计算图示电路中 R_x 分别为 3.2Ω、7.2Ω 时的电流 I。

【解】　断开 R_x 支路，如图 4-11（b）所示，将其余一端口网络化为戴维南等效电路：

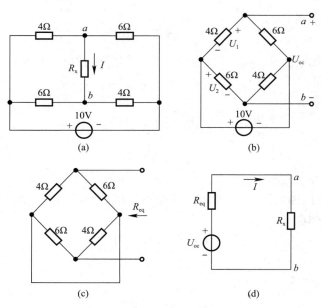

图 4-11　【例 4.6】图

1）求开路电压 U_{oc}

$$U_{oc}=U_1+U_2=-\frac{10\times4}{4+6}+\frac{10\times6}{4+6}=-4+6=2\text{V}$$

2）求等效电阻 R_{eq}。把电压源短路，电路为纯电阻电路，应用电阻串联、并联公式，得：

$$R_{eq}=4//6+4//6=4.8\Omega$$

3）画出等效电路，接上待求支路，如图 4-11（d）所示，

当 $R_x=3.2\Omega$ 时， $\qquad I=\dfrac{U_{oc}}{R_{eq}+R_x}=0.25\text{A}$

当 $R_x=7.2\Omega$ 时， $\qquad I=\dfrac{U_{oc}}{R_{eq}+R_x}=0.167\text{A}$

【例 4.7】 计算图 4-12(a) 所示电路中的电压 U_o。

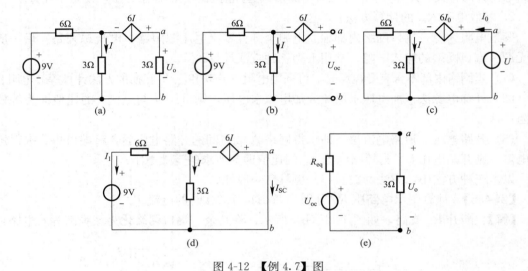

图 4-12 【例 4.7】图

【解】 应用戴维南定理。断开 3Ω 电阻支路，如图 4-12(b) 所示，将其余一端口网络化为戴维南等效电路：

1）求开路电压 U_{oc}

$$U_{oc}=6I+3I \quad I=\frac{9}{9}=1\text{A}$$

求得 $\qquad\qquad\qquad\qquad U_{oc}=9\text{V}$

2）求等效电阻 R_{eq}

方法 1：外加电压源如图（c）所示，求端口电压 U 和电流 I_0 的比值。注意：此时电路中的独立电源要置零。

因为： $\qquad\qquad \begin{cases}U=6I+3I=9I\\[2mm] I=\dfrac{2}{3}I_0\end{cases}$

所以： $\qquad U=9\times\dfrac{2}{3}I_0=6I_0 \quad R_{eq}=\dfrac{U}{I_0}=6\Omega$

方法 2：求开路电压和短路电流的比值。

把电路断口短路如图 4-12(d) 所示。注意此时电路中的独立电源要保留。

对图 (d) 电路右边的网孔应用 KVL,有:$6I+3I=0$

所以 $$I=0, \quad I_{SC}=\frac{9}{6}=1.5\text{A}$$

则 $$R_{eq}=\frac{U_{oc}}{I_{SC}}=\frac{9}{1.5}=6\Omega$$

3) 画出等效电路,如图 (e) 所示,解得:
$$U_o=\frac{9}{R_{eq}+3}=\frac{9}{6+3}=1\text{V}$$

【注意】计算含受控源电路的等效电阻是用外加电源法还是开路、短路法,要具体问题具体分析,以计算简便为好。

4.3.5 诺顿定理

诺顿定理表述为:任何一个含源线性一端口电路,对外电路来说,可以用一个电流源和电导(电阻)的并联组合来等效置换;电流源的电流等于该一端口的短路电流,而电导(电阻)等于把该一端口的全部独立电源置零后的输入电导(电阻)。以上表述可以用图 4-13 来表示。

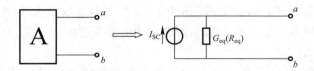

图 4-13 诺顿定理

诺顿等效电路可由戴维南等效电路经电源等效变换得到。诺顿等效电路可采用与戴维南定理类似的方法证明。

需要注意的是:

(1) 当含源一端口网络 A 的等效电阻 $R_{eq}=0$ 时,该网络只有戴维南等效电路,而无诺顿等效电路;

(2) 当含源一端口网络 A 的等效电阻 $R_{eq}=\infty$ 时,该网络只有诺顿等效电路而无戴维南等效电路。

【例 4.8】 应用诺顿定理求图 4-14(a) 所示电路中的电流 I。

【解】 (1) 求短路电流 I_{SC},把 ab 端短路,电路如图 4-14(b) 所示,解得:
$$I_1=\frac{12}{2}=6\text{A} \quad I_2=\frac{24+12}{10}=3.6\text{A}$$

所以: $$I_{SC}=-(I_1+I_2)=-9.6\text{A}$$

(2) 求等效电阻 R_{eq},把独立电源置零,电路如图 4-14(c) 所示。

解得: $$R_{eq}=10//2=1.67\Omega$$

(3) 画出诺顿等效电路,接上待求支路,如图 4-14(d) 所示,应用分流公式得:
$$I=-\frac{-9.6\times1.67}{4+1.67}=2.83\text{A}$$

特别要注意:诺顿等效电路中电流源的方向。

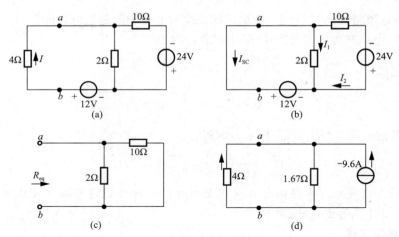

图 4-14 【例 4.8】图

4.4 最大功率传输定理

一个含源线性一端口电路，当所接负载不同时，一端口电路传输给负载的功率就不同，讨论负载为何值时能从电路获取最大功率及最大功率的值是多少的问题，就是最大功率传输定理所要表述的。

4.4.1 工程意义

最大功率传输定理的实际意义就在于，使得负载能够获得最大功率。例如，在功率放大电路中，能够使得负载功率最大，必须保证负载的阻抗等于放大电路的阻抗。这在音频放大电路中经常得到应用，使得扬声器能够获得最大功率。

但是注意，负载获得最大功率时，电路的效率是很低的，理论上只有 50%，所以传输效率并不高。但是，在小功率的信号系统中由于能量消耗并不大，因此在这种情况下效率不再是关键因素，负载获得最大功率为首先要考虑的条件。

4.4.2 定理的证明与应用

将含源一端口电路等效成戴维南电源模型，如图 4-15 所示。

图 4-15 等效电压源接负载电路

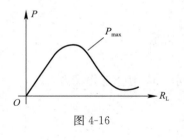

图 4-16

由图 4-15 可知，电源传给负载 R_L 的功率为：

$$P = R_L \left(\frac{U_{oc}}{R_{eq} + R_L} \right)^2$$

功率 P 随负载 R_L 变化的曲线如图 4-16 所示，存在一极大值点。为了找这一极大值点，对 P 求导，且令导数为零，即：

解上式得： $\qquad R_L = R_{eq}$

【结论】有源线性一端口电路传输给负载的最大功率条件是：负载电阻 R_L 等于一端口电路的等效内阻。称这一条件为最大功率匹配条件。将这一条件代入功率表达式中，得负载获取的最大功率为：

$$P_{\max} = \frac{u_{oc}^2}{4R_{eq}}$$

【注意】

1. 最大功率传输定理用于一端口电路给定，负载电阻可调的情况；

2. 一端口等效电阻消耗的功率一般并不等于端口内部消耗的功率，因此当负载获取最大功率时，电路的传输效率并不一定是 50%；

3. 计算最大功率问题结合应用戴维南定理或诺顿定理最方便。

【例 4.9】　在图 4-17(a) 中，R_L 为何值时能获得最大功率，并求最大功率。

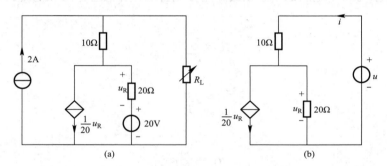

图 4-17　【例 4.9】图

【解】　根据题意，利用戴维南等效电路，求开路电压 U_{oc}

$$U_{oc} = 10 \times 2 + u_R + 20$$

$$u_R = 20 \times \left(2 - \frac{1}{20}u_R\right)$$

解得：

$$u_R = 20\text{V}$$

$$U_{oc} = 60\text{V}$$

利用加压求流法求等效电阻 R_{eq}，如图 4-17(b) 所示。

$$u = 10i + u_R$$

$$u_R = 20 \times \left(i - \frac{1}{20}u_R\right)$$

$$u_R = 10i$$

$$R_{eq} = \frac{u}{i} = 20\Omega$$

当 $R_L = R_{eq} = 20\Omega$ 时，获得最大功率。

$$P_{L\max} = \frac{U_{oc}^2}{4R_{eq}} = \frac{60^2}{4 \times 20} = 45\text{W}$$

【注意】

1. 最大功率传输定理用于一端口电路给定，负载电阻可调的情况；

2. 一端口等效电阻消耗的功率一般并不等于端口内部消耗的功率，因此当负载获取最大功率时，电路的传输效率并不一定是 50％；

3. 计算最大功率问题结合应用戴维南定理或诺顿定理最方便。

4.5 对偶定理

在对偶电路中，某些元素之间的关系（或方程）可以通过对偶元素的互换而相互转换。对偶原理是电路分析中出现的大量相似性的归纳和总结。

根据对偶原理，如果在某电路中导出某一关系式和结论，就等于解决了和它对偶的另一个电路中的关系式和结论。

图 4-18 所示为 n 个电阻的串联电路，用分压公式计算其总电阻和电流。

总电阻：

$$R = \sum_{k=1}^{n} R_k$$

电流：

$$i = \frac{u}{R}$$

分压公式：

$$u_k = \frac{R_k}{R} u$$

图 4-19 为 n 个电导的并联电路，用分流公式计算其总电导和电压。

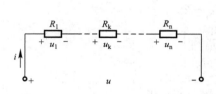

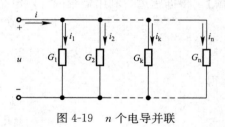

图 4-18　n 个电阻串联　　　　　　　图 4-19　n 个电导并联

总电导：

$$G = \sum_{k=1}^{n} G_k$$

电压：

$$u = \frac{i}{G}$$

分流公式：

$$i_k = \frac{G_k}{G} i$$

可见，在以上这些关系式中，如果将串联电路中的电压 u 与并联电路中的电流 i 互换，电阻 R 与电导 G 互换，串联电路中的公式就成为并联电路中的公式；反之，亦然。这些互换元素称为对偶元素。电压与电流、电阻 R 与电导 G，都是对偶元素。而串联与并联电路，则称为对偶电路。

习　　题

【4.1】　电路如图 4-20 所示，试用叠加定理求 I，要求画出计算过程中的分析电路。

【4.2】　电路如图 4-21 所示，负载电阻 R_L 可任意改变，问 R_L 为何值时其上获得最大功率，并求出该最大功率 P_{Lmax}。

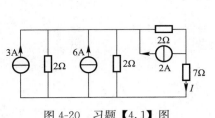
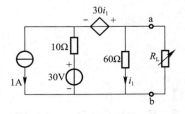

图 4-20　习题【4.1】图　　　　　　图 4-21　习题【4.2】图

【4.3】　电路如图 4-22 所示，画出电源单独作用时的电路，并用叠加定理求 I。

【4.4】　电路如图 4-23 所示，用叠加定理求电压 u_{ab} 和电流 i_1。（提示：电压源和电流源分别单独作用）

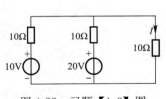
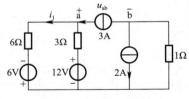

图 4-22　习题【4.3】图　　　　　　图 4-23　习题【4.4】图

【4.5】　电路如图 4-24 所示，若电阻 R_L 可变，问 R_L 为多大时获得功率最大？求此最大功率值。

【4.6】　电路如图 4-25 所示，利用叠加定理求 I、U 及 2Ω 电阻上的功率。

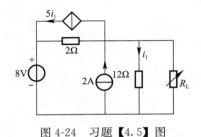
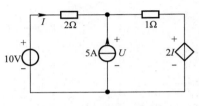

图 4-24　习题【4.5】图　　　　　　图 4-25　习题【4.6】图

【4.7】　电路如图 4-26 所示，若电阻 R_L 可变，问 R_L 为多大时，它可以从电路中吸收最大的功率？求出此功率。

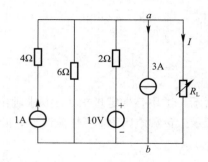

图 4-26 习题【4.7】图

答 案

【4.1】 $I=0.5\mathrm{A}$。

【4.2】 $R_\mathrm{L}=15\Omega$，$P_\mathrm{Lmax}=15\mathrm{W}$。

【4.3】 $I=1\mathrm{A}$。

【4.4】 $u_\mathrm{ab}=17\mathrm{V}$，$i_1=3\mathrm{A}$。

【4.5】 $R_\mathrm{L}=1\Omega$，$P_\mathrm{Lmax}=9\mathrm{W}$。

【4.6】 $I=1\mathrm{A}$，$U=8\mathrm{V}$，$P_{2\Omega}=2\mathrm{W}$。

【4.7】 $R_\mathrm{L}=1.5\Omega$，$P_\mathrm{Lmax}=3.375\mathrm{W}$。

第5章 一阶动态电路的时域分析

对一阶动态电路的时域分析是有实际意义的。如在电子电路中，利用电路暂态过程可以产生特定波形的电信号，如锯齿波、三角波、尖脉冲等；另外，暂态过程在开始的瞬间可能会产生过电压、过电流而损坏电器设备或电路元件，通过我们的学习会预防此类危害。

本章的内容包括：电容元件与电感元件、换路定律、RC 电路的响应、RL 电路的响应及三要素法。

5.1 电容元件与电感元件

5.1.1 电容元件

在工程技术中，电容器的应用极为广泛。电容器虽然品种、规格各异，但就其构成原理来说，电容器都是由间隔以不同介质（如云母、绝缘纸、空气等）的两块金属板组成。当在两极板上加上电压后，两极板上分别聚集起等量的正、负电荷，并在介质中建立电场而具有电场能量。将电源移去后，电荷可继续聚集在极板上，电场继续存在。所以，电容器是一种能储存电荷或者说储存电场能量的部件。电容元件就是反映这种物理现象的电路模型。

电容元件的元件特性是电路物理量电荷 q 与电压 u 的代数关系。线性电容元件的图形符号如图 5-1(a) 所示，当电压参考极性与极板储存电荷的极性一致时，线性电容元件的元件特性为：

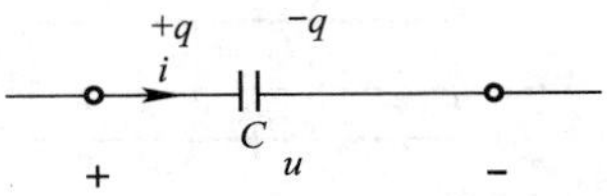

图 5-1 电容元件

$$q = Cu \tag{5-1}$$

式中，C 是电容元件的参数，称为电容，它是一个正实常数。在国际单位制（SI）中，当电荷和电压的单位分别为 C 和 V 时，电容的单位为 F（法拉，简称法）。

如果电容元件的电流 i 和电压 u 取关联参考方向，则得到电容元件的电压电流关系为

$$i = \frac{dq}{dt} = \frac{d(Cu)}{dt} = C\frac{du}{dt} \tag{5-2}$$

表明电流和电压的变化率成正比。当电容上电压发生剧变时，电流很大。当电压不随时间变化时，电流为零。故电容在直流情况下其两端电压恒定，相当于开路，或者说电容有隔断直流（简称隔直）的作用。

式（5-2）的逆关系为：

$$u = \frac{1}{C}\int_{-\infty}^{t} i\,d\xi = \frac{1}{C}\int_{-\infty}^{t_0} i\,d\xi + \frac{1}{C}\int_{t_0}^{t} i\,d\xi = u(t_0) + \frac{1}{C}\int_{t_0}^{t} i\,d\xi \tag{5-3}$$

如果指定 t_0 为时间的起点并设为零，式（5-3）可写为：

$$u(t) = u(0) + \frac{1}{C} \int_0^t i \, \mathrm{d}\xi \tag{5-4}$$

在电压和电流的关联参考方向下，线性电容元件吸收的功率为：

$$p = ui = Cu \frac{\mathrm{d}u}{\mathrm{d}t}$$

从 $t = -\infty$ 到 t 时刻，电容元件吸收的能量为

$$W_C = \int_{-\infty}^t u(\xi) i(\xi) \mathrm{d}\xi = \int_{-\infty}^t Cu(\xi) \frac{\mathrm{d}u(\xi)}{\mathrm{d}\xi} \mathrm{d}\xi$$

$$= \frac{1}{2} Cu^2(t) - \frac{1}{2} Cu^2(-\infty)$$

电容元件吸收的能量以电场能量的形式储存在元件的电场中。可以认为，在 $t = -\infty$ 时，$u(-\infty) = 0$，其电场能量也为零。这样，电容元件在任何时刻 t 储存的电场能量 $W_C(t)$ 将等于它吸收的能量，可写为：

$$W_C = \frac{1}{2} Cu^2(t) \tag{5-5}$$

电容器是为了获得一定大小的电容特意制成的。但是，电容的效应在许多别的场合也存在，这就是分布电容和杂散电容。从理论上说，电位不相等的导体之间就会有电场，因此就有电荷聚集并有电场能量，即有电容效应存在。

5.1.2 电感元件

在工程中广泛应用导线绕制的线圈，例如在电子电路中常用的空心或带有铁心的高频线圈、电磁铁或变压器中含有在铁心上绕制的线圈等。当一个线圈通以电流后产生的磁场随时间变化时，在线圈中就产生感应电压。

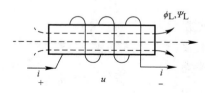

图 5-2 磁通链与感应电压

图 5-2 所示为一个线圈，其中的电流 i 产生的磁通 ϕ_L 与 N 匝线圈交链，则磁通链 $\Psi_L = N\phi_L$。由于磁通 ϕ_L 和磁通链 Ψ_L 都是由线圈本身的电流 i 产生的，所以称为自感磁通和自感磁通链。ϕ_L 和 Ψ_L 的方向与 i 的参考方向成右手螺旋关系，如图 5-2 所示。当磁通链 Ψ_L 随时间变化时，在线圈的端子间产生感应电压。如果感应电压 u 的参考方向与 Ψ_L 成右手螺旋关系（即从端子 A 沿导线到端子 B 的方向与 Ψ_L 成右手螺旋关系），则根据电磁感应定律，有：

$$u = \frac{\mathrm{d}\Psi_L}{\mathrm{d}t} \tag{5-6}$$

由该式确定感应电压的真实方向时，与楞次定律的结果是一致的。

电感元件是实际线圈的一种理想化模型，它反映了电流产生磁通和磁场能量储存这一物理现象，其元件特性是磁通链 Ψ_L 与电流 i 的代数关系。对于线性电感元件，其元件特性为：

$$\Psi_L = Li \tag{5-7}$$

其中，L 为电感元件的参数，称为自感系数或电感，它是一个正实常数。

在国际单位制（SI）中，磁通和磁通链的单位是 Wb（韦伯，简称韦），当电流单位为 A 时，电感的单位是 H（亨利，简称亨）。

把 $\Psi_L = Li$ 代入式（5-6），可以得到电感元件的电压电流关系（VCR）。

$$u = L\frac{\mathrm{d}i}{\mathrm{d}t} \tag{5-8}$$

式中，u 与 Ψ_L 成右手螺旋关系，与 i 为关联参考方向。

上式的逆关系为：

$$i = \frac{1}{L}\int_{-\infty}^{t} u\,\mathrm{d}\xi = \frac{1}{L}\int_{-\infty}^{t_0} u\,\mathrm{d}\xi + \frac{1}{L}\int_{t_0}^{t} u\,\mathrm{d}\xi = i(t_0) + \frac{1}{L}\int_{t_0}^{t} u\,\mathrm{d}\xi \tag{5-9}$$

在电压和电流的关联参考方向下，线性电感元件吸收的功率为：

$$p = ui = Li\frac{\mathrm{d}i}{\mathrm{d}t} \tag{5-10}$$

如果在 $t = -\infty$ 时，$i(-\infty) = 0$，电感元件无磁场能量。因此，从 $-\infty$ 到 t 的时间段内电感吸收的磁场能量为：

$$W_C = \int_{-\infty}^{t} p\,\mathrm{d}\xi = \int_{-\infty}^{t} Li\frac{\mathrm{d}i}{\mathrm{d}\xi}\mathrm{d}\xi = \int_{0}^{i(t)} Li\,\mathrm{d}i$$

$$= \frac{1}{2}Li^2(t) = \frac{1}{2}\frac{\Psi_L^2(t)}{L} \tag{5-11}$$

这就是线性电感元件在任何时刻的磁场能量表达式。

5.1.3　电容元件的串并联

当电容元件为串联或并联组合时，它们也可用一个等效电容来替代。图 5-3(a) 为 n 个电容的串联。对于每一个电容，具有相同的电流，故 VCR 为：

$$u_1 = u_1(t_0) + \frac{1}{C_1}\int_{t_0}^{t} i\,\mathrm{d}\xi$$

$$u_2 = u_2(t_0) + \frac{1}{C_2}\int_{t_0}^{t} i\,\mathrm{d}\xi$$

$$\vdots$$

$$u_n = u_n(t_0) + \frac{1}{C_n}\int_{t_0}^{t} i\,\mathrm{d}\xi$$

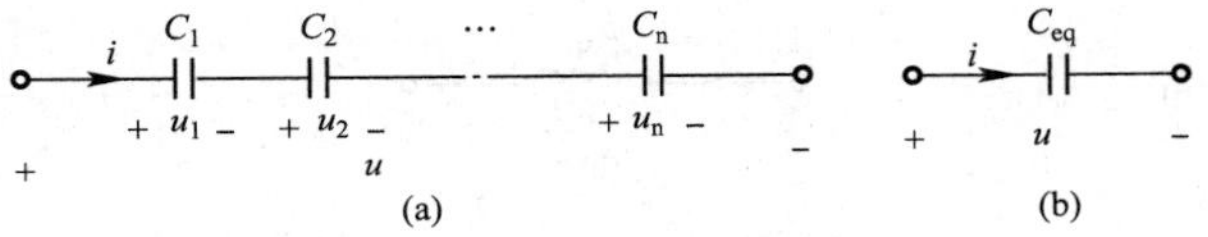

图 5-3　串联电容的等效电容

根据 KVL，总电压为：

$$u = u_1 + u_2 + \cdots + u_n = u_1(t_0) + \frac{1}{C_1}\int_{t_0}^{t} i\,\mathrm{d}\xi + \cdots + u_n(t_0) + \frac{1}{C_n}\int_{t_0}^{t} i\,\mathrm{d}\xi$$

$$= u_1(t_0) + u_2(t_0) + \cdots + u_n(t_0) + \left(\frac{1}{C_1} + \frac{1}{C_2} + \cdots + \frac{1}{C_n}\right)\int_{t_0}^{t} i\,\mathrm{d}\xi$$

$$= u(t_0) + \frac{1}{C_{eq}}\int_{t_0}^{t} i\,\mathrm{d}\xi$$

式中，C_{eq} 为等效电容，其值由下式决定，即：

$$C_{eq} = \frac{1}{C_1} + \frac{1}{C_2} + \cdots + \frac{1}{C_n} \tag{5-12}$$

$u(t_0)$ 为 n 个串联电容的等效初始条件。其值为：

$$u(t_0) = u_1(t_0) + u_2(t_0) + \cdots + u_n(t_0) \tag{5-13}$$

如果将 t_0 取为 $-\infty$，则各初始电压均为零。此时 $u(t_0) = 0$。

图 5-4(a) 示出 n 个电容并联的情况，并且 $u_1(t_0) = u_2(t_0) = \cdots = u_n(t_0) = u(t_0)$。由于各电容电压相等，根据 KCL，有：

$$i = i_1 + i_2 + \cdots + i_n = C_1 \frac{du}{dt} + C_2 \frac{du}{dt} + \cdots + C_n \frac{du}{dt}$$

$$= C_{eq} \frac{du}{dt}$$

式中，C_{eq} 为并联的等效电容，其值由下式决定，即：

$$C_{eq} = C_1 + C_2 + \cdots + C_n \tag{5-14}$$

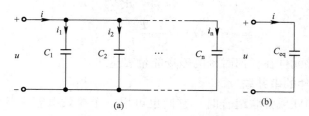

图 5-4 并联电容的等效电容

5.1.4 电感元件的串并联

图 5-5（a）为 n 个具有相同初始电流的电感的串联。即有：

$$i_1(t_0) = i_2(t_0) = \cdots = i_n(t_0) = i(t_0)。$$

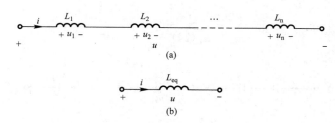

图 5-5 串联电感的等效电感

由于各电感中电流相等，根据 KVL，总电压为：

$$u = u_1 + u_2 + \cdots + u_n = L_1 \frac{di}{dt} + L_2 \frac{di}{dt} + \cdots + L_n \frac{di}{dt}$$

$$= (L_1 + L_2 + \cdots + L_n) \frac{di}{dt} = L_{eq} \frac{di}{dt}$$

式中，等效电感为：

$$L_{eq} = L_1 + L_2 + \cdots + L_n \tag{5-15}$$

且具有初始电流 $i_1(t_0)$。

对于具有初始电流分别为 $i_1(t_0)$、$i_2(t_0)$、$\cdots i_n(t_0)$ 的 n 个电感 L_1、L_2、$\cdots$、L_n，

作并联组合（图 5-6）时，读者不难根据 KCL 自行证得并联后的等效电感和初始电流分别为：

$$\frac{1}{L_{eq}} = \frac{1}{L_1} + \frac{1}{L_2} + \cdots + \frac{1}{L_n} \tag{5-16}$$

$$i(t_0) = i_1(t_0) + i_2(t_0) + \cdots + i_n(t_0) \tag{5-17}$$

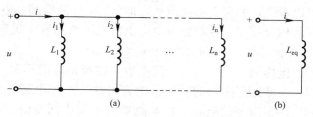

图 5-6　并联电感的等效电感

5.2　换　路　定　律

5.2 换路定律

5.2.1　动态电路

由于电容元件和电感元件的电压和电流的约束关系是通过导数（或积分）表达的，所以称为动态元件，又称为储能元件。当电路中含有电容元件和电感元件时，根据 KCL、KVL 及元件的 VCR 建立的电路方程是以电流和电压为变量的微分方程或积分方程，微分方程的阶数取决于动态元件的个数和电路的结构。

含有动态元件的电路又称为动态电路。动态电路的一个特征是当电路的结构或元件的参数发生变化时（例如，电路中电源或无源元件的断开或接入，信号的突然注入等），可能使电路改变原来的工作状态，转变到另一个工作状态。这种转变往往需要经历一个过程，在工程上称为过渡过程。

上述电路结构或参数变化引起的电路变化统称为"换路"，并认为换路是在 $t = 0$ 时刻进行的。为叙述方便，把换路前的最终时刻记为 $t = 0_-$，把换路后的最初时刻记为 $t = 0_+$，换路经历的时间为从 0_- 到 0_+。

5.2.2　动态电路的方程

分析动态电路的过渡过程的方法之一是：根据 KCL、KVL 和支路的 VCR 建立描述电路的方程，这类方程是以时间为自变量的线性常微分方程，然后求解常微分方程，从而得到电路所求变量（电压或电流）。此方法称为经典法，它是一种在时间域中进行的分析方法。

5.2.3　电路的初始条件

用经典法求解常微分方程时，必须根据电路的初始条件确定解答中的积分常数。设描述电路动态过程的微分方程为 n 阶，所谓初始条件就是指电路中所求变量（电压或电流）及其 1 阶至 $(n-1)$ 阶导数在 $t = 0_+$ 时的值，也称初始值。电容电压 $u_C(0_+)$ 和电感电流 $i_L(0_+)$ 称为独立的初始条件，其余的称为非独立的初始条件。

对于线性电容，在任意时刻 t 时，它的电压与电流的关系为：

$$u_C(t) = u_C(t_0) + \frac{1}{C} \int_{t_0}^{t} i_C(\xi) \mathrm{d}\xi$$

式中，u_C 和 i_C 分别为电容的电压和电流。令 $t = 0_-$，$t = 0_+$，则得：

$$u_C(0_+) = u_C(0_-) + \frac{1}{C} \int_{0_-}^{0_+} i_C(t) \mathrm{d}t \qquad (5\text{-}18)$$

从式（5-18）可以看出，如果在换路前后，即 0_- 到 0_+ 的瞬间，电流 $i_C(t)$ 为有限值，则式（5-18）中右方的积分项将为零，此时电容上的电压就不发生跃变，即：

$$u_C(0_+) = u_C(0_-) \qquad (5\text{-}19)$$

对于一个在 $t = 0_-$ 电压为 $u_C(0_-) = U_0$ 的电容，在换路瞬间不发生跃变的情况下，有 $u_C(0_+) = u_C(0_-) = U_0$，可见在换路的瞬间，电容可视为一个电压值为 U_0 的电压源。同理，对于一个在 $t = 0_-$ 不带电荷的电容，在换路瞬间不发生跃变的情况下，有 $u_C(0_+) = u_C(0_-) = 0$，在换路瞬间电容相当于短路。

对于线性电感，在任意时刻 t 时，它的电压与电流的关系为：

$$i_L(t) = i_L(t_0) + \frac{1}{L} \int_{t_0}^{t} u_L(\xi) \mathrm{d}\xi$$

令 $t_0 = 0_-$，$t = 0_+$，则：

$$i_L(0_+) = i_L(0_-) + \frac{1}{L} \int_{0_-}^{0_+} u_L \mathrm{d}t \qquad (5\text{-}20)$$

如果从 0_- 到 0_+ 瞬间，电压 $u_L(t)$ 为有限值，式中右方的积分项将为零。此时，电感中的磁通链和电流不发生跃变，即：

$$i_L(0_+) = i_L(0_-) \qquad (5\text{-}21)$$

对于 $t = 0_-$ 时电流为 I_0 的电感，在换路瞬间不发生跃变的情况下，有 $i_L(0_+) = i_L(0_-) = I_0$，此电感在换路瞬间可视为一个电流值为 I_0 的电流源。同理，对于 $t = 0$ 时电流为零的电感，在换路瞬间不发生跃变的情况下，有 $i_L(0_+) = i_L(0_-) = 0$，此电感在换路瞬间相当于开路。

5.2.4 换路定律

所谓换路，是指电路由原来的状态变换为另一种状态。如，电路的接通、切断、短路、激励或电路参数的改变等，都可进行换路。在电路分析中，设 $t = 0$ 为换路瞬间，$t = 0_-$ 表示换路前的瞬间，$t = 0_+$ 表示换路后的初始瞬间，即电路的初始值。从 $t = 0_-$ 到 $t = 0_+$ 的瞬间，电感元件中的电流和电容元件上的电压不能产生突变，即换路定律可表述如下：

（1）换路前后，电容元件的电压不能突变，即：

$$u_C(0_-) = u_C(0_+)$$

（2）换路前后，电感元件的电流不能突变，即：

$$i_L(0_-) = i_L(0_+)$$

换路定律实质反映的是储能元件的能量不能突变。在 5.1 节中，我们学习了电感元件的储能为 $\frac{1}{2} L i_L^2$，电容元件的储能为 $\frac{1}{2} C u_C^2$。如果电感电流 i_L 和电容电压 u_C 发生了突变，即能量 w 突变，而能量 w 突变则要求电源提供的功率 $p = \frac{\mathrm{d}w}{\mathrm{d}t}$ 达到无穷大，这在实际电路中是不可能的。因此，电感元件的电流 i_L 和电容元件的电压 u_C 不能突变，只能逐渐变化。

利用换路定律可以确定换路瞬间的电感电流和电容电压，从而确定电路的初始值。

确定电路初始值的步骤如下：

（1）原稳态值的确定

根据 $t<0(t=0_-)$ 的电路首先确定 $u_C(0_-)$ 和 $i_L(0_-)$ 的原稳态值，换路之前电路已经达到稳定状态，电容元件相当于开路，电感元件相当于短路。再应用直流电路中的分析、计算方法，求出 $u_C(0_-)$ 和 $i_L(0_-)$ 的值。

（2）$u_C(0_+)$ 和 $i_L(0_+)$ 的求法

① 先由 $t=0_-$ 的电路，求出 $u_C(0_-)$ 和 $i_L(0_-)$；

② 由换路定律，求 $u_C(0_+)$ 和 $i_L(0_+)$。

（3）其他变量初始值的求法

① 画出 $t=0_+$ 的等效电路，开关为换路后的状态。

② 电容和电感的状态：若 $u_C(0_+)=0$，电容元件相当于短路，若 $i_L(0_+)=0$，电感相当于开路。若 $u_C(0_+)\neq0$，电容元件用理想电压源替代，若 $i_L(0_+)\neq0$，电感元件用理想电流源替代，注意 $u_C(0_+)$ 的极性及和 $i_L(0_+)$ 的方向要与原图一致。

③ 求出电路中各个电压和电流的初始值。

【例 5.1】　图 5-7 中，换路前电路处稳态，C、L 均未储能。试求：电路中各电压和电流的初始值。

【解】　1. 原稳态值的确定

$t=0_-$，开关 S 断开。稳态时，电容元件相当于开路，$i_C(0_-)=0$，电感元件相当于短路，$u_L(0_-)=0$。由已知条件知：

$$i_L(0_-)=0, \qquad u_C(0_-)=0$$

2. $u_C(0_+)$ 和 $i_L(0_+)$ 的确定

由换路定律可知，

$$u_C(0_+)=u_C(0_-)=0, \qquad i_L(0_+)=i_L(0_-)=0$$

3. 其他变量初始值的确定

画出 $t=0_+$ 的等效电路，如图 5-8 所示，开关 S 闭合。$u_C(0_+)=0$，换路瞬间，电容元件可视为短路；$i_L(0_+)=0$。换路瞬间，电感元件可视为开路。

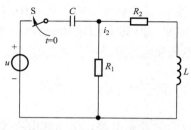
图 5-7　【例 5.1】电路

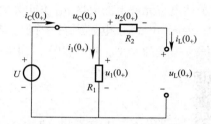
图 5-8　【例 5.1】$t=0_+$ 的等效电路

$$i_C(0_+)=i_1(0_+)=\frac{U}{R_1} \quad (i_C(0_-)=0)$$

$$u_L(0_+)=u_1(0_+)=U \quad (u_L(0_-)=0)$$

$$u_2(0_+)=0$$

【例 5.2】 图 5-9 所示电路中，试确定开关 S 闭合后的初始值 $u_C(0_+)$、$u_L(0_+)$、$i_L(0_+)$、$i_C(0_+)$、$i_R(0_+)$ 和 $i_S(0_+)$。设开关闭合前电路已处于稳态。

【解】 1. 原稳态值的确定

只确定 $u_C(0_-)$ 和 $i_L(0_-)$ 的原稳态值。$t=0_-$，开关 S 断开。稳态时，电容元件相当于开路，$i_C(0_-)=0$，电感元件相当于短路，$u_L(0_-)=0$。

$$i_L(0_-) = \frac{1}{2} \times 10\text{mA} = 5\text{mA}$$

$$u_C(0_-) = i_L(0_-) \times 2 \times 10^3 = 10\text{V}$$

2. $u_C(0_+)$ 和 $i_L(0_+)$ 的确定

由换路定律可知，

$$u_C(0_+) = u_C(0_-) = 10\text{V}$$

$$i_L(0_+) = i_L(0_-) = 5\text{mA}$$

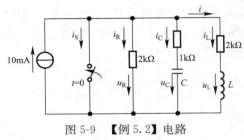
图 5-9 【例 5.2】电路

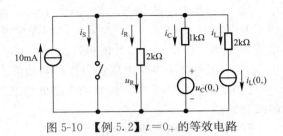
图 5-10 【例 5.2】$t=0_+$ 的等效电路

3. 其他变量初始值的确定

画出 $t=0_+$ 的等效电路，如图 5-10 所示，开关 S 闭合。$u_C(0_+)=10\text{V}$ 用电压源替换，$i_L(0_+)=5\text{mA}$ 用电流源替换，其他元件不变。由图 5-10 可求出：

$$i_R(0_+) = 0 \quad (2\text{k}\Omega \text{ 电阻被短路})$$

$$i_C(0_+) = -\frac{u_C(0+)}{10^3} = -\frac{10}{10^3} = -10\text{mA}$$

$$u_L(0_+) = -2 \times 10^3 \times i_L(0+) = -2 \times 10^3 \times 5 \times 10^{-3} = -10\text{V}$$

$$i_S(0_+) = +10\text{mA} - i_R(0+) - i_C(0+) - i_L(0+)$$
$$= +10\text{mA} - (-10\text{mA}) - 5\text{mA} = +15\text{mA}$$

注意，虽然电容元件上的电压 u_C 不能突变，但其电流 i_C 是允许突变的，从 $i_C(0_-)=0$ 突变为 $i_C(0_+)=-10\text{mA}$；电感元件中的电流 i_L 不能突变，但其上的电压 u_L 允许突变，从 $u_L(0_-)=0$ 突变为 $u_L(0_+)=-10\text{V}$。而电阻元件的电压和电流都是可以突变的（u_R 和 i_R）。

5.3　RC 电路的响应

5.3 RC 电路
的响应

由 5.1 节可知，对于含有电感和电容的动态电路，电压和电流关系为：

$$u_L = L\frac{\mathrm{d}i_L}{\mathrm{d}t}$$

$$i_C = C\frac{\mathrm{d}u_C}{\mathrm{d}t}$$

当电路中含有电感或电容时，利用基尔霍夫定律所列出的回路电压方程是一个一阶微分方程。可用一阶微分方程描述的电路称为一阶电路。除电源和电阻之外，只含有一个储能元件（电容或电感），或可等效为一个储能元件的电路都是一阶电路。本节讨论一阶 RC 电路的响应。

5.3.1　零输入响应

RC 电路的零输入，是指无电源激励，输入信号为零。在此条件下，由电容元件的初始状态 $u_C(0_+)$ 所产生电路的响应，称为零输入响应。

分析 RC 电路的零输入响应，实际上就是分析电容元件的放电过程。图 5-11 为 RC 串联电路。换路前先将开关 S 合到位置 1 上，电路即与电压源 U 接通，对电容元件开始充电，稳定时电容电压为 $u_C=U$。在 $t=0$ 时，将开关 S 合到位置 2 上。此时，电压源脱离电路，电路中的响应完全由电容元件的初始储能提供。在 $t>0$ 时，电容元件经过电阻 R 开始放电。

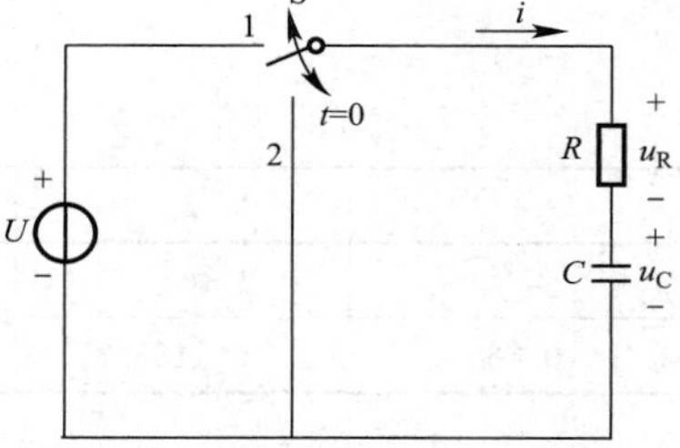

图 5-11　RC 串联电路

由 KVL，列出 $t \geqslant 0$ 时电路的方程：

$$u_R + u_C = 0 \tag{5-22}$$

而 $u_R = iR$，$i = C\dfrac{\mathrm{d}u_C}{\mathrm{d}t}$，代入到式（5-22），得：

$$RC\frac{\mathrm{d}u_C}{\mathrm{d}t} + u_C = 0 \tag{5-23}$$

式（5-23）为一阶常系数线性齐次微分方程，其通解为：

$$u_C = A\mathrm{e}^{pt} \tag{5-24}$$

则式（5-23）的特征方程为：$RCp+1=0$，特征根为 $p = -\dfrac{1}{RC}$，所以式（5-23）的通解为：

$$u_C = A\mathrm{e}^{-\frac{1}{RC}t} \quad t \geqslant 0 \tag{5-25}$$

由初始条件确定 A。由于 $u_C(0_+)=u_C(0_-)=U$，则 $U=A=u_C(0_+)$，所以：

$$u_C = U\mathrm{e}^{-\frac{1}{RC}t} = u_C(0_+)\mathrm{e}^{-\frac{1}{RC}t} \quad t \geqslant 0 \tag{5-26}$$

式中，令 $\tau = RC$，为 RC 电路的时间常数，单位是 s。τ 决定了电压 u_C 衰减的快慢。

u_C 随时间的变化曲线如图 5-12(a) 所示。其初始值为 $u_C(0_+)=U$，按指数规律逐渐衰减到零。

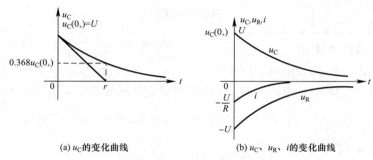

(a) u_C 的变化曲线　　　　　(b) u_C、u_R、i 的变化曲线

图 5-12　RC 电路的零输入响应

当 $t=\tau$ 时，

$$u_C = Ue^{-1} = \frac{U}{2.718} = 0.368U = 0.368u_C(0_+)$$

因此，时间常数 τ 刚好等于电压 u_C 衰减到初始值 $u_C(0_+)$ 的 36.8% 所需要的时间。

从理论上讲，电路只有经过 $t=\infty$ 的时间才能达到新的稳态。但是，由于指数曲线开始变化较快，而后变化逐渐缓慢，见表 5-1。

$$e^{-\frac{t}{\tau}} \text{ 随时间而衰减} \qquad\qquad \text{表 5-1}$$

τ	2τ	3τ	4τ	5τ	6τ
e^{-1}	e^{-2}	e^{-3}	e^{-4}	e^{-5}	e^{-6}
0.368	0.135	0.050	0.018	0.007	0.002

所以工程上认为，经过 $3\tau \sim 5\tau$ 的时间，就可以达到稳态了。

时间常数 τ 越大，u_C 衰减得越慢。因此，改变电路的时间常数，也就是改变 R 或 C 的值，就可以改变电容元件放电的快慢。

而 $t \geqslant 0$ 时电容元件的放电电流 i 和电阻元件的电压 u_R 的变化，可根据 VCR 求得：

$$i = C\frac{du_C}{dt} = -\frac{U}{R}e^{-\frac{t}{\tau}} = -\frac{u_C(0_+)}{R}e^{-\frac{t}{\tau}} \qquad (5\text{-}27)$$

$$u_R = Ri = -Ue^{-\frac{t}{\tau}} = -u_C(0_+)e^{-\frac{t}{\tau}} \qquad (5\text{-}28)$$

式（5-27）和式（5-28）中的负号表示放电电流的实际方向与参考方向相反，因此，u_C、u_R、i 的暂态曲线如图 5-12（b）所示。

经过以上分析，用经典法求解 C 为：

$$u_C = u_C(0_+)e^{-\frac{t}{\tau}} \qquad t \geqslant 0 \qquad (5\text{-}29)$$

其中，$u_C(0_+)$ 为电容电压的初始值，$\tau = RC$ 为电路的时间常数。注意，此处 R 为等效电阻，其求法如下：在换路后的电路中，将电源置零（电压源视为短路，电流源视为开路），从储能元件的两端看，电路的等效电阻为 R。

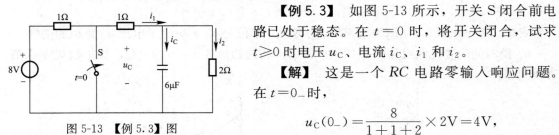

图 5-13 【例 5.3】图

【例 5.3】 如图 5-13 所示，开关 S 闭合前电路已处于稳态。在 $t=0$ 时，将开关闭合，试求 $t \geqslant 0$ 时电压 u_C、电流 i_C、i_1 和 i_2。

【解】 这是一个 RC 电路零输入响应问题。在 $t=0_-$ 时，

$$u_C(0_-) = \frac{8}{1+1+2} \times 2\text{V} = 4\text{V},$$

由换路定律，$u_C(0_+) = u_C(0_-) = 4\text{V}$。

在 $t \geqslant 0$ 时，左边的 8V 电压源与 1Ω 电阻串联支路被短路，对右边电路不起作用。时间常数为

$$\tau = RC = (1/\!/2) \times 6 \times 10^{-6}\text{s} = \frac{2}{3} \times 6 \times 10^{-6}\text{s} = 4 \times 10^{-6}\text{s}$$

由式（5-12），可得

$$u_C = u_C(0_+)e^{-\frac{t}{\tau}} = 4e^{-\frac{t}{4\times10^{-6}}} = 4e^{-2.5\times10^5 t} \text{V}$$

$$i_C = C\frac{\mathrm{d}u_C}{\mathrm{d}t} = -6e^{-2.5\times10^5 t} \text{A}$$

$$i_2 = \frac{u_C}{2} = 2e^{-2.5\times10^5 t} \text{A}$$

$$i_1 = i_2 + i_C = -4e^{-2.5\times10^5 t} \text{A}$$

5.3.2　零状态响应

RC 电路的零状态，是指换路前电容元件未储有能量，$u_C(0_-)=0$。在此条件下，由电源激励所产生的电路的响应，称为零状态响应。

分析 RC 电路的零状态响应，实际上就是分析电容元件的充电过程。图 5-14 为 RC 串联电路。$t=0$ 时，将开关 S 闭合，电路接通，电容元件开始充电，其电压为 u_C。

根据 KVL，$t\geqslant0$ 时电路的微分方程为：

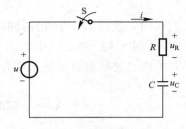

图 5-14　RC 串联电路

$$U = Ri + u_C = RC\frac{\mathrm{d}u_C}{\mathrm{d}t} + u_C \tag{5-30}$$

式（5-30）为一阶常系数线性非齐次微分方程，通解为两部分：一个是特解 u'_C，一个是补函数 u''_C。

特解取电路的稳态值，或称为稳定分量，即：

$$u'_C = u_C(\infty) = 0$$

补函数是齐次微分方程：

$$RC\frac{\mathrm{d}u_C}{\mathrm{d}t} + u_C = 0$$

的通解，其式为：

$$u''_C = Ae^{pt}$$

代入上式，得特征方程：

$$RCp + 1 = 0$$

其根为：

$$p = -\frac{1}{RC} = -\frac{1}{\tau}$$

因此，式（5-13）的通解为：

$$u_C = u'_C + u''_C = U + Ae^{-\frac{t}{\tau}}$$

设电容元件在换路之前未储有能量，即它的初始状态或初始值 $u_C(0_+)=0$，则 $A=-U$，于是得：

$$u_C = U - Ue^{-\frac{t}{\tau}} = U(1 - e^{-\frac{t}{\tau}}) \tag{5-31}$$

上式为 RC 电路零状态响应的表达式，其随时间的变化曲线如图 5-15（a）所示。

当 $t=\tau$ 时

$$u_C = U(1 - e^{-1}) = U\left(1 - \frac{1}{2.718}\right) = U(1 - 0.368) = 63.2\%U$$

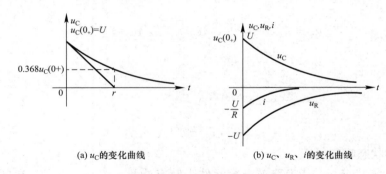

(a) u_C的变化曲线　　　　(b) u_C、u_R、i的变化曲线

图 5-15　RC 电路零状态响应

即从 $t=0$ 经过一个 τ 的时间 u_C 增长到稳态值 U 的 63.2%。与零输入响应一样，工程上认为，经过 $3\tau \sim 5\tau$ 的时间，电路就可达到稳态了。

【例5.4】　在图 5-16(a) 所示的电路中，$U=9\mathrm{V}$，$R_1=6\mathrm{k\Omega}$，$R_2=9\mathrm{k\Omega}$，$C=1000\mathrm{pF}$，开关闭合之前电容元件未储有能量。试求 $t \geqslant 0$ 的电压 u_C。

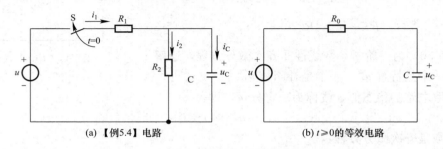

(a)【例5.4】电路　　　　　　　(b) $t \geqslant 0$的等效电路

图 5-16　【例5.4】图

【解】　应用戴维南定理，将换路后的电路化为图 5-8(b) 的等效电路。其中，等效电源的电动势和内阻分别为：

$$E=\frac{R_2}{R_1+R_2}U=\frac{3}{6+3}\times 9\mathrm{V}=3\mathrm{V}$$

$$R_0=\frac{R_1 R_2}{R_1+R_2}=\frac{6\times 3}{6+3}\times 10^3 \Omega=2\mathrm{k\Omega}$$

电路的时间常数为：

$$\tau=R_0 \times C=2\times 10^3 \times 1000 \times 10^{-12}\mathrm{s}=2\times 10^{-6}\mathrm{s}$$

由式（5-14）得：

$$u_C=E(1-\mathrm{e}^{-\frac{t}{\tau}})=3(1-\mathrm{e}^{-\frac{t}{2\times 10^{-6}}})\mathrm{V}=3(1-\mathrm{e}^{-5\times 10^5 t})\mathrm{V}$$

5.3.3　全响应

RC 电路的全响应，是指电源激励和电容元件的初始状态 $u_C(0_+)$ 均不为零时电路的响应，也就是零输入响应和零状态响应的叠加。

图 5-17 为已充电的电容经过电阻接到直流电压源 U_S。设电容元件的原有电压为 $u_C(0_-)=U_0$。$t=0$ 时，将开关 S 闭合。根据 KVL，有：

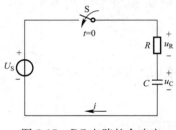

图 5-17　RC 电路的全响应

$$RC\frac{\mathrm{d}u_C}{\mathrm{d}t}+u_C=U_S$$

初始条件：$\qquad\qquad u_C(0_+)=u_C(0_-)=U_0$

方程的通解：$\qquad\qquad u_C=u_C'+u_C''$

取换路后达到稳定状态的电容电压为特解，即：

$$u_C'=U_S$$

u_C''为上述微分方程对应的齐次方程的通解：

$$u_C''=A\mathrm{e}^{-\frac{t}{\tau}}$$

其中，$\tau=RC$为电路的时间常数，所以有：

$$u_C=U_S+A\mathrm{e}^{-\frac{t}{\tau}}$$

将初始条件 $u_C(0_+)=u_C(0_-)=U_0$ 代入上式，得：

$$A=U_0-U_S$$

所以，电容电压

$$u_C=U_S+A\mathrm{e}^{-\frac{t}{\tau}}=U_S+(U_0-U_S)\mathrm{e}^{-\frac{t}{\tau}} \qquad\qquad (5\text{-}32)$$

这就是电容电压在 $t\geqslant0$ 时的全响应。

把式（5-32）写成：

$$u_C=U_0\mathrm{e}^{-\frac{t}{\tau}}+U_S(1-\mathrm{e}^{-\frac{t}{\tau}})$$

可以看出，上式等号右边的第一项为电路的零输入响应，第二项为电路的零状态响应。这说明，全响应是零输入响应和零状态响应的叠加，即：

全响应＝零输入响应＋零状态响应

从式（5-32）还可以看出，等号右边的第一项为电路微分方程的特解，其变化规律与电路施加的激励相同，所以称为强制分量；第二项对应的是微分方程的通解，它的变化规律取决于电路参数而与外施激励无关，所以称之为自由分量。因此，全响应又可以用强制分量和自由分量表示，即：

全响应＝强制分量＋自由分量

在直流或正弦激励的一阶电路中，常取换路后达到新的稳态解作为特解，而自由分量随着时间的增长按指数规律逐渐衰减到零，所以又常将全响应看作是稳态分量和暂态分量的叠加，即：

全响应＝稳态分量＋暂态分量

【例 5.5】 在图 5-18 中，已知 $U_1=3\mathrm{V}$，$U_2=5\mathrm{V}$，$R_1=1\mathrm{k}\Omega$，$R_2=2\mathrm{k}\Omega$，$C=3\mu\mathrm{F}$。开关动作之前在 1 位置很长时间，在 $t=0$ 时将开关 S 合到 2 位置，试求电容电压 u_C。

【解】 这是 RC 电路的全响应问题。

在 $t=0_-$ 时，

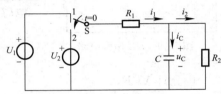

图 5-18 【例 5.5】电路图

$$u_C(0_-)=\frac{R_2}{R_1+R_2}U_1=\frac{2}{1+2}\times3\mathrm{V}=2\mathrm{V}$$

由换路定律，得初始值 $\quad u_C(0_+)=u_C(0_-)=2\text{V}$

在 $t \geqslant 0$ 时，根据 KVL 列出：

$$i_1 - i_2 - i_C = 0$$

代入元件 VCR 及欧姆定律，得：

$$\frac{U_2 - u_C}{R_1} - \frac{u_C}{R_2} - C\frac{\mathrm{d}u_C}{\mathrm{d}t} = 0$$

经整理后，得：

$$R_1 C\frac{\mathrm{d}u_C}{\mathrm{d}t} + \left(1 + \frac{R_1}{R_2}\right)u_C = U_2$$

代入数值，得：

$$1 \times 10^3 \times 3 \times 10^{-6}\frac{\mathrm{d}u_C}{\mathrm{d}t} + \left(1 + \frac{1}{2}\right)u_C = 5$$

解之，得：

$$u_C = u'_C + u''_C = \left(\frac{10}{3} + Ae^{-\frac{t}{\tau}}\right)\text{V}$$

其中，$\quad \tau = R_0 C = (R_1 /\!/ R_2)C = \frac{2}{3} \times 10^3 \times 3 \times 10^{-6}\text{s} = 2 \times 10^{-3}\text{s}$

由初始条件 $u_C(0_+)=u_C(0_-)=2\text{V}$，解出 $A = -\frac{4}{3}$，所以

$$u_C = \left(\frac{10}{3} - \frac{4}{3}e^{-\frac{t}{2\times 10^{-3}}}\right)\text{V} = \left(\frac{10}{3} - \frac{4}{3}e^{-500t}\right)\text{V}$$

5.4 RL 电路
的响应

5.4 RL 电路的响应

同 RC 串联电路类似，当电路中含有电感时，利用基尔霍夫定律所列出的回路电压方程也是一个一阶微分方程。本节讨论 RL 串联电路的响应。

5.4.1 零输入响应

图 5-19 为 RL 串联电路。换路前，开关 S 合在 1 位置，电感元件中通有电流，$i(0_-)=i_0=\dfrac{U}{R}$。$t=0$ 时，将开关从 1 位置合到 2 位置。此时，电源未连入电路中，而电感元件已有储能 i_0，$i_L(0_+)=i_L(0_-)=i_0=\dfrac{U}{R}$。

根据 KVL，列写 $t \geqslant 0$ 时电路的微分方程

$$u_R + u_C = 0$$

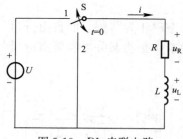

图 5-19　RL 串联电路

由元件 VCR，

$$u_R = Ri, \qquad u_L = L\frac{\mathrm{d}i}{\mathrm{d}t}$$

代入上式得：

$$Ri + L\frac{\mathrm{d}i}{\mathrm{d}t} = 0 \tag{5-33}$$

上式为一阶线性常系数齐次微分方程。

其特征方程为：

$$R + LP = 0$$

其特征根为：

$$P = -\frac{R}{L}$$

式（5-33）的通解为：

$$i = A e^{pt} = A e^{-\frac{R}{L}t}$$

由初始条件确定 A

$$i(0_+) = i_0 = A$$

因此，RL 电路的零输入响应为：

$$i = i_0 e^{-\frac{t}{\tau}} = i(0_+) e^{-\frac{t}{\tau}} \qquad t \geqslant 0 \tag{5-34}$$

式（5-34）为零输入响应的公式。式中，RL 电路的时间常数为：

$$\tau = \frac{L}{R} \tag{5-35}$$

同 RC 电路一样，τ 的量纲是 s。

由式（5-34）可以得出 u_R、u_L 的响应如下：

$$u_R = Ri = Ri_0 e^{-\frac{t}{\tau}} \qquad t \geqslant 0$$

$$u_L = L\frac{di}{dt} = -Ri_0 e^{-\frac{t}{\tau}} \qquad t \geqslant 0$$

图 5-20 为 i、u_R、u_L 随时间变化的曲线。

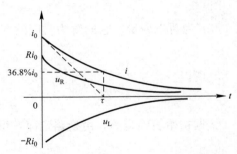

图 5-20　RL 电路的零输入响应

【例 5.6】　如图 5-21 所示，开关 S 动作之前已达稳态，在 $t=0$ 时将 S 闭合，求 $t \geqslant 0$ 时的 i、u_R。

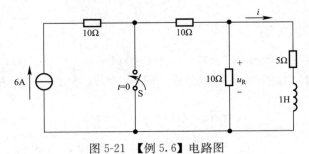

图 5-21　【例 5.6】电路图

【解】　1. 先求初始值

在开关闭合前，

$$i(0_-) = \frac{10}{10+5} \times 6A = 4A$$

由换路定律，得：

$$i(0_+) = i(0_-) = 4A$$

$$u_R(0_+) = i(0_+) \times 5\Omega = 20V$$

2. 求时间常数 τ

$$\tau = \frac{L}{R_0} = \frac{1}{(10//10) + 5}s = 0.1s$$

3. 代入零输入响应的公式中，得：

$$i = i(0_+)\mathrm{e}^{-\frac{t}{\tau}} = 4\mathrm{e}^{-10t}\,\mathrm{A} \qquad t \geqslant 0$$

$$u_{\mathrm{R}} = u_{\mathrm{R}}(0_+)\mathrm{e}^{-\frac{t}{\tau}} = 20\mathrm{e}^{-10t}\,\mathrm{V} \qquad t \geqslant 0$$

5.4.2　零状态响应

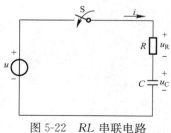

图 5-22　RL 串联电路

图 5-22 为 RL 串联电路，开关动作之前电感未有储能，即 $i(0_-) = 0$，在 $t = 0$ 时将 S 闭合，电路即与一恒压源 U 接通，其中电流为 i。i 完全由电压源提供，为零状态响应。

由 KVL，列出 $t \geqslant 0$ 时电路的微分方程：

$$U = Ri + L\frac{\mathrm{d}i}{\mathrm{d}t} \qquad (5\text{-}36)$$

式（5-36）为一阶常系数线性非齐次微分方程，通解为：

$$i = i' + i''$$

其中，i' 为稳态分量，显然：

$$i' = i(\infty) = \frac{U}{R}$$

i'' 为暂态分量，它的解为对应的齐次微分方程的解（零输入响应）

$$i'' = A\mathrm{e}^{-\frac{t}{\tau}}$$

所以

$$i = i(\infty) + A\mathrm{e}^{-\frac{t}{\tau}}$$

据初始值确定 A，由换路定律，得 $i(0_+) = i(0_-) = 0$，所以

$$i(0_+) = 0 = i(\infty) + A$$

$$A = -\frac{U}{R}$$

则零状态响应的电流为：

$$i = i(\infty) - i(\infty)\mathrm{e}^{-\frac{t}{\tau}} = i(\infty)(1 - \mathrm{e}^{-\frac{t}{\tau}}) \qquad t \geqslant 0 \qquad (5\text{-}37)$$

式（5-37）即 RL 电路零状态响应公式。同样，可以得出 u_{R}、u_{L} 的响应如下：

$$u_{\mathrm{R}} = Ri = U(1 - \mathrm{e}^{-\frac{t}{\tau}}) \qquad t \geqslant 0$$

$$u_{\mathrm{L}} = L\frac{\mathrm{d}i}{\mathrm{d}t} = U\mathrm{e}^{-\frac{t}{\tau}} \qquad t \geqslant 0$$

【例 5.7】　图 5-23 所示电路中，在 $t = 0$ 时将 S 闭合，求 $t \geqslant 0$ 时的 i、u_{R}、u_{L}。其中，$U = 80\mathrm{V}$，$R_1 = R_2 = 10\Omega$，$R = 5\Omega$，$L = 2\mathrm{H}$。

【解】　1. 先求初始值。

S 断开时，　　　$i(0_-) = 0$

由换路定律，得：

$$i(0_+) = i(0_-) = 0$$

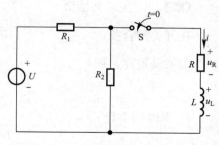

图 5-23　【例 5.7】电路图

2. 求时间常数 τ

$$\tau = \frac{L}{R_0} = \frac{L}{(R_1//R_2)+R} = \frac{2}{(10//10)+5}\text{s} = 0.2\text{s}$$

3. 求稳态值

$$i(\infty) = \frac{U}{R_1+(R_2//R)} \times \frac{R_2}{R_2+R}\text{A} = 4\text{A}$$

4. 应用零状态响应公式，得：

$$i = i(\infty)(1-\text{e}^{-\frac{t}{\tau}}) = 4(1-\text{e}^{-\frac{t}{0.2}}) = 4(1-\text{e}^{-5t})\text{A} \qquad t \geqslant 0$$

$$u_R = iR = 20(1-\text{e}^{-5t})\text{V} \qquad\qquad\qquad t \geqslant 0$$

$$u_L = L\frac{\text{d}i}{\text{d}t} = 40\text{e}^{-5t}\text{V} \qquad\qquad\qquad t \geqslant 0$$

5.4.3 全响应

在图 5-24 中，电源电压为 U，电感元件有初始储能，即 $i(0_-) = I_0$。在 $t=0$ 时将 S 闭合，在 $t \geqslant 0$ 电路为全响应电路。

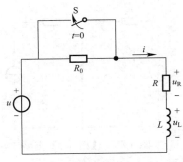

$t \geqslant 0$ 时，电路的微分方程与式（5-19）一样，为：

$$U = Ri + L\frac{\text{d}i}{\text{d}t}$$

其通解为：

$$i = \frac{U}{R} + \left(I_0 - \frac{U}{R}\right)\text{e}^{-\frac{t}{\tau}} \qquad (5-38)$$

图 5-24 RL 电路的全响应

式中，等号右边第一项为稳态分量，第二项为暂态分量。两者相加为全响应。

式（5-38）也可写成：

$$i = I_0\text{e}^{-\frac{t}{\tau}} + \frac{U}{R}(1-\text{e}^{-\frac{t}{\tau}}) \qquad\qquad (5-39)$$

式中，等号右边第一项为零输入响应，第二项为零状态响应。两者相加为全响应。

5.5 三 要 素 法

5.5 三要素法

只有一个储能元件（电容或电感）或可以等效为一个储能元件的电路，在实际工作中被广泛应用。为了能更方便地求解响应，人们总结出一种很实用的方法，即三要素法。

通过前几节的分析可知，一阶电路的全响应等于该电路的暂态分量与稳态分量之和。如果用 $f(t)$ 表示待求的一阶电路的全响应，用 $f(\infty)$ 表示 $t=\infty$ 时的稳态分量，$f(0_+)$ 表示初始值，则全响应的一般表达式可写成：

$$f(t) = f(\infty) + [f(0_+) - f(\infty)]\text{e}^{-\frac{t}{\tau}} \qquad (5-40)$$

只要求得 $f(0_+)$、$f(\infty)$ 和 τ 这三个要素，就可以直接写出电路的响应（电流或电压）。而电路响应的变化曲线，都是按指数规律变化的（增长或衰减）。

由于零输入响应和零状态响应都是全响应的特殊情况，故式（5-40）也可用来求一阶电路的零输入响应和零状态响应。因此，在计算一阶电路任何一种暂态过程的响应，都不需要列出和求解微分方程，只需利用三要素法就可以很方便地求解。

应用三要素法的关键在于求解三个要素。

1. 初始值 $f(0_+)$

在 5.1 节我们已经学过，即根据 $t=0_+$ 的等效电路来求解。

2. 稳态值 $f(\infty)$

利用 $t=\infty$ 时的等效电路求解。注意，$t=\infty$，电路已达新的稳态，即电容元件相当于开路，电感元件相当于短路。

3. 时间常数 τ

在 $t \geqslant 0$ 时，先求出从储能元件两端看去的等效电阻 R_0，再求 τ。若为 RC 电路，则 $\tau=R_0C$；若为 RL 电路，则 $\tau=\dfrac{L}{R_0}$。

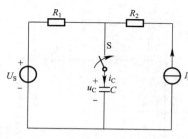

图 5-25　【例 5.8】电路

【例 5.8】　在图 5-25 电路中，已知 $U_S=6\text{V}$，$I_S=2\text{A}$，$R_1=R_2=3\Omega$，$C=1\text{F}$。开关闭合前 $u_C=6\text{V}$。试用三要素法求开关 S 闭合后的 u_C 和 i_C。

【解】　1. 方法一

（1）求初始值

$$u_C(0_+)=u_C(0_-)=6\text{V}$$

$$i_C=\frac{U_S-u_C(0_+)}{R_1}+I_S=\left(\frac{6-6}{3}+2\right)\text{A}=2\text{A}$$

（2）求稳态值

$$u_C(\infty)=U_S+R_1I_S=(6+3\times2)\text{V}=12\text{V}$$

$$i_C(\infty)=0$$

（3）求时间常数

$$\tau=R_0C=R_1C=3\times1\text{s}=3\text{s}$$

（4）用三要素法求响应 u_C 和 i_C。

$$u_C(t)=u_C(\infty)+[u_C(0_+)-u_C(\infty)]\mathrm{e}^{-\frac{t}{\tau}}=[12+(6-12)\mathrm{e}^{-\frac{t}{3}}]\text{V}=[12-6\mathrm{e}^{-\frac{t}{3}}]\text{V}$$

$$i_C(t)=i_C(\infty)+[i_C(0_+)-i_C(\infty)]\mathrm{e}^{-\frac{t}{\tau}}=[0+(2-0)\mathrm{e}^{-\frac{t}{3}}]\text{A}=2\mathrm{e}^{-\frac{t}{3}}\text{A}$$

2. 方法二

（1）先用三要素法求出

$$u_C(t)=u_C(\infty)+[u_C(0_+)-u_C(\infty)]\mathrm{e}^{-\frac{t}{\tau}}=(12-6\mathrm{e}^{-\frac{t}{3}})\text{V}$$

（2）利用电容元件 VCR，求出 i_C，即：

$$i_C=C\frac{\mathrm{d}u_C}{\mathrm{d}t}=1\times(-6)\left(-\frac{1}{3}\right)\mathrm{e}^{-\frac{t}{3}}=2\mathrm{e}^{-\frac{t}{3}}\text{A}$$

与方法一的结果相同。

【例 5.9】　在图 5-26 电路中，换路前电路已处稳态，在 $t=0$ 时将开关由 1 位置变为 2 位置，试求电流 i 和 i_L。

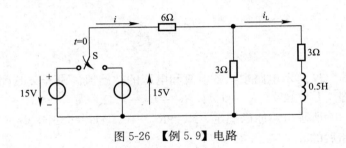

图 5-26　【例 5.9】电路

【解】　（1）求初始值

$$i_L(0_+) = i_L(0_-) = \frac{15}{6+(3//3)} \times \frac{1}{2} = 1\text{A}$$

求 $i(0_+)$，要画出 $t=0_+$ 等效电路，如图 5-27 所示。

应用网孔法，则有：

$$6i(0_+) + 3[i(0_+) - 1] = 15$$

解出，得：

$$i(0_+) = -\frac{4}{3}\text{A}$$

（2）求稳态值

$t = \infty$ 时电感元件相当于短路，电路如图 5-28 所示。

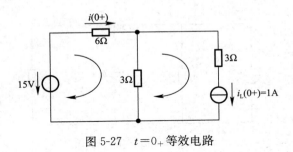

图 5-27　$t=0_+$ 等效电路

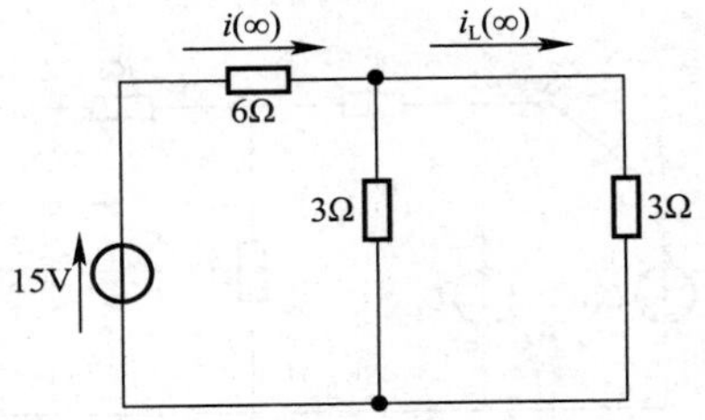

图 5-28　$t=\infty$ 等效电路

$$i(\infty) = -\frac{15}{6+(3//3)} = -2\text{A}$$

$$i_L(\infty) = \frac{1}{2}i(\infty) = -1\text{A}$$

（3）求时间常数

$$\tau = \frac{L}{R_0} = \frac{0.5}{3+(6//3)}\text{s} = 0.1\text{s}$$

（4）用三要素法求 i 和 i_L。

$$i(t) = i(\infty) + [i(0_+) - i(\infty)]e^{-\frac{t}{\tau}} = -2 + \left[-\frac{4}{3} - (-2)e^{-\frac{t}{3}}\right]\text{A} = \left(-2 + \frac{2}{3}e^{-10t}\right)\text{A}$$

$$i_L(t) = i_L(\infty) + [i_L(0_+) - i_L(\infty)]e^{-\frac{t}{\tau}} = (-1 + 2e^{-10t})\text{A}$$

习 题

【5.1】 求图 5-29 所示电路中，各电流和电压的初始值。设开关 S 闭合前电感元件和电容元件均未储能，$U=12V$，$R_1=10\Omega$，$R_2=R_3=20\Omega$。

【5.2】 图 5-30 所示电路原已稳定，$R_1=R_2=40\Omega$，$C=50\mu F$，$I_S=2A$，$t=0$ 时开关 S 闭合，试求换路后的 u_C、i_C。

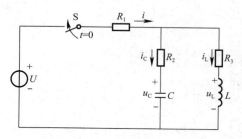

图 5-29 习题【5.1】图

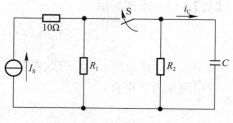

图 5-30 习题【5.2】图

【5.3】 图 5-31 所示电路原已稳定，$U_{S1}=12V$，$U_{S2}=9V$，$R_1=30\Omega$，$R_2=20\Omega$，$R_3=60\Omega$，$C=0.05F$，试求换路后的 u_C。

【5.4】 图 5-32 所示电路，开关 S 闭合前电路已处于稳态，试确定 S 闭合后电压 u_C 和电流 i_C、i_1、i_2 的初始值和稳态值。

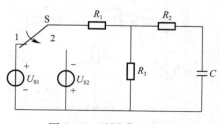

图 5-31 习题【5.3】图

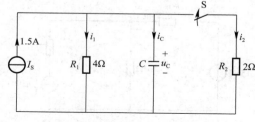

图 5-32 习题【5.4】图

【5.5】 图 5-33 所示电路，已知 $U_S=6V$，$I_S=2A$，$R_1=R_2=6\Omega$，$L=3H$。用三要素法求 S 闭合后的响应 i_L 和 u_L。

【5.6】 图 5-34 所示电路，原已处于稳态，试用三要素法求开关 S 闭合后的 u_C 和 u_R。

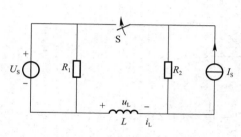

图 5-33 习题【5.5】图

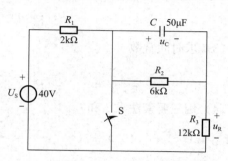

图 5-34 习题【5.6】图

【5.7】　图 5-35 所示电路，原已处于稳态，试用三要素法求开关 S 断开后的 i_L 和 u_L。

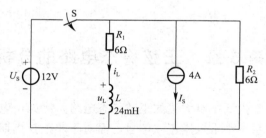

图 5-35　习题【5.7】图

答　案

【5.1】　$i(0_+)=i_C(0_+)=0.4A$，$u_L(0_+)=8V$。

【5.2】　$40(1-e^{-1000t})V$；$2e^{-1000t}A$。

【5.3】　$-6+14e^{0.5t}V$。

【5.4】　$u_C(0_+)=6V$，$i_1(0_+)=1.5A$，$i_2(0_+)=3A$，$i_C(0_+)=-3A$。
　　　　$i_C(\infty)=0A$，$i_1(\infty)=0.5A$，$i_2(\infty)=1A$，$u_C(\infty)=2V$。

【5.5】　$i_L=1-e^{-2t}A$，$u_L=6e^{-2t}V$。

【5.6】　$u_C=12e^{-5t}V$，$u_R=-u_C=-12e^{-5t}V$。

【5.7】　$i_L=(-2+4e^{-500t})A$，$u_L=-48e^{-500t}V$。

第6章　正弦稳态电路的分析

在工农业生产和日常生活中有大量的正弦稳态电路，比如，电力系统中大多数电路即为正弦稳态电路，通常系统中常采用正弦信号，而对于非正弦周期性信号，我们可以借助傅里叶级数，将其分解为一系列不同频率的正弦波信号，因此，正弦稳态分析也是非正弦稳态分析的基础，使电路分析中十分重要的组成部分，具有广泛的理论和实际意义。本章在介绍复数和正弦量的基本概念及其相量表示的基础上，介绍两类约束的相量形式，以及电路的相量模型，由此对正弦稳态电路进行分析。

6.1　复　　数

6.1 复数

6.1.1　复数的表示形式

复数一般有代数形式、三角形式、指数形式和极坐标形式，共四种表示形式。

设复数 F，若写成：

$$F = a + jb$$

的形式称为复数的代数形式，其中 a 和 b 分别表示复数的实部和虚部。式中，$j = \sqrt{-1}$ 是虚数单位。复数的实部和虚部可以这样表示：

$$\mathrm{Re}[F] = a$$
$$\mathrm{Im}[F] = b$$

$\mathrm{Re}[F]$ 是取复数实部的符号表示，$\mathrm{Im}[F]$ 是取复数虚部的符号表示。

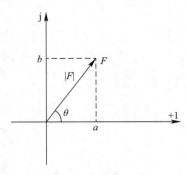

图 6-1　复数的表示

复数 F 可在复平面上表示，直角坐标系的横轴表示复数的实部，纵轴表示虚部。每一个复数都和复平面上的一个点相对应，常用原点至该点的向量表示如图 6-1 所示。

由图 6-1 可知：

$$\begin{cases} a = |F| \cos\theta \\ b = |F| \sin\theta \\ |F| = \sqrt{a^2 + b^2} \\ \tan\theta = \dfrac{b}{a} \end{cases}$$

可得到复数的三角形式

$$F = |F| (\cos\theta + j\sin\theta)$$

根据欧拉公式 $e^{j\theta} = \cos\theta + j\sin\theta$，复数还可以表示为指数形式

$$F = |F| (\cos\theta + j\sin\theta) = |F| e^{j\theta}$$

复数的指数形式还可以用极坐标形式表示：

$$F = |F| \angle\theta$$

6.1.2　复数的计算

复数的相加和相减采用代数形式进行。例如，设

$$F_1 = a_1 + jb_1, \quad F_2 = a_2 + jb_2$$

则

$$F_1 \pm F_2 = (a_1 + jb_1) \pm (a_2 + jb_2)$$
$$= (a_1 \pm a_2) + j(b_1 \pm b_2)$$

【例 6.1】　设 $F_1 = 5\angle 47°$，$F_2 = 10\angle -25°$，求 $F_1 + F_2$。

【解】　求复数相加用代数形式

$$F_1 = 5\angle 47° = 3.41 + j3.657$$
$$F_2 = 10\angle -25° = 9.063 - j4.226$$
$$F_1 + F_2 = (3.41 + j3.657) + (9.063 - j4.226)$$
$$= 12.473 - j0.569$$
$$= 12.48\angle -2.61°$$

复数的乘除运算采用指数形式或极坐标形式，若

$$F_1 = |F_1| e^{j\theta_1} = |F_1| \angle \theta_1, \quad F_2 = |F_2| e^{j\theta_2} = |F_2| \angle \theta_2$$

则

$$F_1 F_2 = |F_1| e^{j\theta_1} |F_2| e^{j\theta_2}$$
$$= |F_1||F_2| e^{j(\theta_1 + \theta_2)}$$
$$= |F_1||F_2| \angle (\theta_1 + \theta_2)$$

$$\frac{F_1}{F_2} = \frac{|F_1| e^{j\theta_1}}{|F_2| e^{j\theta_2}}$$
$$= \frac{|F_1|}{|F_2|} e^{j(\theta_1 - \theta_2)}$$
$$= \frac{|F_1|}{|F_2|} \angle (\theta_1 - \theta_2)$$

由上式可见，复数的乘法、除法表示为模的放大或缩小，辐角表示为逆时针旋转还是顺时针旋转。

【例 6.2】　计算 $220\angle 35° + \dfrac{(17+j9)(4+j6)}{20+j5}$。

【解】

$$220\angle 35° + \frac{(17+j9)(4+j6)}{20+j5}$$
$$= 180.2 + j126.2 + \frac{19.24\angle 27.9° \times 7.211\angle 56.3°}{20.62\angle 14.04°}$$
$$= 180.2 + j126.2 + 6.728\angle 70.16°$$
$$= 180.2 + j126.2 + 2.238 + j6.329$$
$$= 182.438 + j132.529$$
$$= 225.5\angle 36°$$

复数 $e^{j\theta}=1\angle\theta$ 是一个模等于 1，辐角为 θ 的复数。复数 F 乘以 $e^{j\theta}$ 等于把复数 F 向逆时针方向旋转一个角度 θ，而 F 的模 $|F|$ 不变。所以，$e^{j\theta}$ 称为旋转因子。$e^{j\frac{\pi}{2}}=j$，$e^{-j\frac{\pi}{2}}=-j$，$e^{j\pi}=-1$，因此，"$\pm j$" 和 "-1" 都可以看成旋转因子。

6.2 正 弦 量

6.2 正弦量

6.2.1 工程意义

在工农业生产和日常生活中通常采用的是交流电，因为交流发电机构造简单、价格便宜、运行可靠，既可以实现远距离输电，又能保证安全用电。在一些非用直流电不可的场合，如工业上的电解和电镀等，也可利用整流设备，将交流电转化为直流电。正弦交流电变化平滑，在正常情况下不会引起过电压而破坏电器。激励和响应均为同频率的正弦量的线性电路（正弦稳态电路）称为正弦电路或交流电路。电力系统中大多数电路即为正弦稳态电路，通信系统中常采用正弦信号，而对于非正弦周期性信号，可以借助傅里叶级数，将其分解为一系列不同频率的正弦波信号，因此，正弦稳态分析也是非正弦稳态分析的基础，是电路分析中十分重要的组成部分，具有广泛的理论和实际意义。

6.2.2 正弦量的三要素

电路中按正弦规律变化的电压或电流，统称为正弦量。对正弦量的数学描述，可以采用 sin 函数，也可以用 cos 函数。本书采用 cos 函数。正弦电压或和正弦电流的一般表达式分别为

$$\left.\begin{array}{l} u(t)=U_m\cos(\omega t+\varphi_u) \\ i(t)=I_m\cos(\omega t+\varphi_i) \end{array}\right\} \tag{6-1}$$

上式分别称为正弦电压和正弦电流的瞬时值表达式，且两个表达式形式是相同的，每一个表达式都由三个物理量来决定，即 U_m、I_m 称为正弦量的最大值或振幅；ω 称为角速度或角频率；φ_u、φ_i 称为初相位。如果已知一个正弦量的最大值、角频率和初相位，则该正弦量即可唯一的确定下来，因此称这三个量为正弦量的三要素。以正弦电流瞬时值表达式为例介绍正弦量的三要素。

1. 最大值或振幅

I_m 是正弦量在整个振荡过程中达到的最大值，即当 $\cos(\omega t+\varphi_i)=1$ 时，有

$$i_{max}=I_m$$

这也是正弦量的极大值。当 $\cos(\omega t+\varphi_i)=-1$ 时，将有最小值（也是极小值）$i_{min}=-I_m$。$i_{max}-i_{min}=2I_m$ 称为正弦量的峰-峰值，正弦量的幅值确定后，其变化范围就确定了。

2. 周期、频率和角频率

（1）周期：正弦量变化一次所需的时间称为周期，用 T 来表示，单位为秒（s）。

（2）频率：单位时间内正弦量重复变化的次数称为频率，用 f 来表示，单位为赫兹（Hz）。

周期与频率互为倒数关系，即：

$$f=\frac{1}{T} \tag{6-2}$$

我国工业用电频率为 50Hz，也称为工频。除此之外，常用的频率单位还有千赫兹

（kHz）、兆赫兹（MHz）等，它们之间的换算关系为 $1\text{MHz}=10^3\text{kHz}=10^6\text{Hz}$。

（3）角频率：正弦量在单位时间内变化的弧度称为角频率，用 ω 来表示，单位为弧度/秒（rad/s）。周期、频率和角频率三者的关系为：

$$\omega=\frac{2\pi}{T}=2\pi f \tag{6-3}$$

据此，可以算出 50Hz 工频对应的角频率为：

$$\omega=2\pi f=2\pi\times 50=314\text{rad/s}$$

可见，周期、频率和角频率均可以表示正弦量随时间作周期性变化快慢的程度。

3. 初相位

由式（6-1）可知，正弦量的瞬时值除了与幅值有关外，还与 $(\omega t+\varphi)$ 值有关。我们把 $(\omega t+\varphi)$ 值称为正弦量的相位，它反映了正弦量变化的进程。

$t=0$ 时的相位角称为初相位（角），简称初相，即：

$$(\omega t+\varphi)\big|_{t=0}=\varphi$$

初相的角度用弧度或度来表示，通常在主值范围内取值，即 $|\varphi|\leqslant 180°$。初相与计时零点的选择有关。对任一正弦量，初相是允许任意指定的，但对于同一电路系统中的许多相关的正弦量，只能相对于一个共同的计时零点确定各自的相位。

6.2.3　同频率正弦量的相位差

两个同频率的正弦电压

$$u_1=U_{1m}\cos(\omega t+\varphi_{u1})$$
$$u_2=U_{2m}\cos(\omega t+\varphi_{u2})$$

两个正弦量 ω 相同，但初相角不同，因而任何瞬间相位角也不同。它们之间的相位差为：

$$\phi=(\omega t+\varphi_{u1})-(\omega t+\varphi_{u2})=\varphi_{u1}-\varphi_{u2}$$

可见，同频率正弦量的相位差等于初相位之差，这是一个不随时间变化的常量，并且与计时起点的选择无关。

若 $\varphi_{u1}-\varphi_{u2}<0$，称 u_1 滞后于 u_2 或 u_2 超前于 u_1；若 $\varphi_{u1}-\varphi_{u2}>0$，称为 u_1 超前于 u_2 或 u_2 滞后于 u_1，图 6-2（a）所示波形表示电压 u_2 滞后于 u_1 一个角度；若 $\varphi_{u1}-\varphi_{u2}=0$，称 u_1 与 u_2 同相，如图 6-2（b）所示；若 $\varphi_{u1}-\varphi_{u2}=\pm\pi$，称 u_1 与 u_2 反相，如图 6-2（c）所示；若 $\varphi_{u1}-\varphi_{u2}=\pm\dfrac{\pi}{2}$，称为 u_1 与 u_2 正交，如图 6-2(d) 所示。

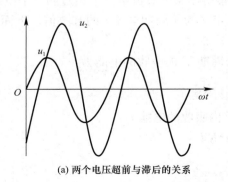

(a) 两个电压超前与滞后的关系

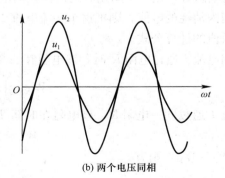

(b) 两个电压同相

图 6-2　同频正弦量的相位差（一）

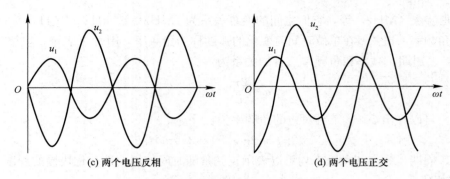

(c) 两个电压反相   (d) 两个电压正交

图 6-2 同频正弦量的相位差（二）

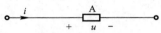

图 6-3 【例 6.3】图

【例 6.3】 图 6-3 中所示元件 A 中通过的正弦电流，$f=1\text{Hz}$，$I_m=100\text{mA}$，初相位 $\varphi_i=\dfrac{\pi}{4}$，求出 $t=0.5\text{s}$ 时电流瞬时值。若元件电压 $u=100\cos(2\pi t+60°)\text{V}$，求电压与电流的相位差。

【解】 电流的角频率为：

$$\omega=2\pi f=2\pi\times 1=2\pi\text{rad/s}$$

电流瞬时值表达式为：

$$i=100\cos\left(2\pi t+\frac{\pi}{4}\right)\text{mA}$$

当 $t=0.5\text{s}$ 时，电流瞬时值为：

$$i(0.5)=100\cos\left(2\pi\times 0.5+\frac{\pi}{4}\right)$$
$$=-70.7\text{mA}$$

$i(0.5)$ 为负值，说明这一瞬间电流的实际方向与图示参考方向相反。

电压与电流的相位差为

$$\varphi_u-\varphi_i=60°-45°=15°$$

说明，电压超前电流 15°。

6.2.4 正弦量的有效值

正弦量是周期量。周期量的有效值反映周期量在一个周期内的平均效应。如果周期电流 i 通过电阻 R，在一个周期时间内消耗的电能等于某一直流电流 I 通过同一个电阻 R 在同样时间内消耗的电能，则把这个直流电流 I 定义为该周期电流 i 的有效值。下面推导周期量有效值的计算公式。

周期电流 i 通过电阻 R 时，该电阻在一个周期 T 内吸收的电能为：

$$W_A=\int_0^T i^2 R\,\mathrm{d}t$$

直流电流 I 通过同一电阻 R，该电阻在时间 T 内吸收的电能为：

$$W_D=I^2 RT$$

若 $W_A=W_D$，则有：

$$I^2 RT=\int_0^T i^2 R\,\mathrm{d}t$$

由上式可推导出周期电流 i 的有效值为：

$$I = \sqrt{\frac{1}{T}\int_0^T i^2 \mathrm{d}t} \tag{6-4}$$

表明周期电流 i 的有效值等于 i 的方均根值。同理，可以写出周期电压的有效值，即：

$$U = \sqrt{\frac{1}{T}\int_0^T u^2 \mathrm{d}t} \tag{6-5}$$

对于正弦电流 $i = I_\mathrm{m}\cos(\omega t + \varphi_\mathrm{i})$，其有效值可用式（6-4）算出。

$$
\begin{aligned}
I &= \sqrt{\frac{1}{T}\int_0^T I_\mathrm{m}^2 \cos^2(\omega t + \varphi_\mathrm{i})\mathrm{d}t} \\
&= \sqrt{\frac{1}{T}\int_0^T I_\mathrm{m}^2 \frac{1 + \cos[2(\omega t + \varphi_\mathrm{i})]}{2}\mathrm{d}t} \\
&= \frac{I_\mathrm{m}}{\sqrt{2}} \approx 0.707 I_\mathrm{m}
\end{aligned}
\tag{6-6}
$$

同理，可得正弦电压的有效值为：

$$U = \frac{U_\mathrm{m}}{\sqrt{2}} \approx 0.707 U_\mathrm{m} \tag{6-7}$$

据此，式（6-1）又可写成如下形式，即：

$$u(t) = U_\mathrm{m}\cos(\omega t + \varphi_\mathrm{u}) = \sqrt{2}U\cos(\omega t + \varphi_\mathrm{u})$$

$$i(t) = I_\mathrm{m}\cos(\omega t + \varphi_\mathrm{i}) = \sqrt{2}I\cos(\omega t + \varphi_\mathrm{i})$$

通常所说的正弦电压、电流的大小，均指其有效值的大小，比如日常生活中的用电电压 220V 即为有效值。另外，一些交流电气设备所标的电压、电流也是有效值，交流电压表、电流表也是按照有效值来定刻度的。

6.2.5　正弦量的相量表示

研究正弦量与复数的变换，需建立正弦量与复数的对应关系。根据欧拉公式，一个复指数函数 $U_\mathrm{m}\mathrm{e}^{\mathrm{j}(\omega t + \varphi_\mathrm{u})}$ 可写成：

$$
\begin{aligned}
U_\mathrm{m}\mathrm{e}^{\mathrm{j}(\omega t + \varphi_\mathrm{u})} &= U_\mathrm{m}[\cos(\omega t + \varphi_\mathrm{u}) + \mathrm{j}\sin(\omega t + \varphi_\mathrm{u})] \\
&= U_\mathrm{m}\cos(\omega t + \varphi_\mathrm{u}) + \mathrm{j}U_\mathrm{m}\sin(\omega t + \varphi_\mathrm{u})
\end{aligned}
$$

从上式可以看出，正弦量是复指数函数 $U_\mathrm{m}\mathrm{e}^{\mathrm{j}(\omega t + \varphi_\mathrm{u})}$ 的实部，因此，正弦量可以用复指数函数表示为：

$$
\begin{aligned}
u &= U_\mathrm{m}\cos(\omega t + \varphi_\mathrm{u}) = \mathrm{Re}[U_\mathrm{m}\mathrm{e}^{\mathrm{j}(\omega t + \varphi_\mathrm{u})}] \\
&= \mathrm{Re}[U_\mathrm{m}\mathrm{e}^{\mathrm{j}\varphi_\mathrm{u}}\mathrm{e}^{\mathrm{j}\omega t}] = \mathrm{Re}[\dot{U}_\mathrm{m}\mathrm{e}^{\mathrm{j}\omega t}] = \mathrm{Re}[\sqrt{2}\dot{U}\mathrm{e}^{\mathrm{j}\omega t}]
\end{aligned}
\tag{6-8}
$$

式中，Re 是取复数的实部。$\dot{U}_\mathrm{m}$、$\dot{U}$ 是复数，分别为：

$$\dot{U}_\mathrm{m} = U_\mathrm{m}\mathrm{e}^{\mathrm{j}\varphi_\mathrm{u}} = U_\mathrm{m}\angle\varphi_\mathrm{u} \tag{6-9}$$

$$\dot{U} = U\mathrm{e}^{\mathrm{j}\varphi_\mathrm{u}} = U\angle\varphi_\mathrm{u} \tag{6-10}$$

$\dot{U}$ 称为正弦量 u 的有效值相量，简称相量，辐角 φ_u 是正弦量的初相位，$\dot{U}$ 对应着正弦量的两个要素。$\dot{U}_\mathrm{m}$ 称为正弦量 u 的幅值相量。实际应用中，一般用有效值表示正弦电压和电流的大小，因此，通常采用有效值相量。例如，对于正弦电流：

$$i = 5\sqrt{2}\cos(\omega t + 30°)$$

其电流相量为：

$$\dot{I} = 5e^{j30°} = 5\angle 30°$$

式（6-8）给出了正弦量与相量的变换关系，每一个正弦量都对应着一个相量。对于一个正弦量，可以通过复指数函数 $U_m e^{j(\omega t + \varphi_u)}$ 得到它的相量 $\dot{U}$；对于一个相量，可以通过将相量 $\dot{U}$ 乘以 $\sqrt{2}e^{j\omega t}$，再取其实部得到对应的正弦量。

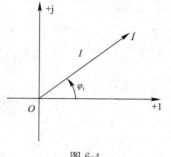

图 6-4

相量是个复数，它在复平面上的图形称为相量图。如图 6-4 所示，为正弦电流 $i = \sqrt{2}I\cos(\omega t + \varphi_i)$ 对应的相量 $\dot{I} = I\angle\varphi_i$ 的相量图。

下面讨论利用相量代替同频正弦量的加减运算问题。

已知电流 $i_1 = \sqrt{2}I_1\cos(\omega t + \varphi_1)$，$i_2 = \sqrt{2}I_2\cos(\omega t + \varphi_2)$，计算 $i_1 + i_2$。

利用式（6-8），可进行如下计算：

$$
\begin{aligned}
i_1 + i_2 &= \sqrt{2}I_1\cos(\omega t + \varphi_1) + \sqrt{2}I_2\cos(\omega t + \varphi_2) \\
&= \mathrm{Re}[\sqrt{2}I_1 e^{j\varphi_1}e^{j\omega t}] + \mathrm{Re}[\sqrt{2}I_2 e^{j\varphi_2}e^{j\omega t}] \\
&= \mathrm{Re}[\sqrt{2}\dot{I}_1 e^{j\omega t}] + \mathrm{Re}[\sqrt{2}\dot{I}_2 e^{j\omega t}] \\
&= \mathrm{Re}[\sqrt{2}(\dot{I}_1 + \dot{I}_2)e^{j\omega t}] \\
&= \mathrm{Re}[\sqrt{2}\dot{I}e^{j\omega t}] \\
&= \sqrt{2}I\cos(\omega t + \varphi)
\end{aligned}
$$

式中，$\dot{I} = \dot{I}_1 + \dot{I}_2$。由上述计算过程可知，同频率正弦量相加的计算，可以通过相量相加计算来完成，即把三角函数的相加转化为复数相加，简化了计算。

【例 6.4】 若 $u_1(t) = 6\sqrt{2}\cos(314t + 30°)\mathrm{V}$，$u_2(t) = 4\sqrt{2}\cos(314t + 60°)\mathrm{V}$，计算 $u_1 + u_2$。

【解】 写出 u_1 和 u_2 的相量分别为：

$$\dot{U}_1 = 6\angle 30°$$

$$\dot{U}_2 = 4\angle 60°$$

则：

$$
\begin{aligned}
\dot{U} &= \dot{U}_1 + \dot{U}_2 \\
&= 6\angle 30° + 4\angle 60° \\
&= 5.19 + j3 + 2 + j3.46 \\
&= 7.19 + j6.46 \\
&= 9.64\angle 41.9°
\end{aligned}
$$

根据求得的电压相量 $\dot{U}$，写出正弦量 u 的瞬时值形式，即：

$$u = 9.64\sqrt{2}\cos(314t + 41.9°)\,\text{V}$$

6.3　电路元件与电路定律的相量形式

6.3.1　电阻的相量形式

线性电阻两端的电压与通过它的电流之间满足欧姆定律，如图 6-5(a) 所示，在电压、电流的关联参考方向下，有：

$$u_R = Ri_R$$

(a) 线性电阻

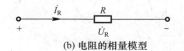

(b) 电阻的相量模型

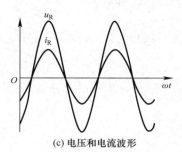

(c) 电压和电流波形

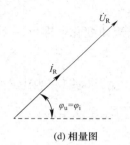

(d) 相量图

图 6-5　电阻元件的伏安关系及电路模型

当电流按正弦规律变化时，即 $i_R = I_m\cos(\omega t + \varphi_i) = \sqrt{2}\,I\cos(\omega t + \varphi_i)$，电阻两端的电压的瞬时值 $u_R = RI_m\cos(\omega t + \varphi_i) = \sqrt{2}\,RI\cos(\omega t + \varphi_i) = \sqrt{2}\,U\cos(\omega t + \varphi_u)$，电压和电流波形如图 6-5(c) 所示。

电阻上电压和电流有效值、相位关系分别为：

$$\left.\begin{array}{r}U = RI \\ \varphi_u = \varphi_i\end{array}\right\} \tag{6-11}$$

式 (6-11) 表明，电阻元件电压有效值与电流有效值之间的关系满足欧姆定律，且两者的初相位相等，即电阻上的电压与电流同相。

将电阻元件电压 u_R 和电流 i_R 分别用相量表示，可写出：

$$\dot{I}_R = I \angle \varphi_i$$

则得到电阻元件伏安关系的相量形式：

$$\dot{U}_R = U \angle \varphi_u = RI \angle \varphi_i = R\dot{I}_R \tag{6-12}$$

电阻的相量模型和相量图分别如图 6-5(b)、(d) 所示。

6.3.2　电容的相量形式

如图 6-6(a) 所示，当电容两端的电压 u_C 为正弦量时，电压与电流之间的关系为：

$$i_C = C\frac{\mathrm{d}u_C}{\mathrm{d}t}$$

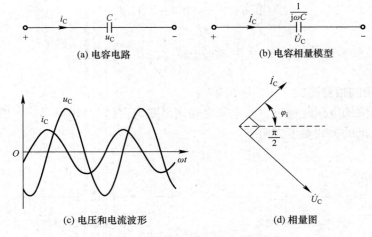

图 6-6　电容元件的伏安特性关系和相量图

当电压按正弦规律变化，即 $u_C = U_m\cos(\omega t + \varphi_u) = \sqrt{2}U\cos(\omega t + \varphi_u)$，则电容电流的瞬时值为：

$$i_C = C\frac{\mathrm{d}u_C}{\mathrm{d}t} = \omega C U_m\cos\left(\omega t + \varphi_u + \frac{\pi}{2}\right) = \sqrt{2}\,\omega C U\cos\left(\omega t + \varphi_u + \frac{\pi}{2}\right)$$

$$= \sqrt{2}\,I\cos(\omega t + \varphi_i)$$

式中

$$I = \omega C U, \qquad \varphi_i = \varphi_u + \frac{\pi}{2} \tag{6-13}$$

式（6-13）表明，电容电流与电容电压为同频正弦量，其有效值 $I = \omega C U$，电流的相位超前电压相位 $\frac{\pi}{2}$。电容电流与电压波形如图 6-6(c) 所示。

将电容元件的电压 u_C 和电流 i_C 分别用相量表示，然后建立电容元件的电压相量与电流相量的关系。u_C 的相量形式为：

$$\dot{U}_C = U\angle\varphi_u$$

i_C 的相量形式为：

$$\dot{I}_C = I\angle\varphi_i = \omega C U\angle\left(\varphi_u + \frac{\pi}{2}\right) = \omega C\angle 90°\cdot U\angle\varphi_u = \mathrm{j}\omega C\dot{U}_C$$

由此，得到电容元件伏安关系的相量形式：

$$\dot{I}_C = \mathrm{j}\omega C\dot{U}_C \quad 或 \quad \dot{U}_C = \frac{1}{\mathrm{j}\omega C}\dot{I}_C = -\mathrm{j}\frac{1}{\omega C}\dot{I}_C \tag{6-14}$$

由式（6-14）可以看出，在电容电压有效值 U 一定时，$\frac{1}{\omega C}$ 越大，电容电流有效值 I 越小，$\frac{1}{\omega C}$ 具有与电阻 R 相同的量纲，称为容抗，用 X_C 表示。$X_C = \frac{1}{\omega C}$，单位为欧姆（Ω）。式（6-14）也可以写成：

$$\dot{U}_C = -\mathrm{j}X_C\dot{I}_C \tag{6-15}$$

容抗 $\dfrac{1}{\omega C}$ 的大小与频率有关，$\omega = 0$（在直流电路中）时，则 $X_C \to \infty$，电容相当于开路，所以电容对低频电流有较强的抑制作用；当 $\omega \to \infty$ 时，$X_C = 0$，电容相当于短路。容抗的倒数称为容纳，用 B_C 表示，$B_C = \omega C$，单位为西门子（S）。

由式（6-15）可以画出电容的相量模型和相量图，如图 6-6（b）、（d）所示。

6.3.3 电感的相量形式

如图 6-7(a) 所示，当正弦电流 i_L 通过电感电路时，电压与电流的关系为：

$$u_L = L \frac{\mathrm{d}i_L}{\mathrm{d}t}$$

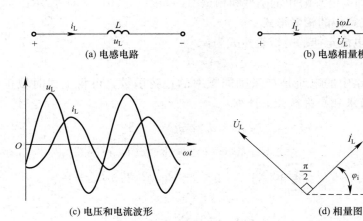

(a) 电感电路　　　　　　　　(b) 电感相量模型

(c) 电压和电流波形　　　　　　(d) 相量图

图 6-7　电感元件的伏安特性关系和相量图

若电流 $i_L = I_m \cos(\omega t + \varphi_i) = \sqrt{2} I \cos(\omega t + \varphi_i)$，电感两端的电压为：

$$u_L = L \frac{\mathrm{d}i_L}{\mathrm{d}t} = \omega L I_m \cos\left(\omega t + \varphi_i + \frac{\pi}{2}\right) = \sqrt{2}\,\omega L I \cos\left(\omega t + \varphi_i + \frac{\pi}{2}\right)$$

$$= \sqrt{2} U \cos(\omega t + \varphi_u)$$

式中

$$U = \omega L I, \qquad \varphi_u = \varphi_i + \frac{\pi}{2} \tag{6-16}$$

由式（6-16）可以看出，电感电压与电感电流是同频率正弦量，有效值关系 $U = \omega L I$，相位关系是电感电压超前电感电流 $\dfrac{\pi}{2}$，电感电压与电流波形如图 6-7(c) 所示。

将电感元件的电压 u_L 和电流 i_L 分别用相量表示，然后分析电感元件的电压相量与电流相量的关系。i_L 的相量形式为：

$$\dot{I}_L = I \angle \varphi_i$$

u_L 的相量形式为：

$$\dot{U}_L = U \angle \varphi_u = \omega L I \angle \left(\varphi_i + \frac{\pi}{2}\right) = \omega L \angle 90° \cdot I \angle \varphi_i = \mathrm{j}\omega L \dot{I}_L$$

由上式得到电感元件伏安关系的相量形式：

$$\dot{U}_L = \mathrm{j}\omega L \dot{I}_L \tag{6-17}$$

由式（6-17）可以看出，在电感电压有效值 U 一定时，ωL 越小，电感电流有效值 I 越大。ωL 具有与电阻 R 相同的量纲，称为感抗，用 X_L 表示。$X_L = \omega L$，单位为欧姆（Ω）。式（6-17）也可以写成：

$$\dot{U}_L = jX_L \dot{I}_L \tag{6-18}$$

感抗 ωL 的大小与频率有关，$\omega = 0$（在直流电路中）时，则 $X_L = 0$，电感相当于短路；当 $\omega \to \infty$ 时，$X_L \to \infty$，电感相当于断路，所以电感对高频电路有较强的抑制作用。感抗的倒数称为感纳，用 B_L 表示，$B_L = \dfrac{1}{X_L}$，单位为西门子（S）。

由式（6-18）可画出电感的相量模型和相量图，如图6-7(b)、(d) 所示。

6.3.4 基尔霍夫定律的相量形式

已知，基尔霍夫电流定律的时域表达式为：

$$\sum i(t) = 0$$

由于正弦稳态电路中的电流是与激励同频率的正弦函数，可将上式时域正弦量求和（假设有 k 个正弦电流求和）进行如下计算：

$$\sum i(t) = \sum \sqrt{2} I_k \cos(\omega t + \varphi_k)$$
$$= \sum \mathrm{Re}[I_{km} e^{j\varphi_k} e^{j\omega t}] = \mathrm{Re} \sum [I_{km} e^{j\varphi_k} e^{j\omega t}]$$
$$= \mathrm{Re} \sum [\sqrt{2} \dot{I}_k e^{j\omega t}] = \mathrm{Re}[\sqrt{2} e^{j\omega t} \sum \dot{I}_k] = 0$$

故有：

$$\sum \dot{I}_k = 0 \quad \text{或} \quad \sum \dot{I} = 0 \tag{6-19}$$

式（6-19）是基尔霍夫电流定律的相量形式。

同理，基尔霍夫电压定律的时域表达式为：

$$\sum u(t) = 0$$

在正弦稳态电路中，基尔霍夫电压定律的相量形式为：

$$\sum \dot{U} = 0 \tag{6-20}$$

当正弦稳态调路中的各正弦量用相量表示时，根据各元件的相量电路模型，可画出整个电路的相量模型，然后应用 R、L、C 元件相量形式的伏安特性及相量形式的基尔霍夫定律，列出相量方程求解，最后将求解出的相量反变换成正弦量。

6.4 阻抗与导纳

6.4 阻抗与导纳

6.4.1 阻抗

图6-8(a) 所示为一个不含独立源的一端口 N_0，当它在角频率为 ω 的正弦电源激励下处于稳定状态时，端口的电流、电压都是同频率的正弦量。

将一端口 N_0 的端电压相量 $\dot{U} = U\angle\varphi_u$ 与电流相量 $\dot{I} = I\angle\varphi_i$ 的比值定义为一端口 N_0 的阻抗 Z，即有：

$$Z = \frac{\dot{U}}{\dot{I}} = \frac{U}{I} \angle(\varphi_u - \varphi_i) = |Z| \angle\varphi_Z \tag{6-21}$$

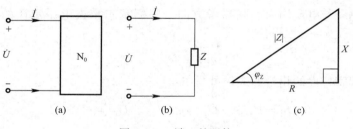

图 6-8　一端口的阻抗

或

$$\dot{U} = Z\dot{I}$$

上式是用阻抗 Z 表示的欧姆定律的相量形式。Z 不是正弦量，而是一个复数，称为复阻抗，其模 $|Z| = \dfrac{U}{I}$ 称为阻抗模，辐角 $\varphi_Z = \varphi_u - \varphi_i$ 称为阻抗角。Z 的单位为 Ω，其电路符号与电阻相同，如图 6-8（b）所示。

Z 的代数形式为

$$Z = R + jX$$

式中，R 为等效电阻分量，X 为等效电抗分量，这样：

$$|Z| = \sqrt{R^2 + X^2}, \qquad \varphi_Z = \arctan \frac{X}{R} \tag{6-22}$$

根据阻抗表示的欧姆定律，有：

$$\dot{U} = (R + jX)\dot{I}$$

上式表明，通过电阻和电抗的是同一电流，等效电路要用两个电路元件串联表示，一为电阻元件 R（表示实部），另一元件为储能元件（电感或电容），但要根据电抗的性质来定。当 $X > 0$（$\varphi_Z > 0$）时，X 称为感性电抗，可用等效电感 L_{eq} 的感抗替代，即：

$$\omega L_{eq} = X \quad L_{eq} = \frac{X}{\omega}$$

当 $X < 0$（$\varphi_Z < 0$）时，X 称为容性电抗，可用等效电容 C_{eq} 的容抗替代，即：

$$\frac{1}{\omega C_{eq}} = |X| \quad C_{eq} = \frac{1}{\omega |X|}$$

Z 在复平面上用直角三角形表示，如图 6-8（c）所示（图中设 $X > 0$），称为阻抗三角形。

6.4.2　RLC 串联电路

RLC 串联电路如图 6-9 所示，u 为正弦激励，电路中各响应均为正弦量。RLC 串联电路的相量模型如图 6-10 所示。

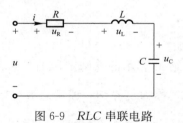

图 6-9　RLC 串联电路

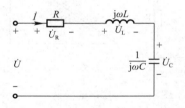

图 6-10　RLC 串联电路的相量模型

设各元件电压与电流均为关联参考方向，根据基尔霍夫电压定律的相量形式，可写出：

$$\dot{U} = \dot{U}_R + \dot{U}_L + \dot{U}_C$$

又根据各元件伏安特性的相量形式，可写出：

$$\dot{U}_R = R\dot{I}, \quad \dot{U}_L = j\omega L\dot{I}, \quad \dot{U}_C = -j\frac{1}{\omega C}\dot{I}$$

则有：

$$\dot{U} = \dot{U}_R + \dot{U}_L + \dot{U}_C = \left[R + j\omega L - j\frac{1}{\omega C}\right]\dot{I}$$

$$= \left[R + j\left(\omega L - \frac{1}{\omega C}\right)\right]\dot{I} = [R + j(X_L - X_C)]\dot{I}$$

$$= [R + jX]\dot{I} = Z\dot{I}$$

式中

$$Z = R + j(X_L - X_C) = R + jX = |Z|\angle\varphi_Z$$

其中，Z 的实部是电路中的电阻 R，虚部 $X = X_L - X_C$，是感抗和容抗之差，称为电抗。

阻抗的模：

$$|Z| = \sqrt{R^2 + X^2} = \sqrt{R^2 + (X_L - X_C)^2}$$

阻抗角为：

$$\varphi_Z = \arctan\frac{X}{R} = \arctan\frac{X_L - X_C}{R}$$

电抗 X 值的正负关系到 RLC 串联电路的性质：

当 $X > 0$，即 $X_L > X_C$，感抗作用大于容抗作用，此时电路呈感性，此时 $\varphi_Z > 0$，电压的相位超前于电流；

当 $X < 0$，即 $X_L < X_C$，容抗作用大于感抗作用，此时电路呈容性，此时 $\varphi_Z < 0$，电流的相位超前于电压；

当 $X = 0$，即 $X_L = X_C$，容抗作用等于感抗作用，此时电路呈电阻性，电压与电流同相。

6.4.3 导纳

如图 6-11(a) 所示，一端口 N_0 的电流相量 $\dot{I}$ 与端电压相量 $\dot{U}$ 的比值定义为一端口 N_0 的（复）导纳 Y，即有：

$$Y = \frac{\dot{I}}{\dot{U}} = \frac{I}{U}\angle(\varphi_i - \varphi_u) = |Y|\angle\varphi_Y \qquad (6\text{-}23)$$

或

$$\dot{I} = Y\dot{U}$$

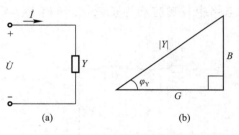

图 6-11　一端口的导纳

上式是用导纳 Y 表示的欧姆定律的相量形式。Y 是一个复数，称为复导纳，模值 $|Y| = \dfrac{I}{U}$ 称为导纳模，辐角 $\varphi_Y = \varphi_i - \varphi_u$ 称为导纳角，Y 的单位为 S（西门子），其电路符号与电导相同。

如图 6-11(a) 所示。

Y 的代数形式为：

$$Y = G + jB$$

G 为等效电导（分量），B 为等效电纳（分量）。这样：

$$|Y| = \sqrt{G^2 + B^2}, \qquad \varphi_Y = \arctan \frac{B}{G} \tag{6-24}$$

用导纳表示的欧姆定律有：

$$\dot{I} = (G + jB)\dot{U}$$

等效电路要用等效电导与等效电感 L_{eq} 或等效电容 C_{eq} 的并联形式表示，并有：

$$C_{eq} = \frac{B}{\omega}(B > 0，容性电纳) \quad L_{eq} = \frac{1}{|B|\omega}(B < 0，感性电纳)$$

Y 在复平面上是一个直角三角形，如图 6-11(b) 所示（图中设 $B > 0$），称为**导纳三角形**。

由式（6-21）和式（6-23），可以看出一端口 N_0 的两种参数 Z 和 Y 具有同等效用，批次可以等效互换，Z 和 Y 互为倒数，即：

$$ZY = 1 \tag{6-25}$$

其极坐标形式表示的互换条件为：

$$|Z||Y| = 1, \qquad \varphi_Z + \varphi_Y = 0$$

6.4.4　RLC 并联电路

RLC 并联电路的相量模型如图 6-12 所示：

设电源电压相量为：

$$\dot{U} = U\angle\varphi_u$$

各元件伏安关系的相量形式为：

$$\dot{I}_R = \frac{\dot{U}}{R}, \qquad \dot{I}_L = -j\frac{1}{\omega L}\dot{U}, \qquad \dot{I}_C = j\omega C\dot{U}$$

根据式（6-23）

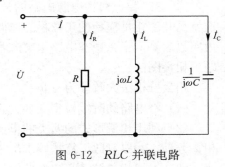

图 6-12　RLC 并联电路

$$Y = \frac{\dot{I}}{\dot{U}} = \frac{\dot{I}_R + \dot{I}_L + \dot{I}_C}{\dot{U}} = \frac{1}{R} - j\frac{1}{\omega L} + j\omega C$$

$$= \frac{1}{R} + j\left(\omega C - \frac{1}{\omega L}\right) = \frac{1}{R} + j(B_C - B_L)$$

$$= G + jB = |Y|\angle\varphi_Y$$

导纳 Y 的实部是电导 G，虚部是电纳 B，是容纳与感纳之差，即 $B = B_C - B_L$。

导纳的模

$$|Y| = \sqrt{G^2 + B^2} = \sqrt{G^2 + (B_C - B_L)^2}$$

导纳角

$$\varphi_Y = \arctan \frac{B}{G} = \arctan \frac{B_C - B_L}{G}$$

当 $B > 0$，即 $\omega C > \dfrac{1}{\omega L}$ 时，容纳的作用大于感纳的作用，电路呈容性，这时 $\varphi_Y > 0$，电

流的相位超前于电压。

当 $B<0$，即 $\omega C<\dfrac{1}{\omega L}$ 时，感纳的作用大于容纳的作用，电路呈感性，这时 $\varphi_{\mathrm{Y}}<0$，电压的相位超前于电流。

当 $B=0$，即 $\omega C=\dfrac{1}{\omega L}$ 时，感纳的作用等于容纳的作用，电路呈电阻性，这时 $\varphi_{\mathrm{Y}}=0$，电压与电流同相。

这里需要指出的是，一端口 $\mathrm{N_0}$ 的阻抗或导纳是由其内部的参数、结构和正弦电源的频率决定的。一般情况下，其每一部分都是频率、参数的函数，随频率、参数而变。一端口 $\mathrm{N_0}$ 内部若不含受控源，则有 $|\varphi_{\mathrm{Z}}|\leqslant90°$ 或 $|\varphi_{\mathrm{Y}}|\leqslant90°$；但有受控源时，可能会出现 $|\varphi_{\mathrm{Z}}|>90°$ 或 $|\varphi_{\mathrm{Y}}|>90°$，其实部将为负值，其等效电路要设定受控源来表示实部。

6.5 正弦稳态电路的相量分析法

6.5 正弦稳态
电路的相量
分析法

经过前几节的讨论可知，在对正弦稳态电路分析时，需要将电路中的所有元件均以元件的相量模型来表示，电路中的所有电压和电流均以相应的相量来表示，由此得到电路的相量模型服从相量形式的基尔霍夫定律和欧姆定律，线性电阻电路的分析方法、定理等可推广到正弦稳态电路的相量运算中。这就是基于相量模型的正弦稳态电路分析法—相量分析法。显然，线性电阻电路求解方程为实数运算，正弦稳态电路求解方程为复数运算。此外，还可以利用相量图分析、求解问题—相量图法。

相量分析法大致分为三步：

（1）将电路的时域模型变换为相量模型；

（2）利用相量形式的两类约束，以及电阻电路的分析法、定理、公式等，建立电路的相量方程，并以复数运算法则求解方程；

（3）根据相量解，写出解的时域表达式。

下面，通过例题来进一步理解相量分析法。

1. 用两类约束求解

【例 6.5】 电路如图 6-13（a）所示，已知 $i_{\mathrm{R}}=4\sqrt{2}\cos(10^3 t)\mathrm{A}$，$R=100\Omega$，$L=0.1\mathrm{H}$，$C=5\mu\mathrm{F}$。求电源电压 u 以及各元件上的电压、电流（电压和电流为关联参考方向）。

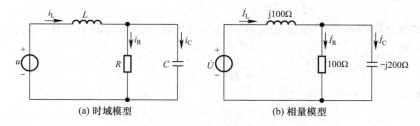

（a）时域模型　　　　　　　　　（b）相量模型

图 6-13 【例 6.5】图

【解】 先将时域模型转换为相量模型，如图 6-13（b）所示。

由已知条件，得 $\dot{I}_R = 4\angle0°$

根据两类约束，可求得：

$$\dot{U}_R = \dot{U}_C = R\dot{I}_R = 400\angle0°\text{V}$$

$$\dot{I}_C = \frac{\dot{U}_C}{\mathrm{j}X_C} = \frac{400\angle0°}{-\mathrm{j}200} = 2\angle90°\text{A}$$

$$\dot{I}_L = \dot{I}_C + \dot{I}_R = 2\angle90° + 4\angle0° = 4 + 2\mathrm{j} = 2\sqrt{5}\angle26.6°\text{A}$$

$$\dot{U}_L = \mathrm{j}X_L\dot{I}_L = \mathrm{j}100 \times 2\sqrt{5}\angle26.6° = 200\sqrt{5}\angle116.6°\text{V}$$

$$\dot{U} = \dot{U}_R + \dot{U}_L = 400\angle0° + 200\sqrt{5}\angle116.6° = 200\sqrt{5}\angle63.4°\text{V}$$

电源电压 u 以及各元件上的电压、电流的时域表达式为：

$$u = 200\sqrt{10}\cos(10^3t + 63.4°)\text{V}$$

$$i_C = 2\sqrt{2}\cos(10^3t + 90°)\text{A} \qquad i_L = 2\sqrt{10}\cos(10^3t + 26.6°)\text{A}$$

$$u_R = u_C = 400\sqrt{2}\cos(10^3t)\text{V} \qquad u_L = 200\sqrt{10}\cos(10^3t + 116.6°)\text{V}$$

2. 用网孔法和结点法求解

【例6.6】　电路和元件参数如图6-14(a)所示，其中 $u = 10\sqrt{2}\cos(10^3t)\text{V}$。试分别以网孔法和结点法求电流 i_1 和 i_2。

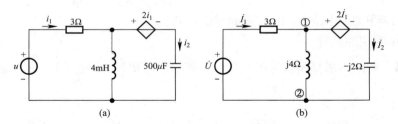

图6-14　【例6.6】图

【解】　先将已知的时域模型转换为相量模型，如图6-14(b)所示。根据已知条件，电压相量为 $\dot{U} = 10\angle0°\text{V}$。

（1）网孔法

以 $\dot{I}_1$ 和 $\dot{I}_2$ 分别作为图6-12(b)电路中左右网孔的网孔电流，均为顺时针方向，列网孔电流相量方程为：

$$\begin{cases} (3 + 4\mathrm{j})\dot{I}_1 - 4\mathrm{j}\dot{I}_2 = 10\angle0° \\ -4\mathrm{j}\dot{I}_1 + (4\mathrm{j} - 2\mathrm{j})\dot{I}_2 = -2\dot{I}_1 \end{cases}$$

得：

$$\dot{I}_1 = \frac{10}{7 - 4\mathrm{j}} = 1.24\angle29.7°\text{A}$$

$$\dot{I}_2 = \frac{10}{7 - 4\mathrm{j}}(2 - 4\mathrm{j})\frac{1}{-2\mathrm{j}} = 2.77\angle56.3°\text{A}$$

故 i_1 和 i_2 的时域表达式分别为：

$$i_1 = 1.24\sqrt{2}\cos(10^3 t + 29.7°)\text{A}$$
$$i_2 = 2.77\sqrt{2}\cos(10^3 t + 56.3°)\text{A}$$

（2）结点法

选图 6-14（b）所示电路中结点②为参考结点，对结点①列写结点方程，有：

$$\left(\frac{1}{3} + \frac{1}{-2\text{j}} + \frac{1}{4\text{j}}\right)\dot{U}_{n1} = \frac{10\angle 0°}{3} + \frac{2\dot{I}_1}{-2\text{j}}$$

辅助方程

$$\dot{I}_1 = \frac{10\angle 0° - \dot{U}_{n1}}{3}$$

得：

$$\dot{U}_{n1} = 6.769 - 1.846\text{j}$$

由此可求出

$$\dot{I}_1 = \frac{10\angle 0° - \dot{U}_{n1}}{3} = 1.007 - 0.615\text{j} = 1.24\angle 29.7°\text{A}$$

$$\dot{I}_2 = \frac{\dot{U}_{n1} - 2\dot{I}_1}{-2\text{j}} = 1.539 + 2.308\text{j} = 2.77\angle 56.3°\text{A}$$

据此可得到与网孔法相同的 i_1 和 i_2 的时域表达式。

3. 用戴维南定理求解

【例6.7】 电路的相量模型如图 6-15（a）所示，已知 $\dot{U} = 10\angle 0°\text{V}$。试用戴维南定理求电流 $\dot{I}$。

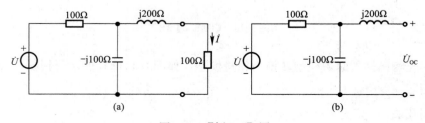

图 6-15 【例 6.7】图

【解】 根据戴维南定理，先分别求得开路电压 $\dot{U}_{oc}$ 和等效阻抗 Z。

由图 6-15（b）所示，可得：

$$\dot{U}_{oc} = \frac{-100\text{j}}{100 - 100\text{j}} \cdot 10\angle 0° = 5\sqrt{2}\angle(-45°)\text{V}$$

将图中电压源短路，可得：

$$Z = 200\text{j} + \frac{100 \times (-100\text{j})}{100 - 100\text{j}} = (50 + 150\text{j})\Omega$$

于是，得到戴维南等效相量模型如图 6-16 所示。

由此可得：

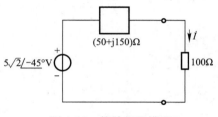

图 6-16 等效相量模型

$$i = \frac{5\sqrt{2}\angle(-45°)}{100+50+150\mathrm{j}} = \frac{5\sqrt{2}\angle(-45°)}{150\sqrt{2}\angle 45°} = 0.033\angle(-90°)\mathrm{A}$$

6.6　正弦稳态电路的功率

6.6 正弦稳态
电路的功率

6.6.1　瞬时功率

正弦稳态无源单口网络如图 6-17 所示，任意时刻输入该单口网络的瞬时功率为该时刻电流与电压的乘积，即 $p=ui$，若端口电压和端口电流为关联参考方向，分别表示为：

$$\begin{cases} u = \sqrt{2}U\cos(\omega t + \varphi_\mathrm{u}) \\ i = \sqrt{2}I\cos(\omega t + \varphi_\mathrm{i}) \end{cases}$$

由此可得该单口网络 N 吸收的瞬时功率为：

$$\begin{aligned} p = ui &= 2UI\cos(\omega t + \varphi_\mathrm{u})\cos(\omega t + \varphi_\mathrm{i}) \\ &= UI\cos(\varphi_\mathrm{u} - \varphi_\mathrm{i}) + UI\cos(2\omega t + \varphi_\mathrm{u} + \varphi_\mathrm{i}) \\ &= UI\cos\varphi + UI\cos(2\omega t + \varphi_\mathrm{u} + \varphi_\mathrm{i}) \end{aligned} \tag{6-26}$$

式中，$\varphi = \varphi_\mathrm{u} - \varphi_\mathrm{i}$ 为端口电压和端口电流的相位差。式（6-26）表示的瞬时功率 p 由两项组成：第一项是与时间无关的恒定分量；第二项是幅值为 UI、频率为电压（或电流）频率的二倍的正弦分量。正弦稳态电路的电压、电流和瞬时功率的波形图如图 6-18 所示。当 u 或 i 为零的瞬间，$p=0$。当 $\varphi \neq 0$ 时，在正弦电流电压参考方向一致时，若 $p>0$ 表示单口网络吸收或消耗能量，$p<0$ 则表示单口网络发出或产生能量。

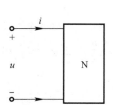

图 6-17　正弦稳态无源单口网络

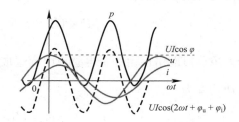

图 6-18　电压电流功率波形图

瞬时功率还可以表示为：

$$\begin{aligned} p &= UI\cos\varphi + UI\cos(2\omega t + 2\varphi_\mathrm{u} - \varphi) \\ &= UI\cos\varphi + UI\cos\varphi\cos[2(\omega t + \varphi_\mathrm{u})] + UI\sin\varphi\sin[2(\omega t + \varphi_\mathrm{u})] \\ &= UI\cos\varphi\{1 + \cos[2(\omega t + \varphi_\mathrm{u})]\} + UI\sin\varphi\sin[2(\omega t + \varphi_\mathrm{u})] \end{aligned} \tag{6-27}$$

式（6-27）表明，在 $\varphi \leqslant \dfrac{\pi}{2}$ 时，第一项始终大于或等于零，是瞬时功率的不可逆分量；而第二项是瞬时功率的可逆分量，其值以 2ω 按正弦规律正负交替变化，表明单口网络内部和外部电路之间周期性地进行能量交换。

6.6.2　有功功率

虽然瞬时功率反映了单口网络在能量转换过程中的状态，并为工程测量和全面反映正弦稳态电路的功率提供了理论依据，但是由于瞬时功率不便于测量，所以瞬时功率在正弦稳态电路中的实用意义不大，通常所说的正弦电流电路的功率指的是平均功率，即瞬时功率在一个周期内的平均值，平均功率被称为有功功率，用大写字母 P 表示。

$$P = \int_0^T p\,\mathrm{d}t = \int_0^T UI[\cos\varphi + \cos(2\omega t + \varphi_u + \varphi_i)]\mathrm{d}t = UI\cos\varphi \tag{6-28}$$

可见，有功功率代表无源单口网络实际消耗的功率，其大小不仅与电压、电流有效值的乘积有关，还与电压、电流的相位差（阻抗角）有关。

我们把 $\cos\varphi = \cos(\varphi_u - \varphi_i)$ 称为功率因数。记为 λ，即：

$$\lambda = \cos\varphi \tag{6-29}$$

有功功率的单位为瓦特，简称瓦，用 W 表示。工程上也常用 kW（千瓦）作计量，$1\mathrm{kW} = 10^3\,\mathrm{W}$。

工程上计量的功率和家用电器标记的功率都是周期量的平均功率，如热水器的功率为 1500W、日光灯的功率为 40W 等，指的都是有功功率，所以有功功率又被简称为功率。

下面根据单口网络的性质，讨论两种特殊情况下的有功功率：

（1）若无源单口网络仅由一个电阻组成，即 $\varphi = 0$，则 $\lambda = 1$，由式（6-28）可得电阻吸收的有功功率为：

$$P = \int_0^T p\,\mathrm{d}t = UI\cos\varphi = UI$$

因为

$$U = IR \quad \text{或} \quad I = \frac{U}{R}$$

所以电阻元件的有功功率为：

$$P = UI = I^2R = \frac{U^2}{R}$$

（2）若无源单口网络仅由一个电感或电容组成，即 $\varphi = \pm\dfrac{\pi}{2}$，则 $\lambda = 0$，可得电感或电容吸收的有功功率为

$$P = \int_0^T p\,\mathrm{d}t = UI\cos\varphi = 0$$

说明电感或电容不消耗能量。

6.6.3　无功功率

以式（6-27）中瞬时功率的可逆分量的幅值定义为无功功率，用大写字母 Q 表示。即：

$$Q = UI\sin\varphi \tag{6-30}$$

它表明了单口网络与外电路进行能量交换的规模。无功功率的单位用乏（var）或千乏（kvar）表示。

下面根据单口网络的性质，讨论三种特殊情况下的无功功率：

（1）若无源单口网络仅由一个电阻组成，即 $\varphi = 0$，由式（6-30）可得电阻的无功功率为零；

（2）若无源单口网络仅由一个电感组成，即 $\varphi = \dfrac{\pi}{2}$，可得电感的无功功率为：

$$Q_L = UI\sin\varphi = UI\sin\frac{\pi}{2} = UI = \omega L I^2 = \frac{U^2}{\omega L}$$

（3）若无源单口网络仅由一个电容组成，即 $\varphi = -\frac{\pi}{2}$，可得电容的无功功率为

$$Q_C = UI\sin\varphi = UI\sin\left(-\frac{\pi}{2}\right) = -UI = -\frac{1}{\omega C}I^2 = -\omega C U^2$$

6.6.4　视在功率

对于发电机、变压器等实际电气设备，规定了额定工作电压和额定工作电流，额定电压取决于电气设备的绝缘强度，额定电流受设备允许温升和机械强度的制约，因此电气设备容量的大小由电压和电流的乘积而定，称为视在功率，定义为：

$$S = UI \tag{6-31}$$

为了与有功功率相区别，其单位为伏安（V·A）或千伏安（kV·A）。有功功率、无功功率、视在功率的关系为：

$$S = \sqrt{P^2 + Q^2}$$

由此可见，视在功率、有功功率、无功功率组成一个直角三角形，如图 6-19 所示。

【例 6.8】　如图 6-20 所示，已知 $f = 50\,\text{Hz}$，且测得 $U = 50\,\text{V}$，$I = 1\,\text{A}$，$P = 30\,\text{W}$。用三表法求电感线圈的参数 R 及 L。

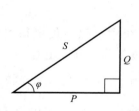

图 6-19　功率三角形

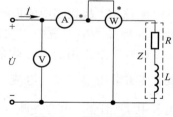

图 6-20　【例 6.8】图

【解】　方法（1）

功率表的读数表示电阻吸收的有功功率。由 $P = I^2 R$ 得，

$$R = \frac{P}{I^2} = \frac{30}{1} = 30\,\Omega$$

$$|Z| = \frac{U}{I} = \frac{50}{1} = 50\,\Omega$$

又由 $|Z| = \sqrt{R^2 + (\omega L)^2}$ 得

$$\omega L = \sqrt{|Z|^2 - R^2} = \sqrt{50^2 - 30^2} = 40\,\Omega$$

$$L = \frac{40}{\omega} = \frac{40}{2\pi f} = \frac{40}{2 \times 3.14 \times 50} = 127\,\text{mH}$$

方法（2）：功率表的读数表示线圈吸收的有功功率，由 $P = UI\cos\varphi$ 得

$$\cos\varphi = \frac{P}{UI} = \frac{30}{50 \times 1} = 0.6$$

$$\varphi = 53.13°$$

又由于

$$Z = R + j\omega L = |Z| \angle\varphi, \qquad |Z| = \frac{U}{I} = \frac{50}{1} = 50\Omega$$

则：

$$Z = 50\angle 53.13° = (30 + j40)$$

得 $R = 30\Omega$，$\omega L = 40\Omega$
因此

$$L = \frac{40}{\omega} = \frac{40}{2\pi f} = \frac{40}{2 \times 3.14 \times 50} = 127\text{mH}$$

6.6.5 功率因数的提高

从以上分析可以看出，当 $\cos\varphi$ 越大时，有功功率越接近视在功率。而为了充分有效地利用发电设备，总是希望有功功率尽可能接近视在功率。因此，在工程实际中，提高功率因数有很重要的意义。

功率因数的大小是表示发电设备功率被利用的程度。当负载的功率因数比较大时，则表示电路中有较大的有功功率，说明发电设备的利用率高且输电线路的损耗小。例如，一台容量为 100kW 的变压器，若负载的功率因数 $\lambda = 1$ 时，则此时变压器就能输出 100kW 的有功功率；若功率因数降到 $\lambda = 0.75$ 时，则此变压器只能输出 75kW 了，也就是说变压器容量未能充分利用。另外，由于 $I = \dfrac{P}{UI\cos\varphi}$，在一定电压和功率情况下，功率因数越高，则线路中的电流越小，故线路中的损耗也越小。

因此，需要研究提高功率因数的方法。在电力系统中，感性负载是主要用电设备。为此，要提高功率因数，最常用的方法就是在电感性负载两端并联电容器，如图 6-21(a) 所示，感性负载在未并联电容之前，电流 $\dot{I}_L$ 滞后于电压 $\dot{U}$ 为 φ_1 角。当并联电容后，电压不变时，感性负载中 $\dot{I}_L$ 不变，电容支路中有电流 $\dot{I}_C$ 超前 $\dot{U}$ 为 $\dfrac{\pi}{2}$。总电流 $\dot{I} = \dot{I}_L + \dot{I}_C$，$\dot{I}$ 与 $\dot{U}$ 之间相位差变小。所以，$\cos\varphi_2 > \cos\varphi_1$，这样就提高了电路的功率因数。应注意，所谓提高功率因数，并不是提高感性负载本身的功率因数，而是并联电容后，感性负载和电容并起来的功率因数比感性负载本身的功率因数提高了；也就是，电路的功率因数提高了，同时总电流 $\dot{I}$ 的有效值也减小了。

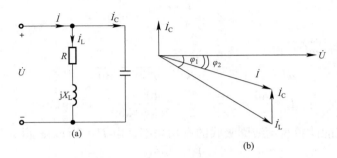

图 6-21 电感性负载并联电容器

并联电容的电容量如何选取呢？通常规定功率因数的标准值为 0.9。这是因为 C 过大，不仅成本高，而且功率因数大于 0.9 以后，再增大 C 值，对减小线路的电流作用不明显。

由图 6-21(b) 给出并联电容 C 的计算方法。

$$I_C = I_L \sin\varphi_1 - I\sin\varphi_2 = \frac{P}{U\cos\varphi_1}\sin\varphi_1 - \frac{P}{U\cos\varphi_2}\sin\varphi_2 = \frac{P}{U}(\tan\varphi_1 - \tan\varphi_2)$$

而 $I_C = \omega CU$，故有：

$$C = \frac{P}{\omega U^2}(\tan\varphi_1 - \tan\varphi_2) \tag{6-32}$$

【例 6.9】　电路如图 6-21(a) 所示，感性负载的功率为 10kW，功率因数为 0.6，供电电源为 220V、50Hz 交流电路。若将功率因数提高到 0.9，问并联多大的电容器？比较并联前后的总电流。

【解】　根据已知条件，求得：

$$\tan\varphi_1 = \tan(\arccos 0.6) = 1.333,$$
$$\tan\varphi_2 = \tan(\arccos 0.9) = 0.484$$

$$C = \frac{P}{\omega U^2}(\tan\varphi_1 - \tan\varphi_2) = \frac{10 \times 10^3}{2\pi \times 50 \times 220^2}(1.333 - 0.484) = 558\mu\text{F}$$

并联 C 前的电路总电流：

$$I = I_L = \frac{P}{U\cos\varphi_1} = \frac{10 \times 10^3}{220 \times 0.6} = 75.8\text{A}$$

并联 C 后的电路总电流：

$$I = \frac{P}{U\cos\varphi} = \frac{10 \times 10^3}{220 \times 0.9} = 50.5\text{A}$$

这表明，并联 C 后电路总电流减小了。

6.6.6　复功率

定义：任何一个无源二端网络的电压相量和电流相量的共轭复数的乘积定义为该二端网络的复功率，记为：

$$\begin{aligned}\overline{S} &= \dot{U}\dot{I}^* = UI\angle(\varphi_u - \varphi_i)\\ &= UI\cos\varphi + \text{j}UI\sin\varphi\\ &= P + \text{j}Q\end{aligned} \tag{6-33}$$

式中，$\dot{I}^*$ 为 $\dot{I}$ 的共轭复数。由式（6-33）可以看出复功率的实部为有功功率 P，虚部为无功功率 Q，复功率的模即为视在功率，其辐角即为功率因数角，即：

$$\begin{cases} |\overline{S}| = \sqrt{P^2 + Q^2} = S \\ \varphi_{\overline{S}} = \arctan\dfrac{Q}{P} = \varphi \end{cases} \tag{6-34}$$

对于不含独立源的一端口可以用等效阻抗 Z 和等效导纳 Y 替代，则复功率又可以表示为：

$$\overline{S} = \dot{U}\dot{I}^* = (\dot{I}Z)\dot{I}^* = I^2 Z$$
$$\overline{S} = \dot{U}\dot{I}^* = \dot{U}(Y\dot{U})^* = U^2 Y^*$$

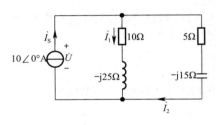

图 6-22 【例 6.10】图

这里需要注意的是：复功率 $\overline{S}$ 不代表正弦量，也不反映时域范围内的功和能，的关系，它只是一个计算量，通过这一计算量，可以很方便地求出电路的有功功率、无功功率及视在功率。可以证明，对整个电路复功率守恒，即有：

$$\sum \overline{S} = 0 \qquad \sum P = 0 \qquad \sum Q = 0$$

【例 6.10】 求图 6-22 所示电路各支路的复功率。

【解】 由已知条件，可得：

$$\dot{I}_1 = 10\angle 0° \times \frac{5-15j}{10+25j+5-15j} = 8.77\angle(-105.3°)\,\text{A}$$

$$\dot{I}_2 = \dot{I} - \dot{I}_1 = 10\angle 0° - 8.77\angle(-105.3°) = 14.94\angle 34.5°\,\text{A}$$

$$\overline{S}_{1\text{吸}} = I_1^2 Z_1 = 8.77^2 \times (10+25j) = (769+1921j)\,\text{V}\cdot\text{A}$$

$$\overline{S}_{2\text{吸}} = I_2^2 Z_2 = 14.94^2 \times (5-15j) = (1116-3341j)\,\text{V}\cdot\text{A}$$

$$\overline{S}_{\text{发}} = I_S^* \times I_1 Z_1 = 10 \times 8.77\angle(-105.3°) \times (10+25j) = (1885-1420j)\,\text{V}\cdot\text{A}$$

$$\overline{S}_{\text{发}} = \overline{S}_{1\text{吸}} + \overline{S}_{2\text{吸}}$$

6.7 最大功率传输

如图 6-23 所示电路中电源电压 $\dot{U}_S$，内阻抗 $Z_i = R_i + jX_i$ 均已确定，负载阻抗 $Z = R + jX$，且电阻 R 与 X 均可独立变化。讨论负载获取最大功率的条件。

负载获取的功率为：

$$P = I^2 R = \left[\frac{U_S}{\sqrt{(R+R_i)^2 + (X+X_i)^2}} \right]^2 R$$

$$= \frac{U_S^2}{\sqrt{(R+R_i)^2 + (X+X_i)^2}} R$$

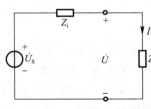

图 6-23 负载获取的功率

式中，R_i、X_i 及 U_S 为定值。若仅改变 X，使

$$X_i + X = 0$$

即：

$$X = -X_i$$

此时，P 为：

$$P = \frac{U_S^2}{\sqrt{(R+R_i)^2}} R$$

再讨论 P 随 R 变化的极值情况，与直流电阻电路或最大功率的分析方法相同，即令 $\dfrac{\mathrm{d}P}{\mathrm{d}R}$ 0，可得到负载获取最大功率时的 R 值，即：

$$R = R_i$$

结论：当负载阻抗 $Z = R + jX$ 满足下述条件

$$R = R_i, \qquad X = -X_i \tag{6-35}$$

即负载电阻与电源内阻抗为共轭复数时，负载获取最大功率，称为共轭匹配。此最大功率为：

$$P_{\max} = \frac{U_{\mathrm{S}}^2}{4R_{\mathrm{i}}}$$

【例6.11】 如图6-24所示电路，电源频率 $f = 10^8\,\mathrm{Hz}$，欲使电阻 R 吸收功率最大，则 C 和 R 各应为多大？并求此功率。

【解】 根据已知条件，得：

$$
\begin{aligned}
Z_{\mathrm{i}} &= R_{\mathrm{i}} + jX_{\mathrm{i}} = R_{\mathrm{i}} + j\omega L \\
&= 50 + j2\pi \times 10^8 \times 10^{-7} \\
&= 50 + 62.8j
\end{aligned}
$$

$$Z_2 = \frac{R(jX_{\mathrm{C}})}{R + jX_{\mathrm{C}}} = \frac{RX_{\mathrm{C}}^2 + jR^2 X_{\mathrm{C}}}{R^2 + X_{\mathrm{C}}^2}$$

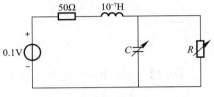

图6-24 【例6.11】图

根据负载获得最大功率的条件 $Z_2 = Z_1^*$，得：

$$\frac{RX_{\mathrm{C}}^2}{R^2 + X_{\mathrm{C}}^2} = 50, \qquad \frac{R^2 X_{\mathrm{C}}}{R^2 + X_{\mathrm{C}}^2} = -62.8$$

因此

$$R = 129\,\Omega$$
$$X_{\mathrm{C}} = -102.6\,\Omega$$

得：

$$C = -\frac{1}{\omega X_{\mathrm{C}}} = -\frac{1}{2\pi \times (-102.6)} = 15.5\,\mathrm{pF}$$

获得最大功率为：

$$P_{\max} = \frac{U^2}{4R_{\mathrm{i}}} = \frac{0.1^2}{4 \times 50} = 5 \times 10^{-5}\,\mathrm{W}$$

习　题

【6.1】 将下列复数化为极坐标形式：

(1) $F_1 = -4 + j3$；(2) $F_2 = 20 + j40$；(3) $F_3 = j10$；(4) $F_4 = -3$。

【6.2】 若 $100\angle 0° + A\angle 60° = 175\angle \varphi$，求 A 和 φ。

【6.3】 若已知两个同频正弦电压相量分别为 $\dot{U}_1 = 50\angle 30°\,\mathrm{V}$，$\dot{U}_2 = -100\angle(-150°)\,\mathrm{V}$，其频率 $f = 100\,\mathrm{Hz}$。求：

(1) u_1、u_2 的时域形式；

(2) u_1 与 u_2 的相位差 φ。

【6.4】 某一元件的电压、电流（关联方向）分别为下述两种情况时，它可能是什么元件？

(1) $\begin{cases} u = 10\cos(10t + 45°)\,\mathrm{V} \\ i = 2\sin(10t + 135°)\,\mathrm{A} \end{cases}$；
　　　　　(2) $\begin{cases} u = 10\cos(314t + 45°)\,\mathrm{V} \\ i = 2\cos(314t)\,\mathrm{A} \end{cases}$

【6.5】 如图6-24所示电路中，$\dot{I}_{\mathrm{S}} = 2\angle 0°\,\mathrm{A}$。求电压 $\dot{U}$。

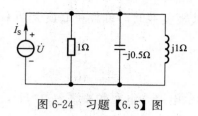

图 6-24 习题【6.5】图

答 案

【6.1】 (1) $F_1=5\angle143.13°$; (2) $F_2=44.72\angle63.43°$; (3) $F_3=10\angle90°$; (4) $F_4=3\angle180°$。

【6.2】 $A=102.1$, $\varphi=30.34°$。

【6.3】

(1) $u_1=50\sqrt{2}\cos(628t+30°)\mathrm{V}$,

$u_2=100\sqrt{2}\cos(628t+30°)\mathrm{V}$。

(2) 相位差 φ 为:

$$\varphi=30°-30°=0$$

【6.4】 (1) $\varphi=0°$, 电阻。$R=\dfrac{10}{2}=5\Omega$。

(2) $\varphi=45°$, 非单一的无源元件, 可能为 RL 电路。

【6.5】

$$\dot{U}=\sqrt{2}\angle(-45°)\mathrm{V}$$

第7章 谐振电路

谐振现象是在交流电路中出现的一种特殊的电路状态。当电路发生谐振时，会使电路中的某部分出现高于激励的电压（或电流），或者出现电压（或电流）为零的情况。一方面，这些情况有可能破坏系统的正常工作状态或者对设备造成损害；另一方面，利用谐振的特点，可以实现许多具有特殊功能的电路。所以，研究谐振现象及谐振电路有重要的实际意义。

7.1 网络函数

7.1.1 网络函数的定义与物理意义

7.1 网络函数

由于电路和系统中存在着电感和电容，当电路中激励源的频率变化时，电路中的感抗、容抗将跟随频率变化，从而导致电路的工作状态亦跟随频率变化。当频率的变化超出一定的范围时，电路将偏离正常的工作范围，并可能导致电路失效，甚至使电路遭到损坏。此外，电路和系统还可能遭到外部的各种频率的电磁干扰，如雷电或太阳风暴对电路和系统的袭击而造成的破坏，所以，对电路和系统的频率特性的分析研究就显得格外重要。

电路和系统的工作状态跟随频率而变化的现象，称为电路和系统的频率特性，又称频率响应，通常是采用单输入（一个激励变量）－单输出（一个输出变量）的方式，在输入变量和输出变量之间建立函数关系，来描述电路的频率特性，这一函数关系就称为电路和系统的网络函数。本章仅对正弦稳态电路的频率特性作初步分析和研究。

电路在一个正弦电源激励下稳定时，各部分的响应都是同频率的正弦量，通过正弦量的相量，网络函数 $H(j\omega)$ 定义为：

$$H(j\omega) = \frac{\dot{R}_k(j\omega)}{\dot{E}_{sj}(j\omega)}$$

此式定义的网络函数是描述正弦稳态下响应与激励之间的一种关系。式中，$\dot{R}_k(j\omega)$ 为输出端口 k 的响应，为电压相量 $\dot{U}_k(j\omega)$ 或电流相量 $\dot{I}_k(j\omega)$；$\dot{E}_{sj}(j\omega)$ 为输入端口 j 的输入变量（正弦激励），为电压源相量 $\dot{U}_{sj}(j\omega)$ 或电流源相量 $\dot{I}_{sj}(j\omega)$。显然，网络函数有多种类型，当 $k=j$ 时（同一端口），网络函数就是阻抗 $Z\left(\dfrac{\dot{U}_k}{\dot{I}_{sk}}\right)$ 或导纳 $Y\left(\dfrac{\dot{I}_k}{\dot{U}_{sk}}\right)$，称为驱动点阻抗或导纳。当 $k \neq j$ 时，即不同端口，统称为转移函数，分别为转移阻抗 $\left(\dfrac{\dot{U}_k}{\dot{I}_{sj}}\right)$、转移电流比 $\left(\dfrac{\dot{I}_k}{\dot{I}_{sj}}\right)$、转移导纳 $\left(\dfrac{\dot{I}_k}{\dot{U}_{sj}}\right)$ 和转移电压比 $\left(\dfrac{\dot{U}_k}{\dot{U}_{sj}}\right)$。

网络函数不仅与电路的结构、参数值有关，还与输入、输出变量的类型及端口对的相互位置有关。这犹如从不同"窗口"来分析研究网络的频率特性，可以从不同角度寻找电路比较优越的频率特性和电路工作的最佳频域范围。网络函数是网络性质的一种体现，与输入、输出幅值无关。

7.1.2 网络函数的应用

网络函数是一个复数，它的频率特性分为两个部分。它的模（值）$|H(j\omega)|$ 是两个正弦量的有效值（或振幅）的比值，它与频率的关系 $|H(j\omega)| - \omega$ 称为幅频特性。它的幅角 $\varphi(j\omega) = \arctan[H(j\omega)]$ 是两个同频正弦量的相位差（又称相移），它与频率的关系 $\varphi(j\omega) - \omega$ 称为相频特性。这两种特性与频率的关系，都可以在图上用曲线表示，称为网络的频率响应曲线，即幅频响应和相频响应曲线。

网络函数可以用相量法中任一分析求解方法获得。

【例 7.1】 求图 7-1 所示电路的网络函数 $\dfrac{\dot{I}_2}{\dot{U}_S}$ 和 $\dfrac{\dot{U}_L}{\dot{U}_S}$。

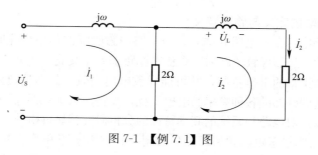

图 7-1 【例 7.1】图

【解】 列网孔电流方程解电流 $\dot{I}_2$

$$(2+j\omega)\dot{I}_1 - 2\dot{I}_2 = \dot{U}_S$$

$$-2\dot{I}_1 + (4+j\omega)\dot{I}_2 = 0$$

解得，$\dot{I}_2$ 为：

$$\dot{I}_2 = \frac{2\dot{U}_S}{4+(j\omega)^2 + j6\omega}$$

网络函数分别为：

$$\frac{\dot{I}_2}{\dot{U}_S} = \frac{2}{4-\omega^2 + j6\omega}$$

$$\frac{\dot{U}_L}{\dot{U}_S} = \frac{2j\omega}{4-\omega^2 + j6\omega}$$

本例也可以求得 $\dfrac{\dot{I}_1}{\dot{U}_S}$（驱动点导纳）。如果将 $\dot{U}_S$ 改为 $\dot{I}_S$，即可求得其他形式的网络函数。

以网络函数中（$j\omega$）的最高次方的次数来定义网络函数的阶数，如本例为 2 阶（与网络的阶数相同）。一旦获得端口对的网络函数，也就能求得网络在任意正弦输入时的端口正弦响应，即有：

$$\dot{U}_{k}（或 \dot{I}_{k}）=H(j\omega)\dot{U}_{Sj}（或 \dot{I}_{Sj}）$$

网络函数等于单位激励（$\dot{U}_{Sj}$（或 $\dot{I}_{Sj}$）为 1 单位量）（U 或 i，为 1 单位量的响应）。

7.2　RLC 串联谐振电路

7.2 RLC 串
联谐振电路

7.2.1　谐振的定义

谐振现象是电路中可能产生的一种特殊现象。实际电路中，它既被广泛地应用，有时又需要避免谐振情况的发生，所以对谐振现象的研究有着重要的意义。

对于任一个由电阻、电感和电容组成的无源二端网络，其入端复阻抗或复导纳通常和电路的频率有关。如果在某种条件下，复阻抗或复导纳的虚部为零，此时电路呈电阻性，使端口电压和电流同相，这种现象称为谐振。下面，分别讨论串联谐振和并联谐振。

7.2.2　串联谐振的条件

当电路中含有电容元件和电感元件时，如果电路的固有频率与外加激励的频率相同时，称电路发生谐振。

图 7-2 所示为 RLC 串联电路，在角频率为 ω 的正弦电压作用下，该电路的复阻抗为：

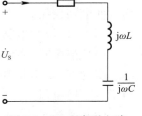

$$Z=R+j\omega L-j\frac{1}{\omega C}$$
$$=R+j(X_{L}-X_{C})$$
$$=R+jX=|Z|\angle\varphi$$

图 7-2　RLC 串联电路

其中，$|Z|=\sqrt{R^{2}+X^{2}}=\sqrt{R^{2}+\left(\omega L-\dfrac{1}{\omega C}\right)^{2}}$。

回路中电流

$$\dot{I}=\frac{\dot{U}_{S}}{Z}=\dot{U}_{S}Y$$

当电路中电源电压的角频率 ω、电路的参数 L 和 C 满足一定的条件，恰好使感抗和容抗大小相等时，即 $X_{L}=X_{C}$ 时，则电路中电抗为零，即 $X=X_{L}-X_{C}=0$。此时，电路中的电流与电源电压在给定参考方向一致的情况下就出现了同相位的情况。电路出现的这种现象称为谐振现象。

在 RLC 串联电路中，电压与电流的参考方向一致的情况下，电路端电压与电路电流的相位相同的现象，称为串联谐振。

串联电路发生谐振的条件是：

$$X_{L}-X_{C}=0 \quad 或 \quad X_{L}=X_{C}$$

即：

$$\omega_{0}L-\frac{1}{\omega_{0}C}=0 \quad 或 \quad \omega_{0}L=\frac{1}{\omega_{0}C}$$

ω_{0} 表示 RLC 串联电路谐振时的角频率称为谐振角频率。其中，L 的单位为 H，C 的单位为 F，ω 的单位为 rad/s。

根据谐振条件，在谐振时

$$\omega_0 = \frac{1}{\sqrt{LC}} \tag{7-1}$$

而 $\omega_0 = 2\pi f_0$

因此

$$f_0 = \frac{1}{2\pi\sqrt{LC}} \tag{7-2}$$

f 称为串联电路的谐振频率。从上式可以看出，串联电路谐振频率的大小是由电路中的 L 和 C 参数决定的，与 R 无关。它反映了串联电路的一种固有性质。f 的单位为 Hz。

如果电感 L 和电容 C 的量值固定不变，可改变电源频率使电路谐振。

改变电容或电感，都能改变电路的固有频率 f_0，使 f_0 等于电源频率 f_s，电路就出现谐振现象。调节 L 或 C 而使电路谐振的过程，称为调谐。

由谐振条件可知：

调电感为：
$$L = \frac{1}{\omega_0^2 C} \tag{7-3}$$

调电容为：
$$C = \frac{1}{\omega_0^2 L} \tag{7-4}$$

均可使电路谐振。

当 RLC 串联电路发生谐振时，电路具有下列特征：

（1）谐振时，阻抗最小且为纯电阻。

因为 RLC 串联电路发生谐振时，其电抗 $X=0$，所以电路的阻抗 $Z=R+jX=R$，相当于一个纯电阻。

（2）谐振时，电路中电流最大，并且与外加电源电压同相位。

设谐振时的电流、复阻抗和复导纳分别以 $\dot{I}_0$、Z_0 和 Y_0 表示，则：

$$\dot{I}_0 = \frac{\dot{U}_S}{Z_0} = \dot{U}_S Y = \frac{\dot{U}_S}{R} \tag{7-5}$$

由于谐振时 Z 为最小，所以 $\dot{I}_0$ 为最大，且与 $\dot{U}_S$ 同相。此时，电流与电压同相，电流的有效值达到了最大，并且电流的大小完全取决于电阻值的大小，与电感和电容值无关。这是串联谐振电路一个很重要的特征，根据它就可以断定电路发生了谐振。

（3）谐振时，电路的电抗为零，感抗和容抗相等并等于电路的特性阻抗 r。

谐振时阻抗的值最小，而阻抗角 $\varphi=0$。虽然 $X=0$，但是，此时 X_L 和 X_C 均不为零，则：

$$r = \omega_0 L = \frac{1}{\omega_0 C} = \sqrt{\frac{L}{C}} \tag{7-6}$$

r 称为电路的特性阻抗，单位为 Ω。它的大小只由构成电路的元件参数 L 和 C 决定，而与谐振频率的大小无关。r 是衡量电路特性的一个重要参数。

（4）谐振时，电感与电容两端电压相等且相位相反，其大小为电源电压 U_S 的 Q 倍。

设谐振时，电感上电压有效值为 U_{L0}，电容上电压有效值为 U_{C0}，则：

$$U_{L0} = I_0 X_L = \frac{U_S}{R}\omega_0 L = \frac{\omega_0 L}{R}U_S$$

$$U_{C0} = I_0 X_C = \frac{U_S}{R} \frac{1}{\omega_0 C} = \frac{1}{\omega_0 CR} U_S$$

若令：

$$Q = \frac{\omega_0 L}{R} = \frac{1}{\omega_0 CR} \tag{7-7}$$

则
$$U_{L0} = U_{C0} = QU_S \tag{7-8}$$

因此，即使外加电源电压不高，谐振时电路元件上的电压仍可能很高（因 $U_{L0} = U_{C0} = QU_S$）。特别对于电力电路来说，这就必须注意到元件的耐压问题和设法避免串联谐振。

谐振时，电路中电感（或电容）的无功功率与电路中有功功率的比值，或者是电路中的感抗值（或容抗值）与电路电阻的比值定为串联谐振电路的品质因数。用 Q 来表示，如式（7-8）所示。

【例 7.2】 已知 RLC 串联电路中的 $L = 30\mu H$，$C = 211pF(1pF = 10^{-12}F)$，$R = 9.4\Omega$，电源电压 $U_S = 100\mu V$。若电路产生串联谐振，试求电源频率 f_S、回路的特性阻抗 r、回路的品质因数 Q 及 U_{C0}。

【解】 由已知条件，得电源频率为：

$$\begin{aligned} f_S &= \frac{1}{2\pi\sqrt{LC}} \\ &= \frac{1}{2 \times 3.14\sqrt{30 \times 10^{-6} \times 211 \times 10^{-12}}} \\ &= 2MHz \end{aligned}$$

回路的特性阻抗 r 为：

$$r = \sqrt{\frac{L}{C}} = \sqrt{\frac{30 \times 10^{-6}}{211 \times 10^{-12}}} = 377\Omega$$

回路的品质因数 Q 为：

$$Q = \frac{\omega_0 L}{R} = \frac{r}{R} = \frac{377}{9.4} = 40$$

$$U_{C0} = QU_S = 40 \times 100 \times 10^{-6} = 4mV$$

7.3　GLC 并联谐振电路

串联谐振电路适用于信号源内阻小的情况。如果信号源内阻很大，采用串联谐振电路将严重地降低回路的品质因数，从而使电路的选择性变坏。因此，宜采用并联谐振电路，如图 7-3 所示。

在分析与研究并联谐振电路时，采用复导纳是比较方便的。并联谐振电路的总导纳为：

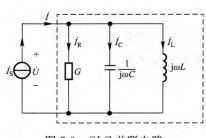

图 7-3　GLC 并联电路

$$Y = G + j\left(\omega C - \frac{1}{\omega L}\right) = G + j(B_C - B_L) = G + jB$$

当回路总导纳中的电纳部分 $B = 0$ 时，回路端电压 $\dot{U}$ 与总电流 $\dot{I}_S$ 同相，该并联电路将发生谐振。由此可知，并联电路发生谐振的条件是：

$$B = \omega_p C - \frac{1}{\omega_p L} = 0$$

ω_p 表示 GLC 并联电路谐振时的谐振角频率。谐振角频率 ω_p 和谐振频率 f_p 分别为：

$$\omega_p = \frac{1}{\sqrt{LC}} \tag{7-9}$$

$$f_p = \frac{1}{2\pi\sqrt{LC}} \tag{7-10}$$

同样，该频率也是并联电路的固有频率。

当 GLC 并联电路发生谐振时，电路具有下列特征：

(1) 谐振时电路阻抗为最大值，电路导纳为最小值。

在谐振时，电路复导纳 $Y = G + jB = G$，为一实数且其模值为最小。因此，谐振阻抗模值为最大。

(2) 谐振时，由于电路阻抗为纯电阻，电路端电压为最大且与电流同相。

由于谐振时，导纳最小，谐振时端口电压的有效值为最大，即：

$$U = \frac{I_S}{G} \tag{7-11}$$

根据这一现象，可以判定电路是否达到并联谐振。

(3) 谐振时，电感支路电流与电容支路电流有效值相等并为电流源电流的 Q 倍。

并联谐振回路的品质因数 Q 定义为感纳（或容纳）与电导之比，即：

$$Q = \frac{\frac{1}{\omega_0 L}}{G} = \frac{\omega_p C}{G} \tag{7-12}$$

并联谐振时，电感支路和电容支路的电流分别为：

$$\dot{I}_{Cp} = j\omega_p C \dot{U} = j\frac{\omega_p C}{G}\dot{I}_S = jQ\dot{I}_S$$

$$\dot{I}_{Lp} = -j\frac{1}{\omega_p L}\dot{U} = -j\frac{1}{\omega_p LG}\dot{I}_S = -jQ\dot{I}_S$$

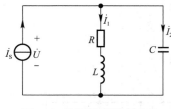

图 7-4 实际并联谐振电路

由于 $\dot{I}_L$ 和 $\dot{I}_C$ 大小相等，相位相反，因此电流之和为零。如果 Q 很大，则谐振时电感和电容中的电流要比电流源电流大得多。

工程上，并联谐振电路是由电感和电容并联而成。其中，电感的损耗常常不能忽略，它的作用用电阻 R 表示，电路如图 7-4 所示。

电路的输入导纳

$$Y = \frac{1}{R + j\omega L} + j\omega C$$

$$= \frac{R}{R^2 + (\omega L)^2} + j\left[\omega C - \frac{\omega L}{R^2 + (\omega L)^2}\right] \tag{7-13}$$

令式 (7-13) 中复导纳的虚部为零，得到这个电路发生并联谐振的条件为：

$$\omega_p C = \frac{\omega_p L}{R^2 + (\omega_p L)^2} \tag{7-14}$$

解出谐振角频率

$$\omega_{\mathrm{p}} = \sqrt{\frac{1}{LC} - \frac{R^2}{L^2}} \tag{7-15}$$

由式（7-15）可知，电路能否达到谐振要看根号内的值是正还是负，当 $R > \sqrt{\dfrac{L}{C}}$ 时，ω_{p} 为

虚数，电路不可能谐振；当 $R < \sqrt{\dfrac{L}{C}}$ 时，ω_{p} 为实数，电路存在谐振频率。

习　　题

【7.1】　求解图 7-5 中所示电路的转移电压比 $\dfrac{\dot{U}_2}{\dot{U}_1}$ 和驱动点导纳 $\dfrac{\dot{I}_1}{\dot{U}_1}$。

【7.2】　图 7-6 中当 $\omega = 5000\,\mathrm{rad/s}$ 时，RLC 串联电路发生谐振，已知 $R = 5\,\Omega$，$L = 400\,\mathrm{mH}$，端电压 $U = 1\,\mathrm{V}$。求 C 的值和电路中的电流和各元件电压的瞬时表达式。

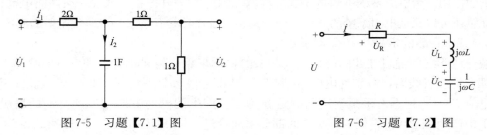

图 7-5　习题【7.1】图　　　　　　图 7-6　习题【7.2】图

【7.3】　已知 RLC 串联电路中端口电源电压 $U = 10\,\mathrm{mV}$。当电路元件的参数为 $R = 5\,\Omega$，$L = 20\,\mu\mathrm{H}$，$C = 200\,\mathrm{pF}$ 时，若电路产生串联谐振，求电源频率 f、回路的特性阻抗 r、品质因数 Q 及 U_{C}。

答　　案

【7.1】

$$\frac{\dot{U}_2}{\dot{U}_1} = \frac{1}{4(1+\mathrm{j}\omega)}, \qquad \frac{\dot{I}_1}{\dot{U}_1} = \frac{1+2\mathrm{j}\omega}{4(1+\mathrm{j}\omega)}$$

【7.2】

$$C = 0.1\,\mu\mathrm{F}$$
$$i(t) = 0.2\sqrt{2}\cos(5000t)\,\mathrm{A}$$
$$u_{\mathrm{R}}(t) = \sqrt{2}\cos(5000t)\,\mathrm{V}$$
$$u_{\mathrm{L}}(t) = 400\sqrt{2}\cos(5000t + 90°)\,\mathrm{V}$$
$$u_{\mathrm{C}}(t) = 400\sqrt{2}\cos(5000t - 90°)\,\mathrm{V}$$

【7.3】

$$f = 2.52 \times 10^6\,\mathrm{Hz}, \qquad r = 316.23\,\Omega, \qquad Q = 63.25, \qquad U_{\mathrm{C}} = 0.63\,\mathrm{V}。$$

第8章 互感电路

工程中，含有互感线圈的耦合电路有着广泛的应用。本章主要介绍互感电路的基本概念、互感电路的分析方法，还介绍理想变压器理论的工程意义和变压器的主要性能。

8.1 互感电路的基本概念

8.1 互感电路
的基本概念

8.1.1 工程意义

互感这个名字并不是指电感本身的共享，而是指电感的相互作用：一个线圈的电气特性会影响附近线圈的电气特性。互感作用体现在电力系统中，起到变流和电气隔离的作用。为电力系统中测量仪表、继电保护等二次设备获取电气一次回路电流信息，同时互感还可以保证电力系统的安全、经济运行。变压器是互感另一个非常重要的应用。

8.1.2 互感的定义

载流线圈之间通过彼此的磁场相互联系的物理现象称为磁耦合。如图 8-1 所示，为两个有耦合的载流线圈，分别为电感 L_1 和 L_2，线圈的匝数分别为 N_1 和 N_2，载流线圈 1 中通入电流 i_1 时，根据右手螺旋法则确定施感电流产生的磁通方向和彼此交链的情况。在线圈 1 中产生磁通 Ψ_{11}；同时，Ψ_{11} 的部分磁通穿过交链线圈 2 时产生的磁通链设为 Ψ_{21}，这部分磁通称为互感磁通。两线圈间有磁的耦合。

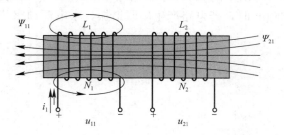

图 8-1 耦合线圈

定义 Ψ 为磁链，$\Psi = N$

空心线圈，Ψ 与 i 成正比。当只有一个线圈时：

$$\Psi_1 = \Psi_{11} = L_1 i_1$$

式中，L_1 为自感系数，单位为亨（H）。

当两个线圈都有电流时，每一线圈的磁链为自磁链与互磁链的代数和：

$$\Psi_1 = \Psi_{11} \pm \Psi_{12} = L_1 i_1 \pm M_{12} i_2$$

$$\Psi_2 = \Psi_{22} \pm \Psi_{21} = L_2 i_2 \pm M_{21} i_1$$

称 M_{12}、M_{21} 为互感系数，单位为亨（H）。

注意：

（1）M 值与线圈的形状、几何位置、空间媒质有关，与线圈中的电流无关，满足 $M_{12}=M_{21}$。

（2）L 总为正值，M 值有正有负。

8.1.3　耦合系数

用耦合系数 k 表示两个线圈磁耦合的紧密程度。

$$k \overset{\text{def}}{=\!=} \frac{M}{\sqrt{L_1 L_2}} \leqslant 1$$

$k=1$，称全耦合，漏磁 $F_{s1}=F_{s2}=0$ 满足：$F_{11}=F_{21}$，$F_{22}=F_{12}$

$$k = \frac{M}{\sqrt{L_1 L_2}} = \sqrt{\frac{M^2}{L_1 L_2}} = \sqrt{\frac{(Mi_1)(Mi_2)}{L_1 i_1 L_2 i_2}} = \sqrt{\frac{\Psi_{12}\Psi_{21}}{\Psi_{11}\Psi_{22}}} \leqslant 1$$

耦合系数 k 与线圈的结构、相互几何位置、空间磁介质有关。

8.1.4　耦合电感的电压电流关系

当 i_1 为时变电流时，磁通也将随时间变化，从而在线圈两端产生感应电压。

当 i_1、u_{11}、u_{21} 方向与 F 符合右手螺旋时，根据电磁感应定律和楞次定律：

自感电压：
$$u_{11} = \frac{\mathrm{d}\Psi_{11}}{\mathrm{d}t} = L_1 \frac{\mathrm{d}i_1}{\mathrm{d}t}$$

互感电压：
$$u_{21} = \frac{\mathrm{d}\Psi_{21}}{\mathrm{d}t} = M \frac{\mathrm{d}i_1}{\mathrm{d}t}$$

当两个线圈同时通以电流时，每个线圈两端的电压均包含自感电压和互感电压。

$$\Psi_1 = \Psi_{11} \pm \Psi_{12} = L_1 i_1 \pm M_{12} i_2$$
$$\Psi_2 = \Psi_{22} \pm \Psi_{21} = L_2 i_2 \pm M_{21} i_1$$

$$\begin{cases} u_1 = u_{11} + u_{12} = L_1 \dfrac{\mathrm{d}i_1}{\mathrm{d}t} \pm M \dfrac{\mathrm{d}i_2}{\mathrm{d}t} \\[2mm] u_2 = u_{21} + u_{22} = \pm M \dfrac{\mathrm{d}i_1}{\mathrm{d}t} + L_2 \dfrac{\mathrm{d}i_2}{\mathrm{d}t} \end{cases}$$

在正弦交流电路中，其相量形式的方程为：

$$\begin{cases} \dot{U}_1 = \mathrm{j}\omega L_1 \dot{I}_1 \pm \mathrm{j}\omega M \dot{I}_2 \\[2mm] \dot{U}_2 = \pm \mathrm{j}\omega M \dot{I}_1 + \mathrm{j}\omega L_2 \dot{I}_2 \end{cases}$$

两线圈的自磁链和互磁链相助，互感电压取正，否则取负。这表明，互感电压的正、负：

（1）与电流的参考方向有关；

（2）与线圈的相对位置和绕向有关。

8.1.5　同名端

对互感电压，因产生该电压的电流在另一线圈上，因此，要确定其符号，就必须知道两个线圈的绕向。这在电路分析中显得很不方便。为解决这个问题引入同名端的概念。

对自感电压，当 u, i 取关联参考方向，u、i 与 F 符合右螺旋定则，其表达式为：

$$u_{11} = \frac{\mathrm{d}\Psi_{11}}{\mathrm{d}t} = N_1 \frac{\mathrm{d}\Phi_{11}}{\mathrm{d}t} = L_1 \frac{\mathrm{d}i_1}{\mathrm{d}t}$$

上式说明，对于自感电压由于电压电流为同一线圈上的，只要参考方向确定了，其数学描述便可很容易地写出，而不用考虑线圈绕向。

当两个电流分别从两个线圈的对应端子同时流入或流出，若所产生的磁通相互加强时，则这两个对应端子称为两互感线圈的同名端。如图 8-2 所示，同名端用一组 "·" "＊" 或 "△" 来表示，同一组同名端有相同的符号。引入同名端的概念后，可以用带有互感 M 和同名端标记的电感元件表示耦合电感。如图 8-2 所示，同名端已经两两标示。

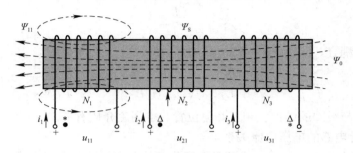

图 8-2　耦合电感的同名端

在图 8-2 中，满足如下的关系式：

$$u_{21} = M_{21} \frac{\mathrm{d}i_1}{\mathrm{d}t} \qquad u_{31} = -M_{31} \frac{\mathrm{d}i_1}{\mathrm{d}t}$$

确定同名端的方法：

（1）当两个线圈中电流同时由同名端流入（或流出）时，两个电流产生的磁场相互增强。如图 8-3(a) 所示，当从 1 端流入电流 i 时，在绕组中产生磁场；如果想使磁场相互增强，必须将 2 设置为同名端。

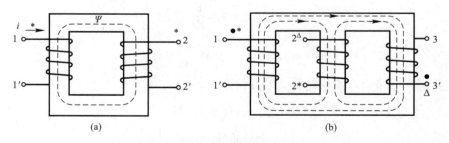

图 8-3　确定同名端的方法

（2）当随时间增大的时变电流从一线圈的一端流入时，将会引起另一线圈相应同名端的电位升高。

有了同名端，表示两个线圈相互作用时，就不需考虑实际绕向，而只画出同名端及 u、i 参考方向即可。如图 8-4 所示。

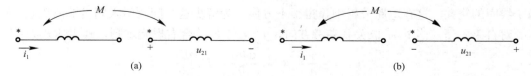

图 8-4　同名端与互感系数的关系

在图 8-4(a) 中，

$$u_{21} = M \frac{\mathrm{d}i_1}{\mathrm{d}t}$$

相应地，在图 8-4(b) 中，

$$u_{21} = -M \frac{\mathrm{d}i_1}{\mathrm{d}t}$$

【例 8.1】　写出图 8-5 所示各电路的电压、电流关系式。

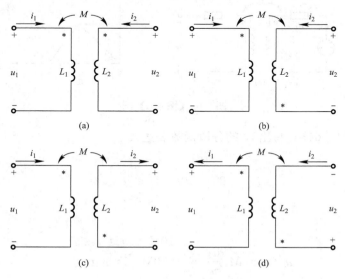

图 8-5　【例 8.1】图

【解】　电流分别从两端流入或流出，同名端也都已标出。

图 (a) 中，电流 i_1 和 i_2 都从同名端流入且都为关联参考方向，所以电压 u_1 和 u_2 的自感和互感是增强，故 L 和 M 的符号都为正；

图 (b) 中，电流 i_1 和 i_2 从同名端分别流入和流出，而各自的电压和电流都为关联参考方向。所以 L_1 的自电感为正，而互电感为负；L_2 的自电感为正，互电感为负；

图 (c) 中，L_1 的电压和电流是关联参考方向，电流从同名端流入，自电感为正；L_2 的电压和电流是非关联参考方向，电流从同名端流入，自电感为负；两个电流都从同名端流入，互感对自感起到增强作用，所以 u_1 和 u_2 的 L 和 M 同为正或同为负；

图 (d) 中，L_1 的电压和电流是关联参考方向，电流从同名端流出，自电感为负；L_2 的电压和电流是关联参考方向，电流从同名端流出，自电感为负；两个电流都从同名端流出，互感对自感起增强作用，所以 u_1 和 u_2 的 L 和 M 同为正或同为负。

于是，对图 (a)～(d) 分别有如下的几组关系式：

(a)　$u_1 = L_1 \dfrac{\mathrm{d}i_1}{\mathrm{d}t} + M \dfrac{\mathrm{d}i_2}{\mathrm{d}t}$　　　$u_2 = M \dfrac{\mathrm{d}i_1}{\mathrm{d}t} + L_2 \dfrac{\mathrm{d}i_2}{\mathrm{d}t}$

(b)　$u_1 = L_1 \dfrac{\mathrm{d}i_1}{\mathrm{d}t} - M \dfrac{\mathrm{d}i_2}{\mathrm{d}t}$　　　$u_2 = -M \dfrac{\mathrm{d}i_1}{\mathrm{d}t} + L_2 \dfrac{\mathrm{d}i_2}{\mathrm{d}t}$

(c)　$u_1 = L_1 \dfrac{\mathrm{d}i_1}{\mathrm{d}t} + M \dfrac{\mathrm{d}i_2}{\mathrm{d}t}$　　　$u_2 = -M \dfrac{\mathrm{d}i_1}{\mathrm{d}t} - L_2 \dfrac{\mathrm{d}i_2}{\mathrm{d}t}$

(d) $u_1 = -L_1 \dfrac{di_1}{dt} - M \dfrac{di_2}{dt}$ $u_2 = -M \dfrac{di_1}{dt} - L_2 \dfrac{di_2}{dt}$

注意：自感 L 和互感 M 前的符号为"＋"还是"－"，要根据电流是否从同名端流入，以及是增强还是减弱来决定。

【例 8.2】 如图 8-6(a) 所示电路，已知 $R_1 = 10\Omega$，$L_1 = 5\mathrm{H}$，$L_2 = 2\mathrm{H}$，$\mathrm{M} = 1\mathrm{H}$，求 $u(t)$ 和 $u_2(t)$。

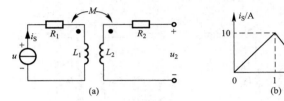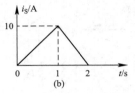

图 8-6 【例 8.2】图

【解】 根据图 8-6(b) 写出 i_S 的分段函数表达式

$$i_S = \begin{cases} 10t & 0 \leqslant t \leqslant 1\mathrm{s} \\ 20 - 10t & 1\mathrm{s} \leqslant t \leqslant 2\mathrm{s} \\ 0 & 2\mathrm{s} \leqslant t \end{cases}$$

可得

$$u_2(t) = M\frac{di_S}{dt} = \begin{cases} 10\mathrm{V} & 0 \leqslant t \leqslant 1\mathrm{s} \\ -10\mathrm{V} & 1\mathrm{s} \leqslant t \leqslant 2\mathrm{s} \\ 0 & 2\mathrm{s} \leqslant t \end{cases}$$

$$u(t) = R_1 i_S + L_1\frac{di_S}{dt} = \begin{cases} 100t + 50\mathrm{V} & 0 \leqslant t \leqslant 1\mathrm{s} \\ -100t + 150\mathrm{V} & 1\mathrm{s} \leqslant t \leqslant 2\mathrm{s} \\ 0 & 2\mathrm{s} \leqslant t \end{cases}$$

8.2 互感电路的分析

8.2 互感电路的分析

对含有互感的电路进行正弦稳态分析时，可以采用相量法，要注意耦合电感上的电压必须包含自感电压和互感电压两部分，对于电感强度是增强还是减弱要根据同名端和电流方向来确定。在列写 KVL 方程时，要正确使用同名端来计算互感电压，必要时可以带入受控源表示互感电压的作用。互感电路的电压不仅与本支路的电流有关，还与其相耦合的其他支路的电流有关，列写结点电压方程时要另行处理。

8.2.1 耦合电感的串联

耦合电感的串联形式分两种：一种为顺接串联；另一种为反接串联。

1. 顺接串联

当同一电流 i 从耦合电感线圈的两个同名端均为流入（流出）时，这种串联形式为顺接串联，如图 8-7 所示。

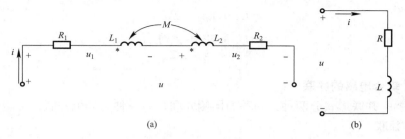

图 8-7　顺接串联

根据同名端和互感的分析，写出如下关系式：

$$u = R_1 i + L_1 \frac{\mathrm{d}i}{\mathrm{d}t} + M \frac{\mathrm{d}i}{\mathrm{d}t} + L_2 \frac{\mathrm{d}i}{\mathrm{d}t} + M \frac{\mathrm{d}i}{\mathrm{d}t} + R_2 i$$

$$= (R_1 + R_2)i + (L_1 + L_2 + 2M)\frac{\mathrm{d}i}{\mathrm{d}t} = Ri + L\frac{\mathrm{d}i}{\mathrm{d}t}$$

可将图 8-7(a) 化简为去耦等效电路如图 8-7(b) 所示。其中：

$$R = R_1 + R_2 \qquad L = L_1 + L_2 + 2M$$

2. 反接串联

当同一电流 i 从耦合电感线圈的两个同名端的一个流入、另一个流出时，这种串联形式为反接串联，如图 8-8 所示。

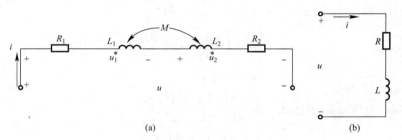

图 8-8　反接串联

根据同名端和互感的分析，写出如下关系式：

$$u = R_1 i + L_1 \frac{\mathrm{d}i}{\mathrm{d}t} \quad M \frac{\mathrm{d}i}{\mathrm{d}t} + L_2 \frac{\mathrm{d}i}{\mathrm{d}t}$$

$$M \frac{\mathrm{d}i}{\mathrm{d}t} + R_2 i = (R_1 + R_2)i + (L_1 + L_2 - 2M)\frac{\mathrm{d}i}{\mathrm{d}t} = Ri + L\frac{\mathrm{d}i}{\mathrm{d}t}$$

可将图 8-8(a) 化简为去耦等效电路如图 8-8(b) 所示。其中：

$$R = R_1 + R_2 \qquad L = L_1 + L_2 - 2M$$

注意：从 $L = L_1 + L_2 - 2M \geqslant 0$

可得出：

$$M \leqslant \frac{1}{2}(L_1 + L_2)$$

当全耦合时：

$$M = \sqrt{L_1 L_2}$$

当 $L_1 = L_2$ 时，

$$M = L$$

$$L = L_1 + L_2 \pm 2M$$
$$= L_1 + L_2 \pm 2\sqrt{L_1 L_2}$$
$$= (\sqrt{L_1} \pm \sqrt{L_2})^2$$

8.2.2　耦合电感的并联

耦合电感的并联形式分两种：一种为同侧并联；另一种为异侧并联。

1. 同侧并联

当同一电流 i 从耦合电感线圈的两个同名端均为流入（流出）时，这种并联形式为同侧并联，如图 8-9 所示。

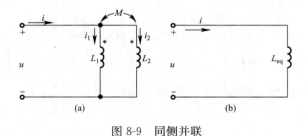

图 8-9　同侧并联

对图 8-9（a）列写 KVL 方程可得：

$$\begin{cases} u = L_1 \dfrac{\mathrm{d}i_1}{\mathrm{d}t} + M \dfrac{\mathrm{d}i_2}{\mathrm{d}t} \\[2mm] u = L_2 \dfrac{\mathrm{d}i_2}{\mathrm{d}t} + M \dfrac{\mathrm{d}i_1}{\mathrm{d}t} \\[2mm] i = i_1 + i_2 \end{cases}$$

化简得端口电压 u 的表达式：$u = \dfrac{(L_1 L_2 - M^2)}{L_1 + L_2 - 2M} \dfrac{\mathrm{d}i}{\mathrm{d}t}$

等效电感为：$L_{\mathrm{eq}} = \dfrac{(L_1 L_2 - M^2)}{L_1 + L_2 - 2M} \geq 0$

去耦等效电路如图。如果是全耦合则：$L_1 L_2 = M^2$。

当 $L_1 \neq L_2$ 时，$L_{\mathrm{eq}} = 0$，即可视为短路；当 $L_1 = L_2 = L$ 时，$L_{\mathrm{eq}} = L$，即相当于导线加粗，电感不变。

2. 异侧并联

当同一电流 i 从耦合电感线圈的两个同名端的一个流入、另一个流出时，这种并联形式为异侧并联，如图 8-10 所示。

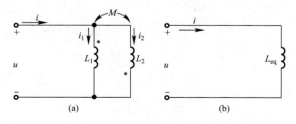

图 8-10　异侧并联

对图 8-10(a) 列写 KVL 方程，可得：

$$\begin{cases} u = L_1 \dfrac{\mathrm{d}i_1}{\mathrm{d}t} - M \dfrac{\mathrm{d}i_2}{\mathrm{d}t} \\[2mm] u = L_2 \dfrac{\mathrm{d}i_2}{\mathrm{d}t} - M \dfrac{\mathrm{d}i_1}{\mathrm{d}t} \\[2mm] i = i_1 + i_2 \end{cases}$$

化简得：

$$u = \frac{(L_1 L_2 - M^2)}{L_1 L_2 + 2M} \frac{\mathrm{d}i}{\mathrm{d}t}$$

等效电感为：

$$L_{eq} = \frac{(L_1 L_2 M^2)}{L_1 + L_2 + 2M} \geq 0$$

去耦等效电路如图 8-10(b) 所示。

8.3 理想变压器

8.3 理想
变压器

理想变压器是一个端口的电压与另一个端口的电压成正比，且没有功率损耗的一种互易无源二端口网络。它是根据铁芯变压器的电气特性，抽象出来的一种理想电路元件。

8.3.1 工程意义

变压器（Transformer）是利用电磁感应的原理来改变交流电压的装置，主要构件是初级线圈、次级线圈和铁芯（磁芯）。主要功能有：电压变换、电流变换、阻抗变换、隔离、稳压（磁饱和变压器）等。

变压器按用途可以分为：配电变压器、电力变压器、全密封变压器、组合式变压器、干式变压器、油浸式变压器、单相变压器、电炉变压器、整流变压器、电抗器、抗干扰变压器、防雷变压器、箱式变电器试验变压器、转角变压器、大电流变压器、励磁变压器等。

变压器是输配电的基础设备，广泛应用于工业、农业、交通、城市社区等领域。

8.3.2 变压器原理

变压器是利用互感来实现从一个电路向另一个电路传输能量或信号的器件。当变压器线圈的芯子为非铁磁材料时，称空心变压器。

1. 变压器电路

变压器由两个具有互感的线圈构成，一个线圈接向电源，接入电源后形成一个回路，称为一次回路，或称一次侧、原边回路、初级回路；另一线圈作为输出端口接向负载，称为二次回路，或称二次侧、副边回路、次级回路。电路模型如图 8-11 所示。

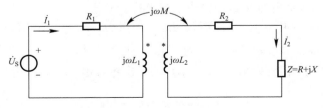

图 8-11　变压器电路模型

2. 分析方法

（1）方程法分析

对变压器的一次回路和二次回路分别列写回路方程，得：

$$(R_1+j\omega L_1)\dot I_1-j\omega M\dot I_2=\dot U_S$$

$$-j\omega M\dot I_1+(R_2+j\omega L_2+Z)\dot I_2=0$$

令 $\quad\quad Z_{11}=R_1+j\omega L_1\quad Z_{22}=(R_2+R)+j(\omega L_2+X)$

可得：

$$Z_{11}\dot I_1-j\omega M\dot I_2=\dot U_S$$

$$-j\omega M\dot I_1+Z_{22}\dot I_2=0$$

$$\dot I_1=\frac{\dot U_S}{Z_{11}+\dfrac{(\omega M)^2}{Z_{22}}}$$

$$\dot I_2=\frac{j\omega M\dot U_S}{\left(Z_{11}+\dfrac{(\omega M)^2}{Z_{22}}\right)Z_{22}}=\frac{j\omega M\dot U_S}{Z_{11}}\cdot\frac{1}{Z_{22}+\dfrac{(\omega M)^2}{Z_{11}}}$$

（2）等效电路法分析

将图 8-11 的变压器电路的原边回路、副边回路分别等效为图 8-12（a）、（b）所示的等效电路，并引入 Z_l、R_l、X_l，分别代表引入阻抗、引入电阻、引入电抗。

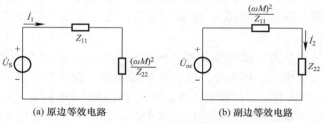

(a) 原边等效电路　　　　(b) 副边等效电路

图 8-12　变压器等效电路

Z_l：副边对原边的引入阻抗；

R_l：引入电阻。恒为正，表示副边回路吸收的功率是靠原边供给的；

X_l：引入电抗。负号反映了引入电抗与副边电抗的性质相反；

关系表达式为：

$$Z_l=\frac{(\omega M)^2}{Z_{22}}=\frac{\omega^2 M^2}{R_{22}+jX_{22}}=\frac{\omega^2 M^2 R_{22}}{R_{22}^2+X_{22}^2}-j\frac{\omega^2 M^2 X_{22}}{R_{22}^2+X_{22}^2}=R_l+jX_l$$

引入阻抗反映了副边回路对原边回路的影响。原副边虽然没有电的联接，但互感的作用使副边产生电流，这个电流又影响原边电流电压。

【例 8.3】　图 8-13 中，$L_1=3.6H$，$L_2=0.06H$，$M=0.465H$，$R_1=20\Omega$，$R_2=0.08\Omega$，$R_L=42\Omega$，$\omega=314rad/s$，$\dot U_S=115\angle 0^\circ$，求 $\dot I_1$、$\dot I_2$。

【解】　列写方程，并等效为图 8-13（b）的一次等效电路形式，有：

$$\begin{cases} Z_{11}\dot I_1-j\omega M\dot I_2=\dot U_S \\ -j\omega M\dot I_1+Z_{22}\dot I_2=0 \end{cases}$$

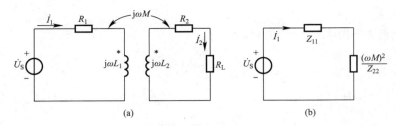

图 8-13　【例 8.3】图

应用一次等效电路，有：

$$Z_{11} = R_1 + j\omega L_1 = (20 + j1130.4)\ \Omega$$

$$Z_{22} = R_2 + R_L + j\omega L_2 = (42.08 + j18.85)\ \Omega$$

$$Z_l = \frac{(\omega M)^2}{Z_{22}} = \frac{146^2}{46.11\angle 24.1°} = (422 - j188.8)\ \Omega$$

$$\dot{I}_1 = \frac{\dot{U}_S}{Z_{11} + Z_l} = \frac{115\angle 0°}{20 + j1130.4 + 422 - j188.8} = 0.111\angle -64.9°\text{A}$$

$$\dot{I}_2 = \frac{j\omega M \dot{I}_1}{Z_{22}} = \frac{j146 \times 0.111\angle -64.9°}{42.08 + j18.85} = \frac{16.2\angle 25.1°}{46.11\angle 24.1°} = 0.351\angle 1°\text{A}$$

8.3.3　理想变压器的理想化条件

理想变压器是实际变压器的理想化模型，是对互感元件的理想科学抽象，是极限情况下的耦合电感。理想变压器的理想化条件有：

（1）无损耗：线圈导线无电阻，做芯子的铁磁材料的磁导率无限大。

（2）全耦合：由 $k=1$ 可得　　　　　$M = \sqrt{L_1 L_2}$

（3）参数无限大：

$$L_1,\ L_2,\ M \Rightarrow \infty \qquad \sqrt{\frac{L_1}{L_2}} = \frac{N_1}{N_2} = n$$

注意：以上三个条件在工程实际中不可能满足，但在一些实际工程概算中，在误差允许的范围内，把实际变压器当理想变压器对待，可使计算过程简化。

8.3.4　理想变压器的主要性能

理想变压器将一侧吸收的能量全部传输到另一侧输出，在传输过程中，仅仅将电压、电流按变比作述职的变化，它既不耗能也不储能，是一个动态无损耗的磁耦合元件。它的电路模型仍用带同名端的耦合电感表示，如图 8-14 所示，图中标出它的参数变比 n，不再标出 L_1、L_2、M，也不能用这些参数来描述理想变压器的电压电流关系。

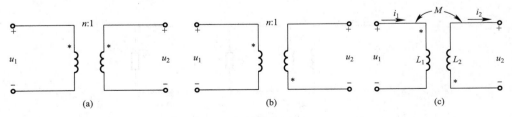

图 8-14　理想变压器电路

1. 变压关系

当耦合因数 $k=1$ 时，对图 8-14(a)，有：

$$\frac{u_1}{u_2}=\frac{N_1}{N_2}=n$$

对图 8-14(b)，有：

$$\frac{u_1}{u_2}=-\frac{N_1}{N_2}=n$$

2. 变流关系

对于如图 8-14 (c) 所示的变压器电路，电流比方程与电压无关，而且 i_1、i_2 也只有一个为独立变量，当 $i_2=0$ 时，必有 $i_1=0$。所以，当 i_1 为独立电流源时，二次侧不能开路。注意：i_1、i_2 都设定为从同名端流入。

设：

$$n=\frac{N_1}{N_2}=\frac{\sqrt{L_1}}{\sqrt{L_2}}$$

式中，N_1、N_2 和 L_1、L_2 都认为是无限大，但比值是任意设定的常数。n 是理想变压器的变比，电压电流关系为：

$$u_1=nu_2$$

$$i_1=-\frac{1}{n}i_2$$

上述两个方程是各自在不同条件下的独立关系，将两个方程相乘得：

$$u_1i_1+u_2i_2=0$$

上式是理想变压器从两个端口吸收的瞬时功率，表明理想变压器将一侧吸收的能量全部传输到另一侧输出。传输过程中，仅仅将电压、电流按变比作数值的变换，它既不耗能也不储能，是一个非动态无损耗的磁耦合元件。

注意：若 i_1、i_2 一个从同名端流入，一个从同名端流出，则有：

$$i_1=\frac{1}{n}i_2$$

3. 变阻抗关系

对图 8-15(a) 所示的变压器模型，其电压、电流表达式为：

$$\frac{\dot{U}_1}{\dot{I}_1}=\frac{n\dot{U}_2}{-1/n\dot{I}_2}=n^2\left(-\frac{\dot{U}_2}{\dot{I}_2}\right)=n^2Z$$

将其等效为图 8-15(b) 的电路。

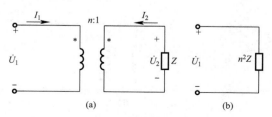

(a)   (b)

图 8-15　变阻抗关系

理想变压器的阻抗变换只改变阻抗的大小，不改变阻抗的性质。

4. 功率性质

根据前述的变流关系表达式，可以得到结论：

(1) 理想变压器既不储能，也不耗能，在电路中只起传递信号和能量的作用。

(2) 理想变压器的特性方程为代数关系，因此它是无记忆的多端元件。

【例 8.4】　图 8-16 中，已知电源内阻 $R_S = 1\text{k}\Omega$，负载电阻 $R_L = 10\Omega$。为使 R_L 获得最大功率，求理想变压器的变比 n。

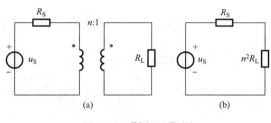

图 8-16　【例 8.4】图

【解】　应用变阻抗性质

当 $n^2 R_L = R_S$ 时匹配，即 $10n^2 = 1000$

所以 $n^2 = 100$，$n = 10$。

习　　题

【8.1】　图 8-17 所示电路中，已知 $R_1 = 3\Omega$，$R_2 = 5\Omega$，$\omega L_1 = 7.5\Omega$，$\omega L_2 = 12.5\Omega$，$\omega M = 6\Omega$，$U = 50\text{V}$，求当开关打开和闭合时的电流 $\dot{I}$、$\dot{I}_1$、$\dot{I}_2$。

【8.2】　在图 8-18 的电路中，打开开关 S，正弦电压的 $U = 50\text{V}$，$R_1 = 3\Omega$，$L_1 = 7.5\Omega$，$R_2 = 5\Omega$，$L_2 = 12.5\Omega$，$M = 8\Omega$。求支路 1 和 2 吸收的复功率。

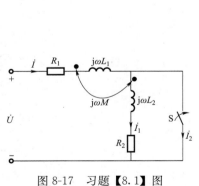

图 8-17　习题【8.1】图

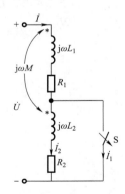

图 8-18　习题【8.2】图

【8.3】　在图 8-19 中，已知 $U_S = 20\text{V}$，原边引入阻抗 $Z_l = (10 - j10)$，求 Z_X 并求负载获得的有功功率。

【8.4】　图 8-20 中是含理想变压器的电路，已知 $\dot{U}_S = 10\angle 0°\text{V}$，$R_1 = 10\Omega$，$R_2 = 5\Omega$，

$X_C = 10\Omega$，试求初级、次级电流 $\dot{I}_1$、$\dot{I}_2$。

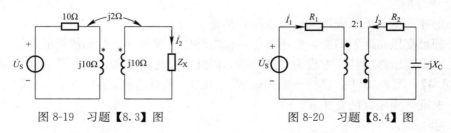

图 8-19 习题【8.3】图　　　　　图 8-20 习题【8.4】图

【8.5】 求图 8-21 所示电路中负载电阻 R_L 吸收的最大功率等于多少？

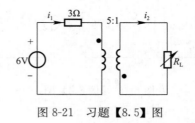

图 8-21 习题【8.5】图

答　　案

【8.1】 开关打开时为顺接串联：$\dot{I} = \dot{I}_1 = 1.52\angle{-76}°$A，$\dot{I}_2 = 0$。

　　　　开关闭合时：$\dot{I} = 7.79 \angle 51.50°$A，$\dot{I}_1 = 3.47 \angle 150.30°$A，$\dot{I}_2 = 11.09 \angle{-44.85}°$A。

【8.2】 $\overline{S}_1 = (5.55 + j28.52)$ V·A，$\overline{S}_2 = (9.2 + j37.72)$ V·A。

【8.3】 $P = 10$W。

【8.4】 $\dot{I}_1 = (6 + j8)$ A，$\dot{I}_2 = (12 + j16)$ A。

【8.5】 $P_{max} = 3$W。

第 9 章　三 相 电 路

目前，世界各国电力系统中电能的产生、传输和供电方式绝大多数都采用三相制。所谓三相制，就是三个频率相同而相位不同的电压源作为电源供电的体系。前面章节讨论的是由单相电源供电的体系，称为单相制。可以说，单相制是三相制的一部分。

我国电力系统中的供电方式几乎全部采用三相制，这是因为三相输电线路比单相输电线路节省导线材料，而且生产中广泛使用的三相交流电机比单相交流电机的性能更好，经济效益更高。在学习单相交流电的基础上，再来认识三相交流电的基本特征和分析方法，更容易接受和掌握。三相交流电的特点及使用，是电路分析中的一项重要内容。

本章主要介绍三相电路的基本概念，三相电路中电压与电流关系，对称和不对称三相电路的分析与计算方法，三相电路功率的计算和测量方法等。

教学目标：熟悉三相电路的两种接线方式，掌握三相电路中电压、电流的相值与线值之间的大小和相位关系，掌握对称三相电路归结为一相计其方法；了解不对称三相电路的计算；掌握三相电路的功率和测量。

9.1　三相电路的基本概念

9.1 三相电路
的基本概念

9.1.1　工程意义

如果一个旋转的发电机被设计成只产生单一正弦电压，这种发电机就称为单相交流发电机。如果发电机定子（包括定子绕组和定子铁心）上绕组的数量按照特定的方式增加，就构成多相交流发电机，因为发电机的转子（发电机的旋转部分）每旋转一周，将产生一个以上的交流相电压。

一般来说，三相制在许多方面都优越于单相制，其原因及工程意义如下：

（1）在相同电压下，三相制可以采用较细的导线来传输与单相制相同的功率，因而可以降低用铜量（约节省 25%），同时也降低了建设和维护成本。

（2）较细的导线可以减轻支撑结构的质量，并且间距可以更大，因而更容易架设。

（3）三相电力设备（例如电动机）的运行和启动特性优越于单相电力设备，因为用三相电源传输的功率比用单相电源更加平稳、均匀。

（4）一般情况下，大功率的电动机都是三相的，因为它们大部分都能自行启动，不需要特殊设计的启动电路。

发电机发出的交流电频率由转子上的磁极对数和转子的转速来决定。我国及欧洲等地区这一频率采用的是 50Hz，而美国等有些地区则是 60Hz。选择这样的两种频率，主要是因为它们可以由相对高效和稳定的机械结构来实现，机械结构的设计难度对发电系统的大小是很敏感的，所做的设计必须满足高峰期间的用电需求。飞机和轮船上的交流电甚至允许使用 400Hz 的频率。

几乎所有的商业发电机都使用三相制，但这并不意味着单相和两相发电机过时了。大多数小容量的应急发电机，如燃油发电机，就是单相发电机。两相制常用在伺服机构，它是一种具有自矫正的控制系统，能够检测和调整自身的运行状态。伺服机构应用于船舶和飞机的自动导航，或用在较简单的设备，如恒温电路，用来调节热量的输出。然而，在许多情况下所需的单相或两相输入，也是由三相发电系统的某相或两相提供的，而不是独立产生。

多相发电机能够产生的相电压的数目并不限于三个。可以通过将不同数量的绕组以一定的角度均匀地布置在定子上，来获得任意的相电压数量。如果应用了三个以上的相，一些电气系统的运行会更加有效。例如，将交流电变成直流电的整流系统，交流电的相数越多，整流得到的直流电压就越平坦。

9.1.2 对称三相电源的产生与联接

对称三相电源是由 3 个同频率、等幅值、初相依次带后 120° 的正弦电压源连接成星形（Y）或三角形（△）组成的电源，如图 9-1(a)、(b) 所示。这 3 个电源依次称为 A 相、B 相和 C 相，它们的电压瞬时表达式及其相量分别为：

$$u_A(t) = \sqrt{2}U\cos\omega t \qquad\qquad \dot{U}_A = U\angle 0°$$

$$u_B(t) = \sqrt{2}U\cos(\omega t - 120°) \qquad \dot{U}_B = U\angle -120° = \alpha^2 \dot{U}_A$$

$$u_C(t) = \sqrt{2}U\cos(\omega t + 120°) \qquad \dot{U}_C = U\angle 120° = \alpha \dot{U}_A$$

式中，以 A 相电压 u_A 作为参考正弦量（在通常的写法中，常省略瞬时时间（t）参数）。$\alpha = 1\angle 120°$，它是工程中为了方便而引入的单位相量算子。

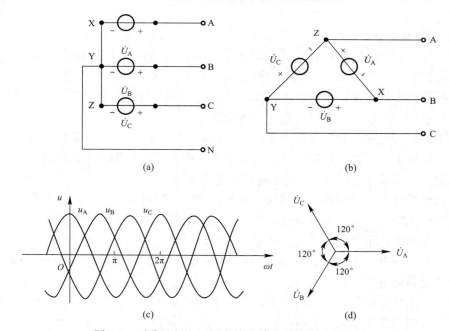

(a)

(b)

(c)

(d)

图 9-1　对称三相电压源联接及其电压波形和相量图

上述三相电压的相序（次序）A、B、C 称为正序或顺序；与此相反，如 B 相超前 A 相 120°，C 相超前 B 相 120°，这种相序称为负序或逆序。相位差为零的相序称为零序。电力系统一般采用正序。

对称三相电压各相的波形和相量图如图 9-1(c)、(d) 所示。对称三相电压满足：

$$u_A + u_B + u_C = 0 \quad \text{或} \quad \dot{U}_A + \dot{U}_B + \dot{U}_C = 0$$

对称三相电压源是由三相发电机提供的（我国三相系统电源频率 $f=50\text{Hz}$，入户电压为 220V，而日本、美国、欧洲等国为 60Hz、110V）。

图 9-1(a) 所示为三相电压源的星形连接方式，简称星形或 Y 形电源。从 3 个电压源正极性端子 A、B、C 向外引出的导线称为端线，从中性点 N 引出的导线称为中性线（旧称零线）。把三相电压源依次连接成一个回路，再从端子 A、B、C 引出端线，如图 9-1(b) 所示就成为三相电源的三角形联结，简称三角形或 △ 形电源。

特别说明，三角形电源不能引出中性线。

9.1.3　三相负载及其联接

3 个阻抗连接成星形（或三角形），就构成星形（或三角形）负载，如图 9-2 所示。当这 3 个阻抗相等时，就称为对称三相负载。

9.1.4　三相电路

从对称三相电源的 3 个端子引出具有相同阻抗的 3 条端线（或输电线）把一些对称三相负载连接在端线上就形成了对称三相电路。图 9-2(a)、(b) 为两个对称三相电路的示例。图 (a) 中的三相电源为星形电源，负载为星形负载，称为 Y-Y 连接方式（实线所示部分）；图 (b) 中，三相电源为星形电源，负载为三角形负载，称为 Y-△ 连接方式。另外，还有 △-Y 和 △-△ 连接方式。

在 Y-Y 连接中，如把三相电源的中性点 N 和负载的中性点 N′用一条具有阻抗为 Z_n 的中性线连接起来，如图 9-2(a) 中虚线所示，这种连接方式称为三相四线制方式。上述其余连接方式均属三相三线制。

实际三相电路中，三相电源是对称的，3 条端线阻抗是相等的，但负载则不一定是对称的。

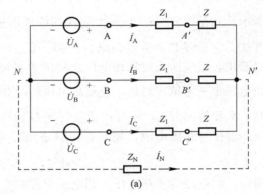

(a)

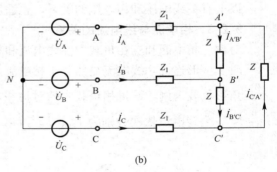

(b)

图 9-2　对称三相电路

9.2　对称三相电路的电压电流关系

9.2.1　基本概念

三相系统中，流经输电线中的电流称为线电流，如图 9-2(a)、(b) 所示的 $\dot{I}_A$、$\dot{I}_B$、$\dot{I}_C$，而 $\dot{I}_N$ 则称为中性线电流。各输电线线端之间的电压，

9.2 对称三相电路的电压电流关系

如图 9-2(a)、(b) 中所示电源端的 $\dot{U}_{AB}$、$\dot{U}_{BC}$、$\dot{U}_{CA}$ 和负载端的 $\dot{U}_{A'B'}$、$\dot{U}_{B'C'}$、$\dot{U}_{C'A'}$，都称为线电压。三相电源和三相负载中，每一相的电压、电流称为相电压和相电流。三相系统中的线电压和相电压、线电流和相电流之间的关系，都与连接方式有关。

9.2.2 相电压与线电压的关系

对于对称星形电源、依次设其线电压为 $\dot{U}_{AB}$、$\dot{U}_{BC}$、$\dot{U}_{CA}$，相电压为 $\dot{U}_A$、$\dot{U}_B$、$\dot{U}_C$（或 $\dot{U}_{AN}$、$\dot{U}_{BN}$、$\dot{U}_{CN}$），如图 9-1(a) 所示。根据 KVL，有：

$$\left.\begin{aligned}
\dot{U}_{AB} &= \dot{U}_A - \dot{U}_B = (1-\alpha^2)\dot{U}_A = \sqrt{3}\dot{U}_A\angle 30° \\
\dot{U}_{BC} &= \dot{U}_B - \dot{U}_C = (1-\alpha^2)\dot{U}_B = \sqrt{3}\dot{U}_B\angle 30° \\
\dot{U}_{CA} &= \dot{U}_C - \dot{U}_A = (1-\alpha^2)\dot{U}_C = \sqrt{3}\dot{U}_C\angle 30°
\end{aligned}\right\} \tag{9-1}$$

另有 $\dot{U}_{AB}+\dot{U}_{BC}+\dot{U}_{CA}=0$。所以，式（9-1）中只有两个方程是独立的。对称的星形三相电源端的线电压与相电压之间的关系，可用一种特殊的电压相量图表示，如图 9-3(a) 所示。它是由式（9-1）三个公式的相量图拼接而成，图中实线所示部分表示 $\dot{U}_{AB}$ 的图解方法，它是以 B 为原点画出 $\dot{U}_{AB}=(-\dot{U}_{BN})+\dot{U}_{AN}$，其他线电压的图解求法类同。从图中可以看出，线电压与对称相电压之间的关系可以用图示电压正三角形说明。相电压对称时，线电压也一定依序对称，它是相电压的 $\sqrt{3}$ 倍，依次超前 $\dot{U}_A$、$\dot{U}_A$、$\dot{U}_A$ 相位 30°。实际计算时，只要算出 $\dot{U}_{AB}$，就可以依序写出 $\dot{U}_{BC}=\alpha^2\dot{U}_{AB}$，$\dot{U}_{CA}=\alpha\dot{U}_{AB}$。

对于三角形电源，如图 9-1(b) 所示，有：

$$\dot{U}_{AB}=\dot{U}_A, \qquad \dot{U}_{BC}=\dot{U}_B, \qquad \dot{U}_{CA}=\dot{U}_C$$

所以，线电压等于相电压。相电压对称时，线电压也一定对称。

以上有关线电压和相电压的关系，也适用于对称星形负载端和三角形负载端。

9.2.3 相电流与线电流的关系

对称三相电源和三相负载中性线电流和相电流之间的关系叙述如下：

对于星形连接，线电流显然等于相电流，对三角形连接则并非如此。以图 9-2(b) 所示三角形负载为例，设每相负载中的对称相电流分别为 $\dot{I}_{A'B'}$、$\dot{I}_{B'C'}$（$=\alpha^2\dot{I}_{A'B'}$）、$\dot{I}_{C'A'}$（$=\alpha\dot{I}_{A'B'}$），3 个线电流依次分别为 $\dot{I}_A$、$\dot{I}_B$、$\dot{I}_C$，电流的参考方向如图 9-3 所示。

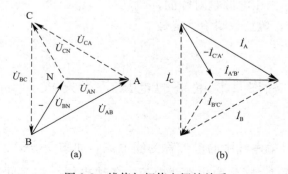

图 9-3 线值与相值之间的关系

根据 KCL，有：

$$\left.\begin{aligned}
\dot{I}_{A} &= \dot{I}_{ab} - \dot{I}_{ca} = (1-\alpha)\dot{I}_{ab} = \sqrt{3}\,\dot{I}_{ab}\angle-30° \\
\dot{I}_{B} &= \dot{I}_{bc} - \dot{I}_{ab} = (1-\alpha)\dot{I}_{bc} = \sqrt{3}\,\dot{I}_{bc}\angle-30° \\
\dot{I}_{C} &= \dot{I}_{ca} - \dot{I}_{bc} = (1-\alpha)\dot{I}_{ca} = \sqrt{3}\,\dot{I}_{ca}\angle-30°
\end{aligned}\right\} \qquad (9\text{-}2)$$

另有 $\dot{I}_{A}+\dot{I}_{B}+\dot{I}_{C}=0$。所以，上述 3 个方程中，只有 2 个方程是独立的。线电流与对称相电流之间的关系，也可以用一种特殊的电流相量图表示，如图 9-3（b）所示，图中实线部分表示 $\dot{I}_{A}$ 的图解求法，其他线电流的图解求法类同。

从图中可以看出，线电流与对称的三角形负载相电流之间的关系，可以用一个电流正三角形说明。相电流对称时，线电流也一定对称，它是相电流的 $\sqrt{3}$ 倍，依次滞后 $\dot{I}_{A'B'}$、$\dot{I}_{B'C'}$、$\dot{I}_{C'A'}$ 的相位为 30°。实际计算时，只要计算出 $\dot{I}_{A}$，就可依次写出 $\dot{I}_{B}=\alpha^{2}\dot{I}_{A}$、$\dot{I}_{C}=\alpha\dot{I}_{A}$。

上述分析方法也适用于三角形电源。

最后还必须指出，所有关于电压、电流的对称性以及上述对称相值和对称线值之间关系的论述，只能在指定的顺序和参考方向的条件下，才能以简单、有序的形式表达出来，而不能任意设定（理论上可以）；否则，将会使问题的表述变得杂乱无序。

9.3　对称三相电路的计算

9.3 对称三相
电路的计算

对称三相电路是一类特殊类型的正弦电流电路。因此，分析正弦电流电路的相量法对对称三相电路完全适用。但本节根据对称三相电路的一些特点，来简化对称三相电路分析计算。

9.3.1　Y-Y 联接

现在，以对称三相四线制电路为例来进行分析，如图 9-2（a）所示，其中 Z_{1} 为线路阻抗，Z_{N} 为中性线阻抗，N 和 N' 为中性点。对于这种电路，一般可用结点法先求出中性点 N' 与 N 之间的电压。以 N 为参考结点，可得：

$$\left(\frac{1}{Z_{N}}+\frac{3}{Z+Z_{1}}\right)\dot{U}_{N'N}=\frac{1}{Z+Z_{1}}(\dot{U}_{A}+\dot{U}_{B}+\dot{U}_{C})$$

由于 $\dot{U}_{A}+\dot{U}_{B}+\dot{U}_{C}=0$，所以 $\dot{U}_{N'N}=0$，各相电源和负载中的相电流等于线电流，它们是：

$$\dot{I}_{A}=\frac{\dot{U}_{A}-\dot{U}_{N'N}}{Z+Z_{1}}=\frac{\dot{U}_{A}}{Z+Z_{1}}$$

$$\dot{I}_{B}=\frac{\dot{U}_{B}}{Z+Z_{1}}=\alpha^{2}\dot{I}_{A}$$

$$\dot{I}_{C}=\frac{\dot{U}_{C}}{Z+Z_{1}}=\alpha\dot{I}_{A}$$

可以看出，各线（相）电流独立，$\dot{U}_{N'N}=0$ 是各线（相）电流独立、彼此无关的必要

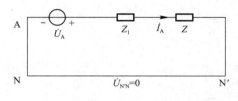

图 9-4　一相计算电路

和充分条件，所以，对称的 Y-Y 电路可分列为三个独立的单相电路。又由于三相电源、三相负载的对称性，所以线（相）电流构成对称组。因此，只要分析计算三相中的任一相，而其他两线（相）的电流就能按对称顺序写出。这就是对称的 Y-Y 三相电路归结为一相的计算方法。图 9-4 为一相计算电路（A 相）。注意在一相计算电路中，连接 N、N'的短路线是 $\dot U_{N'N}=0$ 的等效线，与中性线阻抗 Z_N 无关。另外，中性线的电流为：

$$\dot I_N=\dot I_A+\dot I_B+\dot I_C=0$$

这表明，对称的 Y-Y 三相电路，在理论上不需要中性线，可以移去。而在任一时刻，i_A、i_B、i_C 中至少有一个为负值，对应此负值电流的输电线则作为对称电流系统在该时刻的电流回线。

对于其他连接方式的对称三相电路，可以根据星形和三角形的等效互换，化成对称的 Y-Y 三相电路，然后用一相计算法求解。

【例 9.1】 对称三相电路如图 9-2(a) 所示，已知：$Z_1=(1+j2)\Omega$，$Z=(5+j6)\Omega$，$u_{AB}=380\sqrt{2}\cos(\omega t+30°)$。试求负载中各电流相量。

【解】 可设一组对称三相电压源与该组对称线电压对应。根据前面式（9-1）的关系，有：

$$\dot U_A=\frac{\dot U_{AB}}{\sqrt{3}}\angle-30°=220\angle 0°\text{V}$$

据此可画出一相（A 相）计算电路，如图 9-4 所示。可以求得：

$$\dot I=\frac{\dot U_A}{Z+Z_1}=\frac{220\angle 0°}{6+j8}\text{A}=22\angle-53.1°\text{A}$$

根据对称性，可以写出：

$$\dot I_B=\alpha^2\dot I_A=22\angle-173.1°\text{A}\qquad \dot I_C=\alpha\dot I_A=22\angle 66.9°\text{A}$$

对称三相电路的相量图，可将 A 线（相）的相量图依序顺时针旋转 120°合成。

【例 9.2】 对称三相电路如图 9-2(b) 所示。已知：$Z=(19.2+j14.4)\Omega$，$Z_1=(3+j4)\Omega$，对称线电压 $U_{AB}=380$V。求负载端的线电压和线电流。

【解】 该电路可以变换为对称的 Y-Y 电路，如图 9-5 所示。图中，Z'为（三角形变换为星形）：

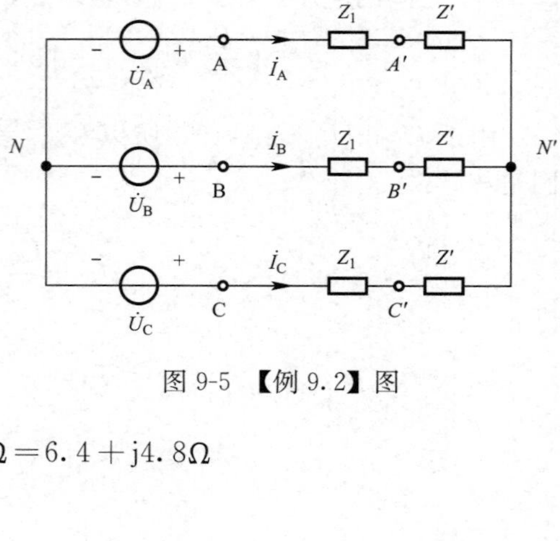

图 9-5　【例 9.2】图

$$Z'=\frac{Z}{3}=\frac{19.2+j14.4}{3}\Omega=6.4+j4.8\Omega$$

令 $\dot U_A=220\angle 0°$V。根据一相计算电路，有：

$$\dot{I}_A = \frac{\dot{U}_A}{Z + Z_1} = 17.1\angle -43.2°A$$

而：

$$\dot{I}_B = \alpha^2 \dot{I}_A = 17.1\angle -163.2°A, \qquad \dot{I}_C = \alpha \dot{I}_A = 17.1\angle 76.8°A$$

此电流即为负载端的线电流。再求出负载端的相电压，利用线电压与相电压的关系就可得负载端的线电压。$\dot{U}_{A'N'}$ 为：

$$\dot{U}_{A'N'} = \dot{I}_A Z' = 136.8\angle -6.3°V$$

根据式（9-1），有：

$$\dot{U}_{A'B'} = \sqrt{3}\dot{U}_{A'N'}\angle 30° = 236.9\angle 23.7°V$$

根据对称性，可写出：

$$\dot{U}_{B'C'} = \alpha^2 U_{A'B'} = 236.9\angle -96.3°V$$

$$\dot{U}_{C'A'} = \alpha U_{A'B'} = 236.9\angle 143.7°V$$

根据负载端的线电压，如图 9-2（b）所示，可以求得负载中的相电流，有：

$$\dot{I}_{A'B'} = \frac{\dot{U}_{A'B'}}{Z} = 9.9\angle -13.2°A$$

$$\dot{I}_{B'C'} = \alpha^2 \dot{I}_{A'B'} = 9.9\angle -133.2°A$$

$$\dot{I}_{C'A'} = \alpha \dot{I}_{A'B'} = 9.9\angle 106.8°A$$

也可以利用式（9-2），计算负载的相电流。

9.3.2 Y-△联接

无中性线联接的 Y-△系统如图 9-6 所示（而对于任意一相阻抗的变化都会使系统不对称，并引起线电流和相电流的改变，这一点我们将在第 9.4 节讨论）。

对于一个对称负载，有：

$$Z_1 = Z_2 = Z_3 = Z$$

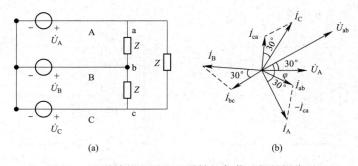

图 9-6 Y 联结的电源和△联结的负载及相量图表示

对称 Y-△联结负载的各电压、电流之间的关系，可以参照 9.3.1 节的 Y 联结中的推理来得到，设：

$$\dot{U}_A = U\angle 0°$$

$$\dot{U}_B = U\angle -120°$$

$$\dot{U}_C = U\angle 120°$$

$$Z = |Z|\angle \phi$$

结果如下：

负载上相电压与线电压关系（计算结果为相等），为：

$$\dot{U}_{ab} = \dot{U}_{AB} = \sqrt{3}U\angle 30°$$

$$\dot{U}_{bc} = \dot{U}_{BC} = \sqrt{3}U\angle -90°$$

$$\dot{U}_{ca} = \dot{U}_{CA} = \sqrt{3}U\angle 150°$$

相电流为：

$$\dot{I}_{ab} = \frac{\dot{U}_{ab}}{Z} = \frac{\sqrt{3}U}{|Z|}\angle 30° - \phi$$

$$\dot{I}_{bc} = \frac{\dot{U}_{bc}}{Z} = \frac{\sqrt{3}U}{|Z|}\angle -30° - \phi$$

$$\dot{I}_{ca} = \frac{\dot{U}_{ca}}{Z} = \frac{\sqrt{3}U}{|Z|}\angle 150° - \phi$$

线电流为：

$$\dot{I}_A = \dot{I}_{ab} - \dot{I}_{ca} = \sqrt{3}\dot{I}_{ab}\angle -30°$$

$$\dot{I}_B = \dot{I}_{bc} - \dot{I}_{ab} = \sqrt{3}\dot{I}_{bc}\angle -30°$$

$$\dot{I}_C = \dot{I}_{ca} - \dot{I}_{bc} = \sqrt{3}\dot{I}_{ca}\angle -30°$$

可以看出，线电流和最近的相电流之间的相位差为30°。

9.3.3　△-Y 联接与△-△联接

电源为△联接时的对称三相电路的计算，在保证其线电压相等的情况下，可将△电源用 Y 电源替代，如图9-7所示。

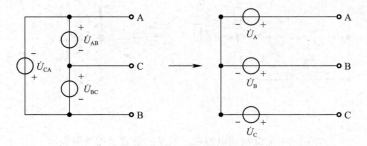

图 9-7　△电源转换为 Y 电源

对应的电压换算成为：

$$\dot{U}_A = \frac{1}{\sqrt{3}}\dot{U}_{AB}\angle -30°$$

$$\dot{U}_B = \frac{1}{\sqrt{3}} \dot{U}_{BC} \angle - 30°$$

$$\dot{U}_C = \frac{1}{\sqrt{3}} \dot{U}_{CA} \angle - 30°$$

其他计算方法同 Y-△联接时相同。

同样，根据相同的换算关系，将△电源转换为 Y 电源后，可以依理计算 △-△的联接电路。

9.4 不对称三相电路的概念

9.4　不对称三相电路的概念

三相电路中只要有一部分不对称，就称为不对称三相电路。例如，对称三相电路的某一条端线断开，或某一相负载发生短路或开路，它就失去了对称性成为不对称的三相电路。对于不对称三相电路的分析，通常不能引用上一节介绍的一相计算方法，而要用其他方法求解。本节只简要地介绍由于负载不对称而引起的一些特点。

图 9-8(a) 的 Y-Y 连接电路中三相电源是对称的，但负载不对称。先讨论开关 S 打开（即不接中性线）时的情况。用结点电压法，可以求得结点电压 $\dot{U}_{N'N}$ 为：

$$\dot{U}_{N'N} = \frac{\dot{U}_A Y_A + \dot{U}_B Y_B + \dot{U}_C Y_C}{Y_A + Y_B + Y_C}$$

由于负载不对称，通常 $\dot{U}_{N'N} \neq 0$，即 N' 点和 N 点电位不同。从图 9-8(b) 的相量关系可以清楚看出，N' 点和 N 点不重合，这一现象称为中性点位移。在电源对称的情况下，可以根据中性点位移的情况判断负载端不对称的程度。当中性点位移较大时，会造成负载端的电压严重的不对称，从而可能使负载的工作不正常；另一方面，如果负载变动时，由于各相的工作相互关联，因此彼此都互有影响。

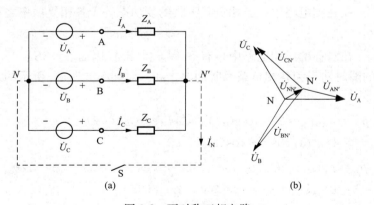

图 9-8　不对称三相电路

合上开关 S（接上中性线），如果 $Z_N \approx 0$，则可强制使 $\dot{U}_{N'N} = 0$。尽管电路不对称，但在这个条件下，可强制使各相保持独立性，各相的工作互不影响，因而各相可以分别独立计算。能确保各相负载在相电压下安全工作，这就克服了无中性线时引起的缺点。因此，在负载不对称的情况下中性线的存在非常重要，它能起到保证安全供电的作用。

由于线（相）电流的不对称，中性线电流一般不为零，即：

$$\dot{I}_N = \dot{I}_A + \dot{I}_B + \dot{I}_C \neq 0$$

【例 9.3】 图 9-8（a）所示电路中，若 $Z_A = -j\dfrac{1}{\omega C}$（电容），而 $Z_N = Z_C = R$，并且 $R = \dfrac{1}{\omega C}$，则电路是一种测定相序的仪器，称为相序指示器（图中，电阻 R 用两个相同的白炽灯代替）。试说明在相电压对称的情况下，当 S 打开时，如何根据两个白炽灯的亮度确定电源的相序。

【解】 图 9-8（a）所示电路中性点电压 $\dot{U}_{N'N}$ 为：

$$\dot{U}_{N'N} = \frac{j\omega C\dot{U}_A + G(\dot{U}_B + \dot{U}_C)}{j\omega C + 2G}$$

令 $\dot{U}_A = U\angle 0°\text{V}$，代入给定的参数关系后，有：

$$\dot{U}_{N'N} = (-0.2 + j0.6)U = 0.63U\angle 108.4°$$

B 相白炽灯承受的电压 $\dot{U}_{BN'}$ 为：

$$\dot{U}_{BN'} = \dot{U}_{BN} - \dot{U}_{NN'} = 1.5U\angle -101.5°$$

所以
$$U_{BN'} = 1.5U$$

而
$$\dot{U}_{CN'} = \dot{U}_{CN} - \dot{U}_{NN'} = 0.4U\angle 133.4°$$

即
$$U_{CN'} = 0.4U$$

根据上述结果可以判断：$U_{CN'}$ 最小，则白炽灯较暗的一相为 C 相。

9.5 三相电路的功率

9.5 三相电路的功率

在三相电路中，三相负载吸收的复功率等于各相复功率之和，即：

$$\overline{S} = \overline{S}_A + \overline{S}_B + \overline{S}_C$$

在对称的三相电路中，有 $\overline{S}_A = \overline{S}_B = \overline{S}_C$，因而 $\overline{S} = 3\overline{S}_A$。

三相电路的瞬时功率为各相负载瞬时功率之和。对如图 9-2（a）所示的对称三相电路，有：

$$\begin{aligned}
p_A &= u_{AN}i_A = 2U_{AN}\cos(\omega t) \times \sqrt{2}I_A\cos(\omega t - \varphi) \\
&= U_{AN}I_A[\cos\varphi + \cos(2\omega t - \varphi) \\
p_B &= u_{BN}i_B = 2U_{AN}\cos(\omega t - 120°) \times \sqrt{2}I_A\cos(\omega t - \varphi - 120°) \\
&= U_{AN}I_A[\cos\varphi + \cos(2\omega t - \varphi - 240°) \\
p_C &= u_{CN}i_C = 2U_{AN}\cos(\omega t + 120°) \times \sqrt{2}I_A\cos(\omega t - \varphi + 120°) \\
&= U_{AN}I_A[\cos\varphi + \cos(2\omega t - \varphi + 240°)
\end{aligned}$$

它们的和为：

$$p = p_A + p_B + p_C = 3U_{AN}I_A\cos\varphi = 3p_A$$

此式表明，对称三相电路的瞬时功率是一个常量，其值等于平均功率。这是对称三相电路的一个优越性能。习惯上，将这一性能称为瞬时功率平衡。

在三相三线制电路中，不论对称与否，都可以使用两个功率表的方法测量一相功率（称为二瓦计法）。两个功率表的一种连接方式如图 9-9 所示。使线电流从 * 端分别流入两个功率表的电流线圈（图示为 I_A，I_B），它们的电压线圈的非 * 端共同接到非电流线圈所在的第 3 条端线上（图示为 C 端线）。可以看出，这种测量方法中功率表的接线只触及端线，而与负载和电源的连接方式无关。

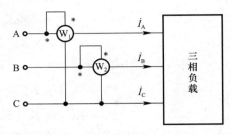

图 9-9　二瓦计法

可以证明，图中两个功率表读数的代数和为三相三线制中右侧电路吸收的平均功率。

设两个功率表的读数分别用 P_1 和 P_2 表示。根据功率表的工作原理，有：

$$P_1 = \text{Re}[\dot{U}_{AC}\dot{I}_A^*] \quad P_2 = \text{Re}[\dot{U}_{BC}\dot{I}_B^*]$$

所以

$$P_1 + P_2 = \text{Re}[\dot{U}_{AC}\dot{I}_A^* + \dot{U}_{BC}\dot{I}_B^*]$$

因为 $\dot{U}_{AC} = \dot{U}_A - \dot{U}_C$，$\dot{U}_{BC} = \dot{U}_B - \dot{U}_C$，$\dot{I}_A^* + \dot{I}_B^* = -\dot{I}_C^*$，代入上式，有：

$$P_1 + P_2 = \text{Re}[\dot{U}_A\dot{I}_A^* + \dot{U}_B\dot{I}_B^* + \dot{U}_C\dot{I}_C^*] = \text{Re}[\overline{S}_A + \overline{S}_B + \overline{S}_C]$$
$$= \text{Re}[\overline{S}]$$

而 Re $[\overline{S}]$ 则表示右侧三相负载的有功功率。在对称三相制中，令 $\dot{U}_A = U_A\angle 0°$，$\dot{I}_A^* = I_A\angle -\varphi$，则有：

$$P_1 = \text{Re}[\dot{U}_{AC}\dot{I}_A^*] = U_{AC}I_A\cos(\varphi - 30°)$$
$$P_2 = \text{Re}[\dot{U}_{BC}\dot{I}_B^*] = U_{BC}I_B\cos(\varphi + 30°)$$

式中，φ 为负载的阻抗角。应当注意，在一定的条件下，（例如 $|\varphi| > 60°$）两个功率表之一的读数可能为负，求代数和时该读数应取负值。一般来说，单独一个功率表的读数是没有意义的。

不对称的三相四线制不能用二瓦计法测量三相功率，这是因为在一般情况下，$\dot{I}_A + \dot{I}_B + \dot{I}_C \neq 0$。

【例 9.4】　若图 9-9 所示电路为对称三相电路，已知对称三相负载吸收的功率为 2.5kW，功率因数 $\lambda = \cos\varphi = 0.866$（感性），线电压为 380V。求图中两个功率表的读数。

【解】　对称三相负载吸收的功率是一相负载所吸收功率的 3 倍，令 $\dot{U}_A = U_A\angle 0°$，$\dot{I}_A^* = I_A\angle -\varphi$，则：

$$P = 3\text{Re}[\dot{U}_A\dot{I}_A^*] = \sqrt{3}U_{AB}I_A\cos\varphi$$

求得电流 I_A 为：

$$I_A = \frac{P}{\sqrt{3}U_{AB}\cos\varphi} = 4.386\text{A}$$

又　　　　　　　　　　　　　$\varphi = \arccos\lambda = 30°$

则图中功率表相关的电压、电流相量为：

$$\dot{I}_A = 4.386\angle -30°A, \qquad \dot{U}_{AC} = 380\angle -30°V$$

$$\dot{I}_B = 4.386\angle -150°A, \qquad \dot{U}_{BC} = 380\angle -90°V$$

则功率表的读数如下：

$$P_1 = \text{Re}[\dot{U}_{AC}\dot{I}_A^*] = \text{Re}[380 \times 4.386\angle 0°]W = 1666.68W$$

$$P_2 = \text{Re}[\dot{U}_{BC}\dot{I}_B^*] = \text{Re}[380 \times 4.386\angle 60°]W = 833.34W$$

其实，只要求得两个功率表之一的读数，另一功率表的读数等于负载的功率减去该表的读数。例如，求得 P_1 后，$P_2 = P - P_1$。

> **知识小贴士：三相电路的用电安全**

一、触电形式和触电的预防

（一）触电形式

所谓触电，就是指人的身体接触到带电物体，有电流流过人体，产生了各种伤害人体的现象，如不良感觉、伤亡事故。触电事故可分为直接接触触电事故和间接接触触电事故。

直接接触触电事故是指人体直接接触到电气设备正常带电部分引起的触电事故。按照人体接触带电体的方式，触电可以分为以下几种情况。

（1）单相触电。现在广泛采用的三相四线制供电系统的中性点一般都是接地的。当人体与任何一条端线接触时，就有电流流过人体，这时人体承受的电压是电源的相电压，通过人体的电流主要由人体电阻（包括人体与地面的绝缘情况）决定。因此，当人穿着绝缘防护靴，与地面构成良好绝缘时，通过人体的电流就很小；反之，赤脚触地是很危险的，如图 9-10(a) 所示。

（2）双相触电。双相触电的示意图如图 9-10(b) 所示。这种触电形式是指人的身体有两部分同时触及三相电源的两条端线，这时人体承受电源的线电压。显然，双相触电比单相触电更危险，后果也更严重。

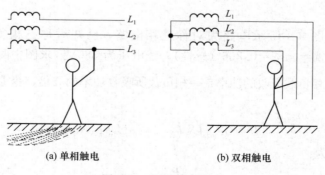

(a) 单相触电   (b) 双相触电

图 9-10　两种触电形式

间接接触触电事故是指人体接触到正常情况下不带电，仅在事故情况下才会带电的部分而发生的触电事故。例如，电气设备外露金属部分，在正常情况下是不带电的；但是，当设备内部绝缘老化、破损时，内部带电部分会向外部本来不带电的金属部分"漏电"。在这种情况下，人体触及外露金属部分便有可能触电。近年来，随着家用电器使用日趋增多，间接接触触电事故所占比例正在上升。

按人体所受伤害方式的不同，触电又可分为电击和电伤两种。电击主要是指电流通过人体内部，影响呼吸系统、心脏和神经系统，造成人体内部组织破坏乃至死亡；电伤主要是指电流的热效应、化学效应、机械效应等对人体表面或外部造成的局部伤害。当然，这两种伤害也可能同时发生。调查表明，绝大部分触电事故都是电击造成的，通常所说的触电事故基本上都是指电击而言。

电击伤害的程度取决于通过人体电流的大小、电流通过人体的持续时间、电流通过人体的途径、电流的频率及人体的健康状况等。通常，工频 1mA 交流电流通过人体时，就会使人产生麻电感觉；当电流为 20～50mA 时，会使人心脏停止跳动而导致死亡。7mA以下的电流为安全电流。

（二）安全电压

选用安全电压是防止直接接触触电和间接接触触电的安全措施。根据欧姆定律，作用于人体的电压越高，通过人体的电流越大，因此如果能限制可能施加于人体上的电压值，就能使通过人体的电流限制在允许的范围内。这种为防止触电事故而采用的由特定电源供电的电压系列，称为安全电压。

安全电压值取决于人体的阻抗值和人体允许通过的电流值。人体对交流电是呈电容性的。常规环境下，人体的平均阻抗在 1MΩ 以上。当人体处于潮湿环境，出汗、承受的电压增加及皮肤破损时，人体的阻抗值都会急剧下降。国际电工委员会（IEC）规定了人体允许长期承受的电压极限值，称为通用接触电压极限。常规环境下，交流 15～100Hz 电压为 50V，直流（非脉动波）电压为 120V；潮湿环境下，交流电压为 25V，直流电压为60V。这就是说，在正常和故障情况下，交流安全电压的极限值为 50V。我国规定，工频有效值 42V、36V、24V、12V 和 6V 为安全电压的额定值。电气设备安全电压值的选择，应根据使用环境、使用方式和工作人员状况等因素，选用不同等级的安全电压。例如，手提照明灯、携带式电动工具可采用 42V 或 36V 的额定工作电压；若在工作环境潮湿又狭窄的隧道和矿井内，周围又有大面积接地导体时，应采用额定电压为 24V 或 12V 的电气设备。

安全电压的供电电源除采用独立电源外，供电电源的输入电路与输出电路之间必须实行电路上的隔离。工作在安全电压下的电路必须与其他电气系统和任何无关的可导电部分实行电气上的隔离。

（三）触电的预防

发生触电事故的主要原因有：电气设备安装不合理，维修不及时，电气设备受潮或绝缘受到损坏，供电线路布置不合理，用电时无视安全或违反操作规程等。

针对上述情况，为了防止触电事故的发生，应采取必要的预防措施。主要应注意以下几点：

1）加强安全教育，普及安全用电常识，严格遵守安全用电管理制度及电气设备安全操作规程。

2）正确安装电气设备，加装保护接零、保护接地装置。凡裸露的带电部分，尤其是高压设备，均应设立明显标志并加防护罩或防护遮栏。还可以采用联锁装置，在出现危险情况时能自动切断电源。

3）不要带电操作。在危险场合（如潮湿或狭窄工作场地等）严禁带电操作，必须带电操作时，应使用安全工具，穿绝缘靴及采取其他必要的安全措施。

4）各种电气设备应定期检查，如发现漏电和其他故障时，应及时修理排除。

5）在易受潮或露天使用场合，可为电气设备加装漏电保护开关等。

（四）触电急救

一旦发生触电事故，要分秒必争，立即采取紧急措施并强调就地急救，千万不能延误时间。

1. 迅速而正确地解脱电源

首先，应使触电者迅速脱离电源。如不能立即断开电源，救护人员可以用绝缘物体作为工具（如木棍、竹杆、塑料器材等）使触电者与电源分开。千万不能用金属或潮湿物体作为救护工具。

2. 现场救治

触电者脱离电源后，应立即对其进行人工呼吸及心脏跳动情况的诊断。如发现呼吸、脉搏及心脏跳动均已停止，则必须立即进行人工呼吸和心脏按压等急救措施。即使在送往医院就诊途中，也不得中断人工呼吸和心脏按压。

人工呼吸及心脏按压方法，请参阅电工手册或其他有关的参考书。

二、保护接地和保护接零

在电气设备中，保护接地或保护接零是一种技术上的安全措施。当人体接触因漏电或绝缘损坏而带电的金属外壳时，能可靠地避免触电事故的发生。同时，还可以避免电气设备在遭受雷击时产生损坏。

（一）保护接地

所谓保护接地，就是电气设备在正常运行时，将不带电的金属外壳或框架等用接地装置与大地可靠地连接起来。接地装置包括接地体和接地线两部分。其中，直接埋入地下与大地相接的金属导体称为接地体，连接电气设备与接地体的金属导体称为接地线。

在低压配电系统（如三相三线制）中性点不接地的低压配电系统中，若某一电气设备未装有接地装置，当它的绝缘发生损坏产生漏电时，如果人体接触该设备外壳，就会发生触电事故。这是因为在输电线路与大地之间存在一定的绝缘电阻和分布电容，当人接触带电设备的外壳时，就有电流通过人体和绝缘电阻、分布电容构成的回路，使人触电，如图 9-11（a）所示。

如果电气设备外壳通过接地装置与大地有良好的接触，当人体触及机壳时，人体相当于接地装置的一条并联支路，如图 9-11（b）所示。在并联电路中，通过每个支路的电流与其电阻的阻值成反比。而人体的电阻（一般大于 $1k\Omega$）要比接地装置的电阻（一般是 $4\sim10\Omega$）高几百倍。因此，通过人体的电流几乎是零，从而避免了触电事故的发生。

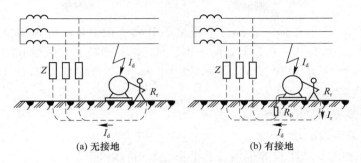

(a) 无接地　　　　　　　　　　(b) 有接地

图 9-11　保护接地示意图

（二）保护接零

在中性点良好接地的低压供电系统中，例如中性点接地的 380V/220V 三相四线制供电系统中，一般均采用接零保护措施。接零保护，就是将电气设备在正常情况下不带电的金属外壳与零线相连接。

当电气设备一旦发生绝缘损坏时，使电源中的一相碰到设备外壳。如果采用了保护接零，则可通过外壳形成对零线的单相短路，产生很大的短路电流，使电路中的熔断器或其他保护电器迅速断开，切断电源，从而防止了人身触电的可能性。即使在电源线断开之前，人体触及外壳，由于人身体的电阻远大于线路电阻，通过人体电流也微乎其微，如图 9-12（a）所示；若电气设备未采用保护接零，人体接触电气设备外壳，则将通过人体形成电流通路使人触电，如图 9-12（b）所示。

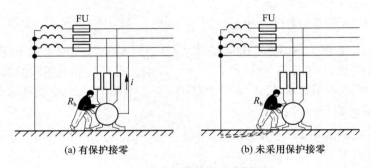

(a) 有保护接零　　　　　　　　　　(b) 未采用保护接零

图 9-12　保护接地示意图

习　　题

【9.1】　已知对称三相电路的星形负载阻抗 $Z=(165+j84)\Omega$，端线阻抗 $Z_1=(2+j1)\Omega$，中性线阻抗 $Z_N=(1+j1)\Omega$，线电压 $U_1=380V$。求负载端的电流和线电压，并作电路的相量图。

【9.2】　已知对称三相电路的线电压 $U_1=380V$（电源端），三角形负载阻抗 $Z=(4.5+$

j14)Ω，端线阻抗 $Z_1=(1.5+j2)Ω$。求线电流和负载的相电流，并作相量图。

【9.3】 将习题【9.2】中负载 Z 改为三角形联接（无中性线）。比较两种连接方式中负载所吸收的复功率。

【9.4】 图 9-13 所示对称三相耦合电路接于对称三相电源，电源频率为 50Hz，线电压 $U_1=380V$，$R=30Ω$，$L=0.29H$，$M=0.12H$。求相电流和负载吸收的总功率。

【9.5】 图 9-14 所示对称 Y-Y 三相电路中，电压表的读数为 1143.16V，$Z=(15+j15\sqrt{3})Ω$，$Z_1=(1+j2)Ω$。求：

（1）图中电流表的读数及线电压 U_{AB}；

（2）三相负载吸收的功率；

（3）如果 A 相的负载阻抗等于零（其他不变），再求（1）、（2）；

（4）如果 A 相负载开路，再求（1）、（2）；

（5）如果加接零阻抗中性线 $Z_N=0$，则（3）、（4）将发生怎样的变化？

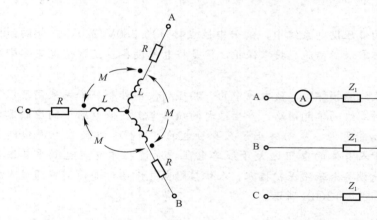

图 9-13 习题【9.4】图   图 9-14 习题【9.5】图

【9.6】 图 9-15 所示对称三相电路中，$U_{AB}=380V$，三相电动机吸收的功率为 1.4kW，其功率因数 $\lambda=0.866$（滞后），$Z_1=-j55Ω$。求 U_{AB} 和电源端的功率因数 λ'。

【9.7】 图 9-16 所示对称 Y-△ 三相电路中，$U_{AB}=380V$，图中功率表的读数为 W_1：782W，W_2：1976.44W。求：

（1）负载吸收的复功率 $\overline{S}$ 和阻抗 Z；

（2）开关 S 打开后，功率表的读数。

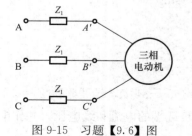

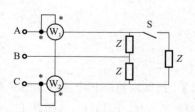

图 9-15 习题【9.6】图   图 9-16 习题【9.7】图

【9.8】 图 9-17 所示电路中，对称三相电源端的线电压 $U_1=380V$，$Z=(50+j50)Ω$，

$Z_1 = (100 + \mathrm{j}100)\Omega$，$Z_A$ 为 R、L、C 串联组成，$R = 50\Omega$，$X_L = 314\Omega$，$X_C = -264\Omega$。试求：

(1) 开关 S 打开时的线电流；

(2) 若用二瓦计法测量电源端三相功率，试画出接线图，并求两个功率表的读数（S 闭合时）。

【9.9】 图 9-18 所示电路中，电源为对称三相电源，试求：

(1) L、C 满足什么条件时，线电流对称？

(2) 若 $R = \infty$（开路），再求线电流。

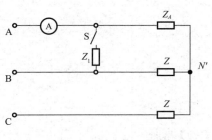

图 9-17 习题【9.8】图

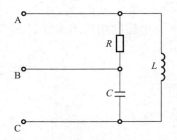

图 9-18 习题【9.9】图

【9.10】 已知对称三相电路中性线电压为 380V，$f = 50\mathrm{Hz}$，负载吸收的功率为 2.4 kW（图 9-7），功率因数为 0.4（感性）。试求：

(1) 两个功率表的读数（用二瓦计法测量功率时）；

(2) 怎样才能使负载端的功率因数提高到 0.8？并再求出两个功率表的读数。

【9.11】 图 9-19 所示三相（四线）制电路中，$Z_1 = -\mathrm{j}10\Omega$，$Z_2 = (5 + \mathrm{j}12)\Omega$，对称三相电源的线电压为 380V，图中电阻 R 吸收的功率为 24200W（S 闭合时）。试求：

(1) 开关 S 闭合时图中各表的读数。根据功率表的读数能否求得整个负载吸收的总功率？

(2) 开关 S 打开时图中各表的读数有无变化？功率表的读数有无意义？

【9.12】 图 9-20 所示为对称三相电路，线电压为 380V，$R = 200\Omega$，负载吸收的无功功率为 $1520\sqrt{3}\,\mathrm{var}$。试求：

(1) 各线电流；

(2) 电源发出的复功率。

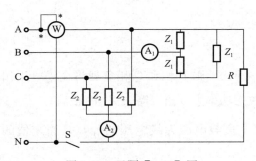

图 9-19 习题【9.11】图

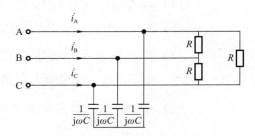

图 9-20 习题【9.12】图

答 案

【9.1】

$$\dot{I}_A = 1.174\angle -26.98°A$$

$$\dot{I}_B = 1.174\angle -93.02°A$$

$$\dot{U}_{A'N'} = 217.34\angle 0.05°V$$

$$\dot{U}_{A'B'} = 376.5\angle 30.05°V$$

电路的相量图图 9-21 所示（A 相）。

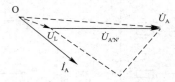

图 9-21 习题【9.1】解图

【9.2】

$$\dot{I}_A = 30.08\angle -65.78°A$$

$$\dot{I}_B = 30.08\angle -174.22°A$$

$$\dot{I}_C = 30.08\angle -54.22°A$$

$$\dot{I}_{AB} = 17.37\angle -35.78°A$$

电路的相量与图 9-21 类似。

【9.3】

星形：$\overline{S}_A = U_A^2 Y^*$；

三角形：$\overline{S}_{AB} = 3U_A^2 Y^* = 3\overline{S}_A$。

即三角形联结时，负载吸收的复功率是星形联结时的 3 倍。

【9.4】

三相负载吸收的总功率为：$P = 1161.87W$。

【9.5】

(1) 表 A 的读数为 22A，$U_{AB} = 1228.2V$。

(2) $\overline{S}_A = (7260 + j12574.69)V \cdot A$。

(3) 若 A 相 $Z = 0$（短路），即有 $\dot{U}_{A'N'} = 0$，则 B 相和 C 相负载将在线电压作用下工作，线电流大 $\sqrt{3}$ 倍，吸收的功率大 3 倍（略去 Z_1 的影响）。

(4) A 相开路，则 B 相和 C 相串联，负载电压为线电压的 $\dfrac{1}{2}$，是原来值的 $\dfrac{\sqrt{3}}{2}$ 倍，即 0.866 倍。

(5) 加接零阻抗 $Z_B=0$ 中性线后，将强迫 $\dot{U}_{NN'}=0$，使各相星形负载在各自相电压下工作，保持独立性。

【9.6】

$U_{AB}=332.03V,\quad \lambda'=0.991。$

【9.7】

(1) $\overline{S}=3448.05\angle 36.87°V\cdot A,\ Z=125.64\angle 36.87°\Omega。$

(2) $P_1=P_2=919.34W。$

【9.8】

$\dot{I}_A=3.11\angle -45°A;$

(1) $\dot{I}_B=3.11\angle -165°A;$

$\dot{I}_C=3.11\angle 75°A。$

(2) W_1、W_2 表的读数分别为：$P_1=1028.67W$，$P_2=2170.20W$。

【9.9】

(1) $\omega C=\dfrac{1}{\omega L}$；

$\dot{I}_A=\dfrac{1}{\omega L}\angle -150°A。$

(2) $\dot{I}_B=\omega C\angle -30°A;$

$\dot{I}_C=\dfrac{1}{\omega L}\angle 90°A。$

【9.10】

(1) W_1、W_2 表的读数分别为：$P_1=-0.3873kW$，$P_2=2.7875kW$。

(2) 在负载端接入对称的三角形电容负载，计算后求得 $C=27.19\mu F$；W_1、W_2 表的新的读数分别为：$P_1=-680.51W$，$P_2=1719.69W$。

【9.11】

(1) 表 A_1 读数为：65.82A；表 A_2 读数为 0；表 W 读数为：25631.43W。

(2) S 打开时，表 A_1 读数为：65.82A，不变；表 A_2 读数为 40.53A；表 W 读数为：5448.94W。

【9.12】

(1) $\dot{I}_A=3.29A;$

(2) $\overline{S}=3409.22\angle -50.56°V\cdot A。$

第 10 章　线性动态电路的复频域分析

本章首先介绍拉普拉斯变换及其基本性质，接着介绍拉普拉斯反变换，然后建立动态电路的运算模型，包括基尔霍夫定律的运算形式和元件方程的运算形式，并在此基础上讨论运算的步骤和应用，最后讨论网络函数。

10.1　拉普拉斯变换及其基本性质

10.1 拉普拉斯变换及其基本性质

10.1.1　拉普拉斯变换的定义

线性电路的拉普拉斯变换法是皮埃尔·西蒙·拉普拉斯于 1779 年首次提出的。拉普拉斯变换是将各个时间函数化为复变量 s 的函数，从而使常微分方程问题化为代数方程问题。由于 s 是复变量而且具有频率的量纲，因此拉普拉斯变换法又称为复频域分析法。

对于具有多个动态元件的复杂电路，用直接求解微分方程的方法比较困难。例如，对于一个 n 阶方程，直接求解时需要知道变量及其各阶导数［直到 $(n-1)$ 阶导数］在 $t=0_+$ 时刻的值，而电路中给定的初始状态是各电感电流和电容电压在 $t=0_+$ 时刻的值，从这些值求得所需初始条件的工作量很大。积分变换法是通过积分变换，把已知的时域函数变换为频域函数，从而把时域的微分方程化为频域的代数方程。求出频域函数后，再作反变换，返回时域，可以求得满足电路初始条件的原微分方程的解答，而不需要确定积分常数。拉普拉斯变换是一种重要的积分变换，是求解高阶复杂动态电路的有效而重要的方法之一。

一个定义在 $[0，\infty)$ 区间的函数 $f(t)$，它的拉普拉斯变换式 $F(s)$ 定义为：

$$F(s)=\int_{0_-}^{\infty} f(t)\mathrm{e}^{-st}\,\mathrm{d}t \tag{10-1}$$

式中，$s=\sigma+\mathrm{j}\omega$ 为复数，$F(s)$ 称为 $f(t)$ 的象函数，$f(t)$ 称为 $F(s)$ 的原函数。拉普拉斯变换简称为拉氏变换。

式（10-1）表明，拉氏变换是一种积分变换。还可以看出，$f(t)$ 的拉氏变换 $F(s)$ 存在的条件是该式右边的积分为有限值，故 e^{-st} 称为收敛因子。对于一个函数 $f(t)$，如果存在正的有限值常数 M 和 c，使得对于所有 t 满足条件：

$$|f(t)|\leqslant M\mathrm{e}^{ct}$$

则 $f(t)$ 的拉氏变换式 $F(s)$ 总存在，因为总可以找到一个合适的 s 值，使式（10-1）中的积分为有限值。假设，本书涉及的 $f(t)$ 都满足此条件。

从式（10-1）还可看出，把原函数 $f(t)$ 与 e^{-st} 的乘积从 $t=0_-$ 到 ∞ 对 t 进行积分，则此积分的结果不再是 t 的函数。所以，拉氏变换是把一个时间域的函数 $f(t)$ 变换到 s 域内的复变函数 $F(s)$。变量 s 称为复频率。应用拉氏变换法进行电路分析，称为电路的复频域分析方法，又称为运算法。定义中，拉氏变换的积分从 $t=0_-$ 开始，可以计及 $t=0$ 时

$f(t)$ 包含的冲激，从而给计算存在冲激函数电压和电流的电路带来方便。

如果 $F(s)$ 已知，要求出与它对应的原函数 $f(t)$，由 $F(s)$ 到 $f(t)$ 的变换称为拉普拉斯反变换，它定义为：

$$f(t) = \frac{1}{2\pi j} \int_{c-j\infty}^{c+j\infty} F(s) e^{st} ds \tag{10-2}$$

式中，c 为正的有限常数。

通常可用符号 L[ ] 表示对方括号里的时域函数作拉氏变换，用符号 L^{-1}[ ] 表示对方括号内的复变函数作拉氏反变换。

10.1.2　典型函数的拉氏变换

【例 10.1】　求以下函数的象函数：

（1）单位阶跃函数；

（2）单位冲激函数；

（3）指数函数。

【解】　（1）求单位阶跃函数的象函数

$$f(t) = \varepsilon(t)$$

$$F(s) = L[f(t)] = \int_{0_-}^{\infty} \varepsilon(t) e^{-st} dt = \int_{0_-}^{\infty} e^{-st} dt$$

$$= -\frac{1}{s} e^{-st} \Big|_{0_-}^{\infty} = \frac{1}{s}$$

（2）求单位冲激函数的象函数

$$f(t) = \delta(t)$$

$$F(s) = L[f(t)] = \int_{0_-}^{\infty} \delta(t) e^{-st} dt$$

$$= \int_{0_-}^{0_+} \delta(t) e^{-st} dt = e^{-s(0)} = 1$$

可以看出，按式（10-1）的定义，能计及 $t=0$ 时 $f(t)$ 所包含的冲激函数。

（3）指数函数的象函数

$$f(t) = e^{\alpha t}（\alpha \text{ 为实数}）$$

$$F(s) = L[f(t)] = \int_{0_-}^{\infty} e^{\alpha t} e^{-st} dt$$

$$= \frac{1}{-(s-\alpha)} e^{-(s-\alpha)t} \Big|_{0_-}^{\infty}$$

$$= \frac{1}{s-\alpha}$$

10.1.3　拉氏变换的基本性质

拉普拉斯变换的基本性质可以归纳为若干定理（变换法则）。它们在拉普拉斯变换的实际应用中都很重要，运用这些性质可以计算一些复杂函数的象函数，并可利用这些性质与电路分析的物理内容结合起来，获得应用拉普拉斯变换求解电路的方法——运算法。

1. 线性性质

设 $f_1(t)$ 和 $f_2(t)$ 是两个任意定义在 $t \geqslant 0$ 的时间函数，它们的象函数分别为 $F_1(s)$

和 $F_2(s)$，A_1 和 A_2 是两个任意实常数，则：

$$L[A_1 f_1(t) + A_2 f_2(t)] = A_1 L[f_1(t)] + A_2 L[f_2(t)]$$
$$= A_1 F_1(s) + A_2 F_2(s)$$

【证明】　$L[A_1 f_1(t) + A_2 f_2(t)] = \int_{0_-}^{\infty} [A_1 f_1(t) + A_2 f_2(t)] e^{-st} dt$

$$= A_1 \int_{0_-}^{\infty} f_1(t) e^{-st} dt + A_2 \int_{0_-}^{\infty} f_2(t) e^{-st} dt$$

$$= A_1 F_1(s) + A_2 F_2(s)$$

【例 10.2】　若：(1) $f(t) = \sin(\omega t)$

(2) $f(t) = K(1 - e^{-at})$

上述函数的定义域为 $[0, \infty)$，求其象函数。

【解】　(1) $L[\sin(\omega t)] = L\left[\dfrac{1}{2j}(e^{j\omega t} - e^{-j\omega t})\right]$

$$= \frac{1}{2j}\left(\frac{1}{s - j\omega} - \frac{1}{s + j\omega}\right)$$

$$= \frac{\omega}{s^2 + \omega^2}$$

(2) $L[K(1 - e^{-at})] = L[K] - L[Ke^{-at}]$

$$= \frac{K}{s} - \frac{K}{s + \alpha}$$

$$= \frac{K\alpha}{s(s + \alpha)}$$

由此可见，根据拉氏变换的线性性质，求函数乘以常数的象函数以及求几个函数相加减的结果的象函数时，可以先求各函数的象函数，再进行计算。

2. 微分性质

函数 $f(t)$ 的象函数与其导数 $f'(t) = \dfrac{df(t)}{dt}$ 的象函数之间有如下关系：

若　　　　　　　　　　　　$[f(t)] = F(s)$

则　　　　　　　　　　　　$L[f'(t)] = sF(s) - f(0_-)$

【证明】　　　　　　　　$L\left[\dfrac{df(t)}{dt}\right] = \int_{0_-}^{\infty} \dfrac{df(t)}{dt} e^{-st} dt$

设 $e^{-st} = u$，$f'(t)\,dt = dv$，则 $du = -se^{-st} dt$，$v = f(t)$。由于 $\int u\,dv = uv - \int v\,du$，所以：

$$\int_{0_-}^{\infty} f'(t) e^{-st} dt = f(t) e^{-st} \Big|_{0_-}^{\infty} - \int_{0_-}^{\infty} f(t)(-se^{-st}) dt$$

$$= -f(0_-) + s \int_{0_-}^{\infty} f(t) e^{-st} dt$$

只要 s 的实部 σ 取得足够大，当 $t \to \infty$ 时，$e^{-st} f(t) \to 0$，则 $F(s)$ 存在，于是得：

$$L[f'(t)] = sF(s) - f(0_-)$$

【例 10.3】　应用导数性质求下列函数的象函数：

(1) $f(t) = \cos(\omega t)$；

(2) $f(t) = \delta(t)$。

【解】　(1) 由于 $\dfrac{\mathrm{d}\sin(\omega t)}{\mathrm{d}t}=\omega\cos(\omega t)$

$$\cos(\omega t)=\frac{1}{\omega}\frac{\mathrm{d}\sin(\omega t)}{\mathrm{d}t}$$

而 $\mathrm{L}[\sin(\omega t)]=\dfrac{\omega}{s^2+\omega^2}$（【例 10.2】中已求得），所以：

$$\mathrm{L}[\cos(\omega t)]=\mathrm{L}\left[\frac{1}{\omega}\frac{\mathrm{d}}{\mathrm{d}t}\sin(\omega t)\right]=\frac{1}{\omega}\left(s\frac{\omega}{s^2+\omega^2}-0\right)$$

$$=\frac{s}{s^2+\omega^2}$$

(2) 由于 $\delta(t)=\dfrac{\mathrm{d}}{\mathrm{d}t}\varepsilon(t)$，而 $\mathrm{L}[\varepsilon(t)]=\dfrac{1}{s}$，所以：

$$\mathrm{L}[\delta(t)]=\mathrm{L}\left[\frac{\mathrm{d}}{\mathrm{d}t}\varepsilon(t)\right]=s\cdot\frac{1}{s}-0=1$$

此结果与【例 10.1】所得结果完全相同。

3. 积分性质

函数 $f(t)$ 的象函数与其积分 $\displaystyle\int_{0_-}^{t}f(\xi)\mathrm{d}\xi$ 的象函数之间满足如下关系：

若　　　　　　　　　　　　　$\mathrm{L}[f(t)]=F(s)$

则　　　　　　　　　　$\mathrm{L}\left[\displaystyle\int_{0_-}^{t}f(\xi)\mathrm{d}\xi\right]=\dfrac{F(s)}{s}$

【证明】　令 $u=\displaystyle\int f(t)\mathrm{d}t$，$\mathrm{d}\nu=\mathrm{e}^{-st}\mathrm{d}t$，则 $\mathrm{d}u=f(t)\mathrm{d}t$，$\nu=-\dfrac{\mathrm{e}^{-st}}{s}$，利用分部积分公式 $\displaystyle\int u\mathrm{d}\nu=u\nu-\int\nu\mathrm{d}u$，所以

$$\int_{0_-}^{\infty}\left[\left(\int_{0_-}^{t}f(\xi)\mathrm{d}\xi\right)\mathrm{e}^{-st}\mathrm{d}t\right]=\left(\int_{0_-}^{t}f(\xi)\mathrm{d}\xi\right)\frac{\mathrm{e}^{-st}}{-s}\bigg|_{0_-}^{\infty}-\int_{0_-}^{\infty}f(t)\left(-\frac{\mathrm{e}^{-st}}{s}\right)\mathrm{d}t$$

$$=\left(\int_{0_-}^{t}f(\xi)\mathrm{d}\xi\right)\frac{\mathrm{e}^{-st}}{-s}\bigg|_{0_-}^{\infty}+\frac{1}{s}\int_{0_-}^{\infty}f(t)\mathrm{e}^{-st}\mathrm{d}t$$

只要 s 的实部 σ 足够大，当 $t\to\infty$ 时和 $t=0_-$ 时，等式右边第一项都为零，所以有：

$$\mathrm{L}\left[\int_{0_-}^{t}f(\xi)\mathrm{d}\xi\right]=\frac{F(s)}{s}$$

【例 10.4】　利用积分性质求函数 $f(t)=t$ 的象函数。

【解】　由于 $f(t)=t=\displaystyle\int_{0}^{t}\varepsilon(\xi)\mathrm{d}\xi$，所以：

$$\mathrm{L}[f(t)]=\frac{1}{s}\cdot\frac{1}{s}=\frac{1}{s^2}$$

4. 延迟性质

函数 $f(t)$ 的象函数与其延迟函数 $f(t-t_0)\varepsilon(t-t_0)$ 的象函数之间有如下关系：

若　　　　　　　　　　　　　$\mathrm{L}[f(t)]=F(s)$

则　　　　　　　　　$\mathrm{L}[f(t-t_0)\varepsilon(t-t_0)]=\mathrm{e}^{-st_0}F(s)$

【证明】　$L[f(t-t_0)\varepsilon(t-t_0)]=\int_{0_-}^{\infty}f(t-t_0)\varepsilon(t-t_0)e^{-st}dt=\int_{t_0}^{\infty}f(t-t_0)e^{-st}dt$

令 $\tau=t-t_0$，则上式为：

$$L[f(t-t_0)\varepsilon(t-t_0)]=\int_{0_-}^{\infty}f(\tau)e^{-s(\tau+t_0)}d\tau$$

$$=e^{-st_0}\int_{0_-}^{\infty}f(\tau)e^{-s\tau}d\tau$$

$$=e^{-st_0}F(s)$$

【例 10.5】　求图 10-1 所示矩形脉冲的象函数。

【解】　图 10-1 中的矩形脉冲可用解析式表示为：

$$f(t)=\varepsilon(t)-\varepsilon(t-\tau)$$

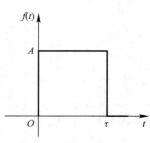

图 10-1　【例 10.5】图

因为 $L[\varepsilon(t)]=\dfrac{1}{s}$，根据延迟性质

$$L[\varepsilon(t-\tau)]=\dfrac{1}{s}e^{-s\tau}$$

又根据拉氏变换的线性性质，得：

$$L[f(t)]=L[\varepsilon(t)-\varepsilon(t-\tau)]$$

$$=\dfrac{1}{s}-\dfrac{1}{s}e^{-s\tau}$$

$$=\dfrac{1}{s}(1-e^{-s\tau})$$

5. 拉氏变换的卷积定理

两个时间函数 $f_1(t)$ 和 $f_2(t)$，它们在 $t<0$ 时为零，$f_1(t)$ 和 $f_2(t)$ 的卷积用下列积分式定义：

$$f_1(t)*f_2(t)=\int_0^t f_1(t-\xi)f_2(\xi)d\xi$$

设 $f_1(t)$ 和 $f_2(t)$ 的象函数分别为 $F_1(s)$ 和 $F_2(s)$，有：

$$L[f_1(t)*f_2(t)]=L\left[\int_0^t f_1(t-\xi)f_2(\xi)d\xi\right]=F_1(s)F_2(s)$$

【证明】　根据拉氏变换定义，有

$$L[f_1(t)*f_2(t)]=\int_0^{\infty}e^{-st}\left[\int_0^t f_1(t-\xi)f_2(\xi)d\xi\right]dt$$

根据延迟的单位阶跃函数的定义

$$\varepsilon(t-\xi)=\begin{cases}1 & \xi<t\\0 & \xi>t\end{cases}$$

故　　　　$$\int_0^t f_1(t-\xi)f_2(\xi)d\xi=\int_0^{\infty}f_1(t-\xi)\varepsilon(t-\xi)f_2(\xi)d\xi$$

$$L[f_1(t)*f_2(t)]=\int_0^{\infty}e^{-st}\int_0^{\infty}f_1(t-\xi)\varepsilon(t-\xi)f_2(\xi)d\xi dt$$

令 $x=t-\xi$，则 $e^{-st}=e^{-s(x+\xi)}$，上式变为：

$$L[f_1(t)*f_2(t)]=\int_0^{\infty}\int_0^{\infty}f_1(x)\varepsilon(x)f_2(\xi)e^{-s\xi}e^{-sx}d\xi dx$$

$$= \int_0^\infty f_1(x)\varepsilon(x)\mathrm{e}^{-sx}\mathrm{d}x \int_0^\infty f_2(\xi)\mathrm{e}^{-s\xi}\mathrm{d}\xi = F_1(s)F_2(s)$$

同理，可以证明：

$$\mathrm{L}[f_2(t) * f_1(t)] = F_2(s)F_1(s)$$

所以：

$$f_1(t) * f_2(t) = f_2(t) * f_1(t)$$

根据以上介绍的拉氏变换的定义及与电路分析有关的拉氏变换的一些基本性质，可以方便地求得一些常用的时间函数的象函数。表 10-1 为常用函数的拉氏变换表。

常用函数的拉氏变换表　　　　　　　　　　　　　　表 10-1

原函数 $f(t)$	象函数 $F(s)$	原函数 $f(t)$	象函数 $F(s)$
$A\delta(t)$	A	$\mathrm{e}^{-at}\cos(\omega t)$	$\dfrac{s+\alpha}{(s+\alpha)^2+\omega^2}$
$A\varepsilon(t)$	A/s	$t\mathrm{e}^{-at}$	$\dfrac{1}{(s+\alpha)^2}$
$A\mathrm{e}^{-at}$	$\dfrac{A}{s+\alpha}$	t	$\dfrac{1}{s^2}$
$1-\mathrm{e}^{-at}$	$\dfrac{\alpha}{s(s+\alpha)}$	$\sinh(\alpha t)$	$\dfrac{\alpha}{s^2-\alpha^2}$
$\sin(\omega t)$	$\dfrac{\omega}{s^2+\omega^2}$	$\cosh(\alpha t)$	$\dfrac{s}{s^2-\alpha^2}$
$\cos(\omega t)$	$\dfrac{s}{s^2+\omega^2}$	$(1-\alpha t)\mathrm{e}^{-at}$	$\dfrac{s}{(s-\alpha)^2}$
$\sin(\omega t+\phi)$	$\dfrac{s\sin\phi+\omega\cos\phi}{s^2+\omega^2}$	$\dfrac{1}{2}t^2$	$\dfrac{1}{s^3}$
$\cos(\omega t+\phi)$	$\dfrac{s\cos\phi-\omega\sin\phi}{s^2+\omega^2}$	$\dfrac{1}{n!}t^n$	$\dfrac{1}{s^{n+1}}$
$\mathrm{e}^{-at}\sin(\omega t)$	$\dfrac{\omega}{(s+\alpha)^2+\omega^2}$	$\dfrac{1}{n!}t^n\mathrm{e}^{-at}$	$\dfrac{1}{(s+\alpha)^{n+1}}$

10.2　拉普拉斯反变换的部分分式展开

10.2.1　由象函数求原函数的方法

应用拉普拉斯变换分析线性定常网络时，首先要将时域中的问题变换为复频域中的问题，在求得待求响应的象函数之后，须经过拉普拉斯反变换后才能得到原函数——时域中的解答。如果利用式（10-2）进行反变换，则涉及计算复变函数的积分，这个积分的计算一般比较复杂。在实际进行反变换时，通常将象函数展开为若干个简单的复频域函数均可查阅拉普拉斯变换表（例如表 10-1）得到其原函数，然后根据线性组合定理即可求得整个原函数。下面介绍这种常用的拉普拉斯反变换法——部分分式展开法。

10.2 拉普拉斯反变换的部分分式展开

电路响应的象函数通常可表示为两个实系数的 s 的多项式之比，即 s 的一个有理分式：

$$F(s) = \frac{N(s)}{D(s)} = \frac{a_0 s^m + a_1 s^{m-1} + \cdots + a_m}{b_0 s^n + b_1 s^{n-1} + \cdots + b_n} \tag{10-3}$$

式中，m 和 n 为正整数，且 $n \geqslant m$，在电路分析中通常不出现 $n < m$ 的情况。

把 $F(s)$ 分解成若干简单项之和，而这些简单项可以在拉氏变换表中找到。这种方法称为部分分式展开法，或称为分解定理。

用部分分式展开有理分式 $F(s)$ 时，需要把有理分式化为真分式。若 $n>m$，则 $F(s)$ 为真分式；若 $n=m$，则：

$$F(s) = A + \frac{N_0(s)}{D(s)}$$

式中，A 是一个常数，其对应的时间函数为 $A\delta(t)$，余数项 $\frac{N_0(s)}{D(s)}$ 是真分式。

用部分分式展开真分式时，需要对分母多项式作因式分解，求出 $D(s)=0$ 的根。$D(s)=0$ 的根可以是单根、共轭复根和重根三种情况。

10.2.2　$D(s)=0$ 具有单根

如果 $D(s)=0$ 有 n 个单根，设 n 个单根分别是 p_1、p_2、$\cdots$、p_n。于是，$F(s)$ 可以展开为：

$$F(s) = \frac{K_1}{s-p_1} + \frac{K_2}{s-p_2} + \cdots + \frac{K_n}{s-p_n} \tag{10-4}$$

式中，K_1、K_2、$\cdots$、K_n 是待定系数。

将上式两边都乘以 $(s-p_1)$，得：

$$(s-p_1)F(s) = K_1 + (s-p_1)\left(\frac{K_2}{s-p_2} + \cdots + \frac{K_n}{s-p_n}\right)$$

令 $s=p_1$，则等式除第一项外都变为零，这样求得：

$$K_1 = \left[(s-p_1)F(s)\right]_{s=p_1}$$

同理，可求得 K_2、K_3、$\cdots$、K_n。所以，确定式（10-4）中各待定系数的公式为：

$$K_i = \left[(s-p_i)F(s)\right]_{s=p_i} \quad i=1、2、3、\cdots、n$$

因为 p_i 是 $D(s)=0$ 的一个根，故上面关于 K_i 的表达式为 $\frac{0}{0}$ 的不定式，可以用求极限的方法确定 K_i 的值，即：

$$K_i = \lim_{s\to p_i} \frac{(s-p_i)N(s)}{D(s)}$$

$$= \lim_{s\to p_i} \frac{(s-p_i)N'(s) + N(s)}{D'(s)} = \frac{N(p_i)}{D'(p_i)}$$

所以，确定式（10-4）中各待定系数的另一公式为：

$$K_i = \frac{N(s)}{D'(s)}\bigg|_{s=p_i} \quad i=1、2、3、\cdots、n \tag{10-5}$$

确定了式（10-4）中各待定系数后，相应的原函数为：

$$f(t) = L^{-1}[F(s)] = \sum_{i=1}^{n} K_i e^{p_i t} = \sum_{i=1}^{n} \frac{N(p_i)}{D'(p_i)} e^{p_i t}$$

【例 10.6】　求 $F(s) = \dfrac{2s+1}{s^3+7s^2+10s}$ 的原函数 $f(t)$。

【解】　因为 $F(s) = \dfrac{2s+1}{s^3+7s^2+10s} = \dfrac{2s+1}{s(s+2)(s+5)}$

所以，$D(s)=0$ 的根为：

$$p_1=0,\quad p_2=-2,\quad p_3=-5$$
$$D'(s)=3s^2+14s+10$$

根据式（10-5）确定各系数：

$$K_1=\frac{N(s)}{D'(s)}\bigg|_{s=p_1}=\frac{2s+1}{3s^2+14s+10}\bigg|_{s=0}=0.1$$

同理求得：

$$K_2=0.5,\quad K_3=-0.6$$

所以：

$$f(t)=0.1+0.5\mathrm{e}^{-2t}-0.6\mathrm{e}^{-5t}$$

10.2.3　$D(s)=0$ 具有共轭复根

如果 $D(s)=0$ 具有共轭复根 $p_1=\alpha+\mathrm{j}\omega$，$p_2=\alpha-\mathrm{j}\omega$，则：

$$K_1=\left[(s-\alpha-\mathrm{j}\omega)F(s)\right]_{s=\alpha+\mathrm{j}\omega}=\frac{N(s)}{D'(s)}\bigg|_{s=\alpha+\mathrm{j}\omega}$$

$$K_2=\left[(s-\alpha+\mathrm{j}\omega)F(s)\right]_{s=\alpha-\mathrm{j}\omega}=\frac{N(s)}{D'(s)}\bigg|_{s=\alpha-\mathrm{j}\omega}$$

由于 $F(s)$ 是实系数多项式之比，故 K_1、K_2 为共轭复数。

设 $K_1=|K_1|\mathrm{e}^{\mathrm{j}\theta_1}$，则 $K_2=|K_1|\mathrm{e}^{-\mathrm{j}\theta_1}$，有：

$$\begin{aligned}
f(t)&=K_1\mathrm{e}^{(\alpha+\mathrm{j}\omega)t}+K_2\mathrm{e}^{(\alpha-\mathrm{j}\omega)t}\\
&=|K_1|\mathrm{e}^{\mathrm{j}\theta_1}\mathrm{e}^{(\alpha+\mathrm{j}\omega)t}+|K_1|\mathrm{e}^{-\mathrm{j}\theta_1}\mathrm{e}^{(\alpha-\mathrm{j}\omega)t}\\
&=|K_1|\mathrm{e}^{\alpha t}\left[\mathrm{e}^{\mathrm{j}(\omega t+\theta_1)}+\mathrm{e}^{-\mathrm{j}(\omega t+\theta_1)}\right]\\
&=2|K_1|\mathrm{e}^{\alpha t}\cos(\omega t+\theta_1)
\end{aligned}\tag{10-6}$$

【例 10.7】　求 $F(s)=\dfrac{s+3}{s^2+2s+5}$ 的原函数 $f(t)$。

【解】　$D(s)=0$ 的根为共轭复根，$p_1=-1+\mathrm{j}2$，$p_2=-1-\mathrm{j}2$。

$$K_1=\frac{N(s)}{D'(s)}\bigg|_{s=p_1}=\frac{s+3}{2s+2}\bigg|_{s=-1+\mathrm{j}2}$$

$$=0.5-\mathrm{j}0.5=0.5\sqrt{2}\,\mathrm{e}^{-\mathrm{j}\frac{\pi}{4}}$$

$$K_2=|K_1|\mathrm{e}^{-\mathrm{j}\theta_1}=0.5\sqrt{2}\,\mathrm{e}^{\mathrm{j}\frac{\pi}{4}}$$

根据式（10-6），可得：

$$f(t)=2|K_1|\mathrm{e}^{-t}\cos\left(2t-\frac{\pi}{4}\right)$$

$$=\sqrt{2}\,\mathrm{e}^{-t}\cos\left(2t-\frac{\pi}{4}\right)$$

10.2.4　$D(s)=0$ 具有重根

如果 $D(s)=0$ 具有重根，则应含 $(s-p_1)^n$ 的因式。现设 $D(s)$ 中含有 $(s-p_1)^3$ 的因式，p_1 为 $D(s)=0$ 的三重根，其余为单根，$F(s)$ 可分解为：

$$F(s)=\frac{K_{13}}{s-p_1}+\frac{K_{12}}{(s-p_1)^2}+\frac{K_{11}}{(s-p_1)^3}+\left(\frac{K_2}{s-p_2}+\cdots\right)\tag{10-7}$$

式（10-7）最后一项括号中为其余单根项。

对于单根，仍采用 $K_i = \dfrac{N(s)}{D'(s)}\Big|_{s=p_i}$ 公式计算。为了确定 K_{11}、K_{12} 和 K_{13}，可以将式（10-7）两边都乘以 $(s-p_1)^3$，则 K_{11} 被单独分离出来，即：

$$(s-p_1)^3 F(s) = (s-p_1)^2 K_{13} + (s-p_1)K_{12} + K_{11} + (s-p_1)^3\left(\frac{K_2}{s-p_2}+\cdots\right) \quad (10\text{-}8)$$

则：
$$K_{11} = (s-p_1)^3 F(s)\big|_{s=p_1}$$

再对式（10-8）两边对 s 求导一次，K_{12} 被分离出来，即：

$$\frac{\mathrm{d}}{\mathrm{d}s}\left[(s-p_1)^3 F(s)\right] = 2(s-p_1)K_{13} + K_{12} + \frac{\mathrm{d}}{\mathrm{d}s}\left[(s-p_1)^3\left(\frac{K_2}{s-p_2}+\cdots\right)\right]$$

所以：

$$K_{12} = \frac{\mathrm{d}}{\mathrm{d}s}\left[(s-p_1)^3 F(s)\right]_{s=p_1}$$

用同样的方法可得：

$$K_{13} = \frac{1}{2}\frac{\mathrm{d}^2}{\mathrm{d}s^2}\left[(s-p_1)^3 F(s)\right]_{s=p_1}$$

从以上分析过程可以推论得出当 $D(s)=0$ 具有 q 阶重根，其余为单根时的分解式为：

$$F(s) = \frac{K_{1q}}{s-p_1} + \frac{K_{1(q-1)}}{(s-p_1)^2} + \cdots + \frac{K_{11}}{(s-p_1)^q} + \left(\frac{K_2}{s-p_2}+\cdots\right) \quad (10\text{-}9)$$

式中：

$$K_{11} = (s-p_1)^q F(s)\big|_{s=p_1}$$

$$K_{12} = \frac{\mathrm{d}}{\mathrm{d}s}\left[(s-p_1)^q F(s)\right]\Big|_{s=p_1}$$

$$K_{13} = \frac{1}{2}\frac{\mathrm{d}^2}{\mathrm{d}s^2}\left[(s-p_1)^q F(s)\right]\Big|_{s=p_1}$$

$$\cdots\cdots$$

$$K_{1q} = \frac{1}{(q-1)!}\frac{\mathrm{d}^{q-1}}{\mathrm{d}s^{q-1}}\left[(s-p_1)^q F(s)\right]\Big|_{s=p_1}$$

如果 $D(s)=0$ 具有多个重根时，对每个重根分别利用上述方法即可得到各系数。

【例 10.8】　求 $F(s) = \dfrac{1}{(s+1)^3 s^2}$ 的原函数 $f(t)$。

【解】　令 $D(s) = (s+1)^3 s^2 = 0$，有 $p_1 = -1$ 为三重根，$p_2 = 0$ 为二重根，所以：

$$F(s) = \frac{K_{13}}{s+1} + \frac{K_{12}}{(s+1)^2} + \frac{K_{11}}{(s+1)^3} + \frac{K_{22}}{s} + \frac{K_{21}}{s^2}$$

首先，以 $(s+1)^3$ 乘以 $F(s)$ 得：

$$(s+1)^3 F(s) = \frac{1}{s^2}$$

应用式（10-9），得：

$$K_{11} = \frac{1}{s^2}\bigg|_{s=-1} = 1$$

$$K_{12} = \frac{\mathrm{d}}{\mathrm{d}s} \frac{1}{s^2} \bigg|_{s=-1} = \frac{-2}{s^3} \bigg|_{s=-1} = 2$$

$$K_{13} = \frac{1}{2} \frac{\mathrm{d}^2}{\mathrm{d}s^2} \frac{1}{s^2} \bigg|_{s=-1} = \frac{1}{2} \frac{6}{s^4} \bigg|_{s=-1} = 3$$

同样，为计算 K_{21} 和 K_{22}，首先以 s^2 乘 $F(s)$ 得：

$$s^2 F(s) = \frac{1}{(s+1)^3}$$

应用式（10-9）可求得：

$$K_{21} = 1$$
$$K_{22} = -3$$

所以：

$$F(s) = \frac{1}{(s+1)^3 s^2} = \frac{3}{s+1} + \frac{2}{(s+1)^2} + \frac{1}{(s+1)^3} - \frac{3}{s} + \frac{1}{s^2}$$

相应的原函数为：

$$f(t) = 3\mathrm{e}^{-t} + 2t\mathrm{e}^{-t} + \frac{1}{2}t^2\mathrm{e}^{-t} - 3 + t$$

10.3　运算电路与运算法

10.3 运算电路与运算法

10.3.1　基尔霍夫定律的运算形式

用向量法求解正弦稳态响应时，引进了复阻抗（复导纳）的概念，并在电路图中直接画出频域中的元件模型，从而不仅可省去列写微分方程。直接写出相量形式的代数方程。而且，由于相量形式表示的基本定律和直流激励下的电阻电路中所用同一定律具有完全相似的形式，因此就使正弦稳态电路的分析与电阻电路的分析统一为一种方法。

第一种方法是：可以将各电路元件的特性方程变换为复频域形式（运算形式），再画出线性定长网络的复频域模型（或称为运算电路），然后直接列出网络在复频域中的代数方程并求解；第二种方法是：先列出网络的微积分方程，然后变换为复频域中的代数方程并求解。一般来说，第一种方法比第二种方法简便，这一节主要介绍第一种方法（运算法）。

基尔霍夫定律的时域表示式为：

$$\sum i(t) = 0$$

对上式进行拉普拉斯变换，并应用拉普拉斯变换的线性性质，可得：

$$\mathrm{L}\left[\sum i(t)\right] = \sum \mathrm{L}[i(t)] = 0$$

设任一支路的电流 $i(t)$ 象函数为 $I(s)$，代入上式得：

$$\sum I(s) = 0$$

上式就是基尔霍夫电流定律的运算形式。

同理，可以求得基尔霍夫电压定律的运算形式为：

$$\sum U(s) = 0$$

10.3.2 电路元件的运算形式

根据元件电压、电流的时域关系，可以推导出各元件电压电流关系的运算形式。

1. 电阻元件的运算形式

图 10-2(a) 所示电阻元件的电压电流关系为 $u(t)=Ri(t)$，两边取拉氏变换，得：

$$U(s)=RI(s) \tag{10-10}$$

式（10-10）就是电阻 VCR 的运算形式，图 10-2(b) 称为电阻 R 的运算电路。

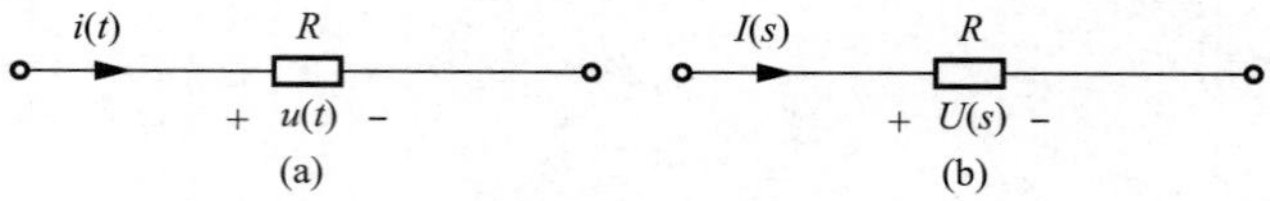

图 10-2 电阻的运算电路

2. 电感元件的运算形式

对于图 10-3(a) 所示电感，有 $u(t)=L\dfrac{\mathrm{d}i(t)}{\mathrm{d}t}$，取拉氏变换并根据拉氏变换的微分性质，得：

$$\mathrm{L}\left[u(t)\right]=\mathrm{L}\left[L\frac{\mathrm{d}i(t)}{\mathrm{d}t}\right]$$

$$U(s)=sLI(s)-Li(0_-) \tag{10-11a}$$

式中，sL 为电感的运算阻抗，$i(0_-)$ 表示电感中的初始电流。这样，就可以得到图 10-3(b) 所示运算电路，$Li(0_-)$ 表示附加电压源的电压，它反映了电感中初始电流的作用。还可以把式（10-11a）改写为：

$$I(s)=\frac{1}{sL}U(s)+\frac{i(0_-)}{s} \tag{10-11b}$$

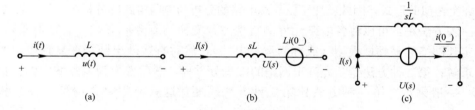

图 10-3 电感的运算电路

就可以获得图 10-3(b) 所示运算电路。其中，$\dfrac{1}{sL}$ 为电感的运算导纳，$\dfrac{i(0_-)}{s}$ 表示附加电流源的电流。

3. 电容元件的运算形式

对于图 10-4(a) 所示，电容有 $u(t)=\dfrac{1}{C}\displaystyle\int_{0_-}^{t}i(\xi)\mathrm{d}\xi+u(0_-)$，取拉氏变换并根据拉氏变换的积分性质，得：

$$\left.\begin{array}{l}U(s)=\dfrac{1}{sC}I(s)+\dfrac{u(0_-)}{s}\\[2mm]I(s)=sCU(s)-Cu(0_-)\end{array}\right\} \tag{10-12}$$

这样，可以分别获得图 10-4(b)、(c) 所示运算电路。其中，$\dfrac{1}{sC}$ 和 sC 分别为电容 C 的运算阻抗和运算导纳，$\dfrac{u(0_-)}{s}$ 和 $Cu(0_-)$ 分别为反映电容初始电压的附加电压源的电压和附加电流源的电流。

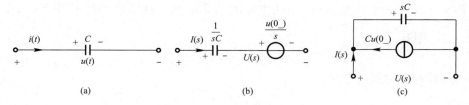

图 10-4　电容的运算电路

4. 耦合电感的运算形式

对两个耦合电感，运算电路中应包括由于互感引起的附加电源。根据图 10-5(a)，有：

$$u_1 = L_1\frac{\mathrm{d}i_1}{\mathrm{d}t} + M\frac{\mathrm{d}i_2}{\mathrm{d}t}$$

$$u_2 = L_2\frac{\mathrm{d}i_2}{\mathrm{d}t} + M\frac{\mathrm{d}i_1}{\mathrm{d}t}$$

对上式两边取拉氏变换，有：

$$U_1(s) = sL_1I_1(s) - L_1i_1(0_-) + sMI_2(s) - Mi_2(0_-)$$
$$U_2(s) = sL_2I_2(s) - L_2i_2(0_-) + sMI_1(s) - Mi_1(0_-) \tag{10-13}$$

式中，sM 称为互感运算阻抗，$Mi_1(0_-)$ 和 $Mi_2(0_-)$ 都是附加的电压源，附加电压源的方向与电流 i_1、i_2 的参考方向有关。图 10-5(b) 为具有耦合电感的运算电路。

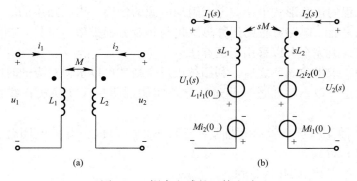

图 10-5　耦合电感的运算电路

5. RLC 元件串联的运算形式

图 10-6(a) 所示为 RLC 串联电路。设电源电压为 $u(t)$，电感中初始电流为 $i(0_-)$，电容中初始电压为 $u_C(0_-)$。如用运算电路表示，将得到图 10-6(b)。

根据 $\sum U(s) = 0$，有：

$$RI(s) + sLI(s) - Li(0_-) + \frac{1}{sC}I(s) + \frac{u_C(0_-)}{s} = U(s)$$

或

$$\left(R + sL + \frac{1}{sC}\right)I(s) = U(s) + Li(0_-) - \frac{u_C(0_-)}{s}$$

$$Z(s)I(s) = U(s) + Li(0_-) - \frac{u_C(0_-)}{s}$$

式中，$Z(s) = R + sL + \frac{1}{sC}$ 为 RLC 串联电路的运算阻抗。在零值初始条件下，$i(0_-) = 0$，$u_C(0_-) = 0$，则有：

$$Z(s)I(s) = U(s)$$

上式即为运算形式的欧姆定律。

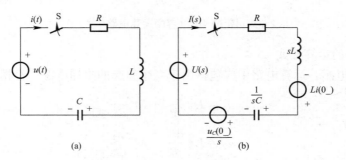

图 10-6　RLC 串联电路

10.3.3　运算电路

当电路的所有独立初始条件为零时，电路元件 VCR 的运算形式与相量形式是类似的，加之 KCL 和 KVL 的运算形式与相量形式也是类似的，所以对于同一电路列出的零状态下的运算形式的方程和相量方程在形式上相似，但这两种方程具有不同的意义。在非零状态条件下，电路方程的运算形式中还应考虑附加电源的作用。当电路中的非零独立初始条件考虑成附加电源之后，电路方程的运算形式仍与相量方程类似。可见，相量法中各种计算方法和定理在形式上完全可以移用于运算法。

在运算法中，求得象函数之后，利用拉氏反变换就可以求得对应的时间函数。

根据上述思想，以下将通过一些运算电路实例说明拉氏变换法在线性电路分析中的应用。

【例 10.9】　图 10-7(a) 所示电路原处于稳态。$t = 0$ 时，开关 S 闭合，试用运算法求解换路后的电流 $i_L(t)$。

【解】　首先，求 U_S 的拉氏变换

$$L[U_S] = L[1] = \frac{1}{s}$$

由于开关闭合前电路已处于稳态，所以电感电流 $i_L(0_-) = 0$，电容电压 $u_C(0_-) = 1V$。该电路的运算电路如图 10-7(b) 所示。

应用回路电流法，设回路电流为 $I_a(s)$、$I_b(s)$，方向如图 10-7(b) 所示，可列出方程：

$$\left(R_1 + sL + \frac{1}{sC}\right)I_a(s) - \frac{1}{sC}I_b(s) = \frac{1}{s} - \frac{u_C(0_-)}{s}$$

$$-\frac{1}{sC}I_a(s)+\left(R_2+\frac{1}{sC}\right)I_b(s)=\frac{u_C(0_-)}{s}$$

代入已知数据，得：

$$\left(1+s+\frac{1}{s}\right)I_a(s)-\frac{1}{s}I_b(s)=0$$

$$-\frac{1}{s}I_a(s)+\left(1+\frac{1}{s}\right)I_b(s)=\frac{1}{s}$$

解得：

$$I_L(s)=I_a(s)=\frac{1}{s(s^2+2s+2)}$$

求其反变换：

$$L^{-1}[I_L(s)]=\frac{1}{2}(1+e^{-t}\cos t-e^{-t}\sin t)$$

所以：

$$i_L(t)=\frac{1}{2}(1-e^{-t}\cos t-e^{-t}\sin t)A \quad t\geqslant 0$$

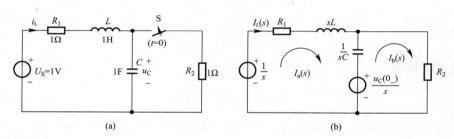

图 10-7　【例 10.9】图

【例 10.10】 图 10-8(a) 所示为 RC 并联电路，激励为电流源 $i_S(t)$，若：

(1) $i_S(t)=\varepsilon(t)A$

(2) $i_S(t)=\delta(t)A$

试求电路响应 $u(t)$ $(t\geqslant 0)$。

【解】 运算电路如图 10-8(b) 所示。

(1) 当 $i_S(t)=\varepsilon(t)$ A 时，$I_S(s)=\frac{1}{s}$

$$U(s)=Z(s)I_S(s)=\frac{R\cdot\frac{1}{sC}}{R+\frac{1}{sC}}\cdot\frac{1}{s}=\frac{1}{sC\left(s+\frac{1}{RC}\right)}=\frac{R}{s}-\frac{R}{s+\frac{1}{RC}}$$

其反变换为：

$$u(t)=L^{-1}[U(s)]=R(1-e^{-\frac{1}{RC}t})\varepsilon(t)V$$

(2) 当 $i_S(t)=\delta(t)$ A 时，$I_S(s)=1$

$$U(s)=Z(s)I_S(s)=\frac{R\cdot\frac{1}{sC}}{R+\frac{1}{sC}}$$

其反变换为：
$$u(t)=\frac{1}{C}\mathrm{e}^{-\frac{1}{RC}t}\varepsilon(t)\mathrm{V}$$

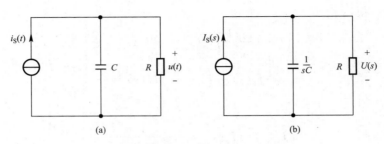

图 10-8　【例 10.10】图

【例 10.11】　图 10-9(a) 所示电路中，电路原处于稳态。$t=0$ 时，将开关 S 闭合，求换路后的 $u_\mathrm{L}(t)$，已知 $u_\mathrm{S1}=2\mathrm{e}^{-2t}\mathrm{V}$，$u_\mathrm{S2}=5\mathrm{V}$，$R_1=R_2=5\Omega$，$L=1\mathrm{H}$。

【解】　与图 10-9(a) 相对应的运算电路见图 10-9(b)，其中：
$$\mathrm{L}[u_\mathrm{S1}]=\mathrm{L}[2\mathrm{e}^{-2t}]=\frac{2}{s+2}$$

$$\mathrm{L}[u_\mathrm{S2}]=\mathrm{L}[5\varepsilon(t)]=\frac{5}{s}$$

电感电流的初始值：
$$i_\mathrm{L}(0_-)=\frac{u_\mathrm{S2}}{R_2}=1\mathrm{A}$$

应用结点法求解。设⓪点为参考结点，结点电压 $U_{\mathrm{n1}}(s)$ 就是 $U_\mathrm{L}(s)$。有：
$$\left(\frac{1}{R_1}+\frac{1}{R_2}+\frac{1}{sL}\right)U_\mathrm{L}(s)=\frac{\dfrac{2}{s+2}}{R_1}+\frac{\dfrac{5}{s}}{R_2}-\frac{Li(0_-)}{sL}$$

代入已知数据，得：
$$\left(\frac{2}{5}+\frac{1}{s}\right)U_\mathrm{L}(s)=\frac{2}{5(s+2)}+\frac{1}{s}-\frac{1}{s}$$

$$U_\mathrm{L}(s)=\frac{2s}{(s+2)(2s+5)}$$

$$u_\mathrm{L}(t)=\mathrm{L}^{-1}[U_\mathrm{L}(s)]=(-4\mathrm{e}^{-2t}+5\mathrm{e}^{-2.5t})\mathrm{V}\qquad t\geqslant 0$$

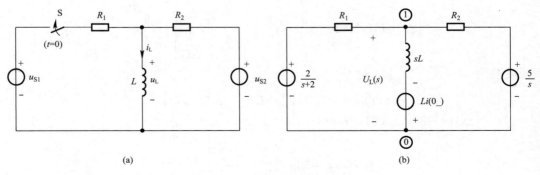

图 10-9　【例 10.11】图

10.3.4　运算法的步骤

运算法与相量法的基本思想类似。相量法把正弦量变换为相量（复数），从而把求解线性电路的正弦稳态问题归结为以相量为变量的线性代数方程。运算法把时间函数变换为对应的象函数，从而把问题归结为求解以象函数为变量的线性代数方程。

基尔霍夫定律和欧姆定律在电阻电路中导出了一系列电路定理、变换和电路方程，所有这些正弦稳态电路中曾用过，现在依然可以引申到运算电路。所有节点电压、回路电流、网孔电流法、叠加定理、戴维宁定理、阻抗串并联和△-丫变换等，均可直接应用于运算电路。运算法求解过程大体上可分为四个步骤：

（1）由换路前瞬间电路的工作状态，计算出所有储能元件的初始状态，即各电感电流和电容电压初始值。

（2）画出运算电路图。将所有电路元件均用运算电路模型表示，如 R 用 R 代替代，L 用运算感抗 sL 及附加电压源 $Li(0_-)$ 相串联的有源支路替代，C 用运算容抗 $\dfrac{1}{sC}$ 和附加电压源 $\dfrac{u(0_-)}{s}$ 相串联的有源支路替代，将电源变换为运算形式。运算电路的结构、电压和电流的参考方向，均与时域电路图相同。

（3）根据运算电路图，运用线性电路的各种分析方法，计算出响应的象函数。求得的运算解一般是 S 的有理分式，物理意义是不明显的。

（4）运用部分分式展开法，将求出的象函数进行拉普拉斯反变换，可得到对应的时域解是响应的时间函数表达式。由时域解，可以明显地看出响应的变化规律、量值大小等。

10.3.5　运算法的应用

【例 10.12】　图 10-10（a）所示电路中，已知 $R_1=R_2=1\Omega$，$L_1=L_2=0.1\mathrm{H}$，$M=0.05\mathrm{H}$，激励为直流电压 $U_\mathrm{S}=1\mathrm{V}$，$t=0$ 时开关闭合，试求换路后的电流 $i_1(t)$ 和 $i_2(t)$。

【解】　图 10-10（b）为与图 10-10（a）相应的运算电路。列出回路电流方程：

$$(R_1+sL_1)I_1(s)-sMI_2(s)=\frac{1}{s}$$

$$-sMI_1(s)+(R_2+sL_2)I_2(s)=0$$

代入已知数据，可得：

$$(1+0.1s)I_1(s)-0.05sI_2(s)=\frac{1}{s}$$

$$-0.05sI_1(s)+(1+0.1s)I_2(s)=0$$

解得：

$$I_1(s)=\frac{0.1s+1}{s(0.75\times10^{-2}s^2+0.2s+1)}$$

$$I_2(s)=\frac{0.05s}{0.75\times10^{-2}s^2+0.2s+1}$$

$$i_1(t)=(1-0.5\mathrm{e}^{-6.67t}-0.5\mathrm{e}^{-20t})\mathrm{A}\quad t\geqslant0$$

$$i_2(t)=0.5(\mathrm{e}^{-6.67t}-\mathrm{e}^{-20t})\mathrm{A}\quad t\geqslant0$$

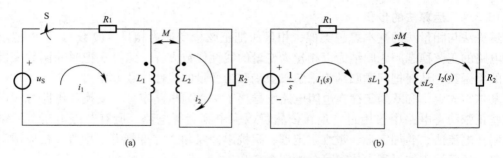

图 10-10 【例 10.12】图

【例 10.13】 电路如图 10-11(a) 所示，开关 S 原来闭合，$t=0$ 时打开。求换路后电路中的电流及电感元件上的电压。

【解】 L_1 中的初始电流为 $\dfrac{U_S}{R_1}=5A$，S 打开后的运算如图 10-11(b) 所示，故：

$$I(s)=\frac{\dfrac{10}{s}+5L_1}{R_1+R_2+s(L_1+L_2)}=\frac{10+1.5s}{s(5+0.4s)}$$

$$=\frac{3.75s+25}{s(s+12.5)}=\frac{2}{s}+\frac{1.75}{s+12.5}$$

$$i(t)=(2+1.75e^{-12.5t})A \quad t\geqslant 0_+$$

电流随时间变化的曲线如图 10-11(c) 所示。本题中 L_1 原有电流 5A，L_2 中没有电流。但开关打开后，L_1 和 L_2 的电流在 $t=0_+$ 时都被强制为同一电流，其数值为 $i(0_+)=3.75A$。

可见，两个电感的电流都发生了跃变。由于电流的跃变，电感 L_1 和 L_2 的电压 u_{L_1} 和 u_{L_2} 中将有冲激函数出现。电压 u_{L_1} 和 u_{L_2} 可求得如下：

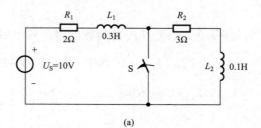

(a)

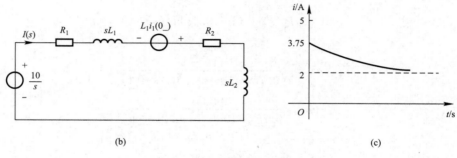

(b) (c)

图 10-11 【例 10.13】图

$$U_{L_1}(s) = 0.3sI(s) - 1.5$$

$$= 0.6 + \frac{0.3s \times 1.75}{s + 12.5} - 1.5$$

$$= -\frac{6.56}{s + 12.5} - 0.375$$

$$U_{L_2}(s) = 0.1sI(s) = 0.2 + \frac{0.175s}{s + 12.5}$$

$$= -\frac{2.19}{s + 12.5} + 0.375$$

$$u_{L_1}(t) = [-6.56e^{-12.5t}\varepsilon(t) - 0.375\delta(t)]\text{V}$$

$$u_{L_2}(t) = [-2.19e^{-12.5t}\varepsilon(t) + 0.375\delta(t)]\text{V}$$

$$u_{L_1}(t) + u_{L_2}(t) = -8.75e^{-12.5t}\varepsilon(t)\text{V}$$

可见 $u_{L_1} + u_{L_2}$ 中并无冲激函数出现，这是因为虽然 L_1、L_2 中的电流发生了跃变，因而分别有冲激电压出现，但两者大小相同而方向相反，故在整个回路，不会出现冲激电压，保证满足 KVL。

从这个实例中可以看出，由于拉氏变换式中下限取 0_-，故自动地把冲激函数考虑进去，因此无需先求 $t = 0_+$ 时的跃变值。

【例 10.14】 图 10-12(a) 所示为含有受控源的零状态电路，试求电容电压 $u_C(t)$。已知激励为 $u_S(t) = 20\sin t\varepsilon(t)\text{V}$。

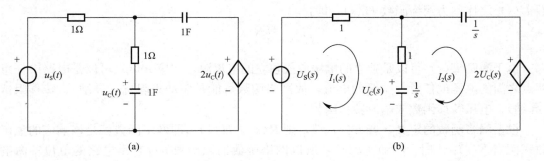

图 10-12　【例 10.14】图

【解】 已知电路为零状态电路，$t > 0$ 时运算电路如图 10-12(b) 所示。以 $I_1(s)$、$I_2(s)$ 为变量，列得电路的 KVL 方程为：

$$\left(1 + 1 + \frac{1}{s}\right)I_1(s) - \left(\frac{1}{s} + 1\right)I_2(s) = U_S(s)$$

$$-\left(\frac{1}{s} + 1\right)I_1(s) + \left(1 + \frac{1}{s} + \frac{1}{s}\right)I_2(s) = -2U_C(s)$$

而：

$$U_C(s) = \frac{1}{s}[I_1(s) - I_2(s)]$$

联立求解得：

$$U_C(s) = \frac{1}{s^2 + s + 1}U_S(s)$$

而：
$$U_S(s) = \frac{20}{s^2+1}$$

所以：
$$U_C(s) = \frac{20}{(s^2+s+1)(s^2+1)} = 20\left(\frac{s+1}{s^2+s+1} - \frac{s}{s^2+1}\right)$$

$$= 20\left[\frac{s+\frac{1}{2}}{\left(s+\frac{1}{2}\right)^2+\left(\frac{\sqrt{3}}{2}\right)^2} + \frac{1}{\sqrt{3}}\frac{\frac{\sqrt{3}}{2}}{\left(s+\frac{1}{2}\right)^2+\left(\frac{\sqrt{3}}{2}\right)^2} - \frac{s}{s^2+1}\right]$$

求 $U_C(s)$ 的反变换，则有：

$$u_C(t) = L^{-1}[U_C(s)] = 20e^{-\frac{1}{2}t}\left[\cos\left(\frac{\sqrt{3}}{2}t\right) + \frac{1}{\sqrt{3}}\sin\left(\frac{\sqrt{3}}{2}t\right)\right] - 20\cos t$$

即：

$$u_C(t) = \left\{20e^{-\frac{1}{2}t}\left[\cos\left(\frac{\sqrt{3}}{2}t\right) + \frac{1}{\sqrt{3}}\sin\left(\frac{\sqrt{3}}{2}t\right)\right] - 20\cos t\right\}\varepsilon(t)\,\text{V}$$

10.4 网 络 函 数

10.4 网络
函数

10.4.1 网络函数的定义

在仅含有一个激励源的零状态线性动态网络中，若任意激励 $e(t)$ 的象函数为 $E(s)$，响应 $r(t)$ 的象函数为 $R(s)$，则网络的零状态响应象函数 $R(s)$ 与激励象函数 $E(s)$ 之比称为网络函数 $H(s)$，即：

$$H(s) \stackrel{\text{def}}{=} \frac{R(s)}{E(s)} \tag{10-14}$$

由于激励 $E(s)$ 可以是独立的电压源或独立的电流源，响应 $R(s)$ 可以是电路中任意两点之间的电压或任意一支路的电流，故网络函数可能是驱动点阻抗（导纳）、转移阻抗（导纳）、电压转移函数或电流转移函数。

根据网络函数的定义，若 $E(s)=1$，则 $R(s)=H(s)$，即网络函数就是该响应的象函数；而当 $E(s)=1$ 时，$e(t)=\delta(t)$，所以网络函数的原函数 $h(t)$ 是电路的单位冲激响应，即：

$$h(t) = L^{-1}[H(s)] \tag{10-15}$$

10.4.2 网络函数的应用

【例 10.15】 图 10-13(a) 中电路激励为 $i_S(t)=\delta(t)$，求冲激激励下的电容 $u_C(t)$。

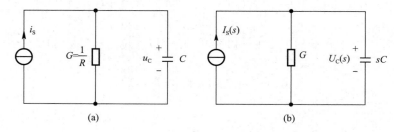

图 10-13 【例 10.15】图

【解】　图 10-13(b) 为其运算电路，由于此冲激响应与冲激电流激励属于同一端口，因而网络函数为驱动点阻抗，即：

$$H(s)=\frac{R(s)}{E(s)}=\frac{U_C(s)}{1}=Z(s)=\frac{1}{sC+G}=\frac{1}{C}\cdot\frac{1}{s+\dfrac{1}{RC}}$$

$$h(t)=u_C(t)=L^{-1}[H(s)]=L^{-1}\left[\frac{1}{C}\cdot\frac{1}{s+\dfrac{1}{RC}}\right]=\frac{1}{C}e^{-\frac{1}{RC}t}\varepsilon(t)$$

【例 10.16】　图 10-14(a) 所示电路为一低通滤波电路，激励是电压源 $u_1(t)$。已知：$L_1=1.5\text{H}$，$C_2=\dfrac{4}{3}\text{F}$，$L_3=0.5\text{H}$，$R=1\Omega$。求电压转移函数 $H_1(s)=\dfrac{U_2(s)}{U_1(s)}$ 和驱动点导纳函数 $H_2(s)=\dfrac{I_1(s)}{U_1(s)}$。

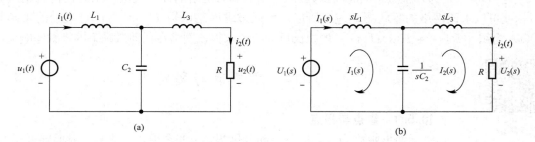

图 10-14　【例 10.16】图

【解】　给定电路的运算电路如图 10-14(b) 所示。用回路电流法列出回路电流 $I_1(s)$ 和 $I_2(s)$ 的方程，有：

$$\left(sL_1+\frac{1}{sC_2}\right)I_1(s)-\frac{1}{sC_2}I_2(s)=U_1(s)$$

$$-\frac{1}{sC_2}I_1(s)+\left(sL_3+\frac{1}{sC_2}+R\right)I_2(s)=0$$

解得：

$$I_1(s)=\frac{L_3C_2s^2+RC_2s+1}{D(s)}U_1(s)$$

$$I_2(s)=\frac{1}{D(s)}U_1(s)$$

其中：
$$D(s)=L_1L_3C_2s^3+RL_1C_2s^2+(L_1+L_3)s+R$$
而：
$$U_2(s)=RI_2(s)$$
代入数据后，得：
$$D(s)=s^3+2s^2+2s+1$$

电压转移函数为：

$$H_1(s)=\frac{U_2(s)}{U_1(s)}=\frac{1}{s^3+2s^2+2s+1}=\frac{1}{(s+1)(s^2+s+1)}$$

驱动点导纳函数为：

$$H_2(s) = \frac{I_1(s)}{U_1(s)} = \frac{2s^2 + 4s + 3}{3(s^3 + 2s^2 + 2s + 1)}$$

由以上的例题及网络函数的定义，可见对于由 R、$L(M)$、C 及受控源等元件组成的电路，网络函数是 s 的实系数有理函数，其分子和分母多项式的根或为实数或为共轭复数。另外，可以看出网络函数中不会出现激励的象函数。

根据网络函数的定义，还可以应用卷积定理求电路响应。从式（10-14）可知，网络响应 $R(s)$ 为：

$$R(s) = E(s)H(s) \tag{10-16}$$

求 $R(s)$ 的拉氏反变换，得到时域中的响应：

$$r(t) = L^{-1}[E(s)H(s)]$$
$$= \int_0^t e(t-\xi)h(\xi)\mathrm{d}\xi \tag{10-17}$$

这里，$e(t)$ 为外施激励的时间函数形式，$h(t)$ 为网络的冲激响应。给定任何激励函数后，就可以求该网络的零状态响应。所以，可通过求网络函数 $H(s)$ 与任意激励的象函数 $E(s)$ 之积 $[R(s) = E(s)H(s)]$ 的拉氏反变换，求得该网络在任何激励下的零状态响应。

10.5 零极点与稳定性

10.5 零极点
与稳定性

10.5.1 零点与极点

由于网络函数 $H(s)$ 的分子和分母都是 s 的多项式，故其一般形式可写为：

$$H(s) = \frac{N(s)}{D(s)} = \frac{b_m s^m + b_{m-1} s^{m-1} + \cdots + b_0}{a_n s^n + a_{n-1} s^{n-1} + \cdots + a_0}$$

$$= H_0 \frac{(s-z_1)(s-z_2)\cdots(s-z_i)\cdots(s-z_m)}{(s-p_1)(s-p_2)\cdots(s-p_j)\cdots(s-p_n)}$$

$$= H_0 \frac{\displaystyle\prod_{i=1}^{m}(s-z_i)}{\displaystyle\prod_{j=1}^{n}(s-p_j)} \tag{10-18}$$

其中，H_0 为一常数，z_1、z_2、$\cdots$、z_i、$\cdots$、z_m 是 $N(s)=0$ 的根，p_1、p_2、$\cdots$、p_j、$\cdots$、p_n 是 $D(s)=0$ 的根。当 $s=z_i$ 时，$H(s)=0$，故 z_1、z_2、$\cdots$、z_i、$\cdots$、z_m 称为网络函数的零点。当 $s=p_j$ 时，$D(s)=0$，$H(s)$ 将趋近无限大，故 p_1、p_2、$\cdots$、p_j、$\cdots$、p_n 称为网络函数的极点。如果 $N(s)$ 和 $D(s)$ 分别有重根，则称为重零点和重极点。

10.5.2 零极点分布图

式（10-18）表明，一个网络函数可以用它的 n 个极点和 m 个零点及增益常数来完整的描述。极点和零点必然是实数或成对出现的共轭复数，这是由实系数多项式的性质决定的。如果以复数 s 的实部 σ 为横轴，虚部 $j\omega$ 为纵轴，就得到一个复频率平面，简称为复平面或 s 平面。在复平面上，把 $H(s)$ 的零点用"○"表示，极点用"×"表示，就得到网络函数的零点、极点分布图。

零点、极点在平面 s 上的分布与网络的时域响应和正弦稳态响应有着密切的关系。

【**例 10.17**】　已知某网络函数为:

$$H(s)=\frac{2s^2-12s+16}{s^3+4s^2+6s+3},$$

试在复平面上绘出其零点、极点分布图。

【**解**】　分子 $N(s)=2(s^2-6s+8)=2(s-2)(s-4)$

分母 $D(s)=(s+1)(s^2+3s+3)=(s+1)\left(s+\frac{3}{2}+\mathrm{j}\frac{\sqrt{3}}{2}\right)\left(s+\frac{3}{2}-\mathrm{j}\frac{\sqrt{3}}{2}\right)$

所以, $H(s)$ 有 2 个零点: $z_1=2$、$z_1=4$; 3 个极点: $p_1=-1$、$p_2=-\frac{3}{2}-\mathrm{j}\frac{\sqrt{3}}{2}$、

$p_3=-\frac{3}{2}+\mathrm{j}\frac{\sqrt{3}}{2}$, 其零点、极点分布图如图 10-15 所示。

【**例 10.18**】　图 10-16 所示电路含理想运算放大器, 已知 $u_S(t)=2\varepsilon(t)\mathrm{V}$, 试求电压

转移函数 $H(s)=\dfrac{U_2(s)}{U_S(s)}$, 并在复平面上绘出其零点、极点分布图。

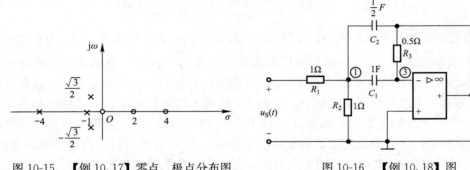

图 10-15　【例 10.17】零点、极点分布图　　　　图 10-16　【例 10.18】图

【**解**】　对结点 (1)、(3), 分别列结点电压方程:

$$\left(\frac{1}{R_1}+\frac{1}{R_2}+sC_1+sC_2\right)U_1(s)-sC_1U_3(s)-sC_2U_2(s)=\frac{U_S(s)}{R_1}$$

$$-sC_1U_1(s)+\left(sC_1+\frac{1}{R_3}\right)U_3(s)-\frac{1}{R_3}U_2(s)=0$$

根据理想运算放大器的性质, 有:

$$U_3(s)=0$$

解得:

$$U_2(s)=\frac{-\dfrac{C_1}{R_1}sU_S(s)}{s^2C_1C_2+s\dfrac{(C_1+C_2)}{R_3}+\left(\dfrac{1}{R_1}+\dfrac{1}{R_2}\right)\dfrac{1}{R_3}}$$

代入已知参数:

$$H(s)=\frac{U_2(s)}{U_S(s)}=\frac{-2s}{s^2+6s+8}$$

该网络函数有 1 个零点, $z_1=0$; 有 2 个极点, $p_1=-2$, $p_2=-4$。其零点、极点图

如图 10-17 所示。

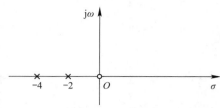

图 10-17　【例 10.18】零点、极点分布图

零点、极点在 s 平面上的分布与网络的时域响应和正弦稳态响应有着密切的关系，后两节中将详细分析。

10.5.3　稳定性

根据网络函数的定义可知，电路的零状态响应的象函数：

$$R(s)=H(s)E(s)=\frac{N(s)}{D(s)}\cdot\frac{P(s)}{Q(s)}$$

式中，$H(s)=\dfrac{N(s)}{D(s)}$，$E(s)=\dfrac{P(s)}{Q(s)}$，而 $N(s)$、$D(s)$、$P(s)$、$Q(s)$ 都是 s 的多项式。用部分分式法求响应的原函数时，$D(s)Q(s)=0$ 的根将包含 $D(s)=0$ 和 $Q(s)=0$ 的根。响应中，包含 $Q(s)=0$ 根的那些项属于强制分量，而包含 $D(s)=0$ 根（即网络函数的极点）的那些项则是自由分量或瞬态分量。

若网络函数为真分式且分母具有单根，则网络的冲激响应为：

$$h(t)=\mathrm{L}^{-1}[H(s)]=\mathrm{L}^{-1}\left[\sum_{i=1}^{n}\frac{K_i}{s-p_i}\right]=\sum_{i=1}^{n}K_i\mathrm{e}^{p_it} \tag{10-19}$$

式中，p_i 为 $H(s)$ 的极点。从式（10-19）可以看出，当 p_i 为负实根时，e^{p_it} 为衰减指数函数；当 p_i 为正实根时，e^{p_it} 为增长的指数函数；而且 $|p_i|$ 越大，衰减或增长的速度越快。这说明，若 $H(s)$ 的极点都位于负实轴上，则 $h(t)$ 将随 t 的增大而衰减，这种电路是稳定的；若有一个极点位于正实轴上，则 $h(t)$ 将随 t 的增长而增长，这种电路是不稳定的。当极点 p_i 为共轭复数时，根据式（10-19）可知，$h(t)$ 是以指数曲线为包络线的正弦函数，其实部的正或负确定增长或衰减的正弦项。当 p_i 为虚根时，则将是纯正弦项。图 10-18 画出了网络函数的极点分别为负实数、正实数、虚数及共轭复数时，对应的时域响应的波形。总之，只要极点位于左半平面，则 $h(t)$ 必随时间增长而衰减，故电路是稳定的。所以，一个实际的线性电路，其网络函数的极点一定位于左半平面。

从式（10-19）还可以看出，p_i 仅由电路的结构及元件值确定，因而将 p_i 称为该电路变量的自然频率或固有频率，p_i 也称为该电路的一个固有频率。因此，电路的固有频率就是该电路所有变量的固有频率。

由于一般情况下 $h(t)$ 的特性就是时域响应中自由分量的特性，而强制分量的特点又仅仅决定于激励的变化规律，所以，根据 $H(s)$ 的极点分布情况和激励的变化规律不难预见时域响应的全部特点。

【例 10.19】　RLC 串联电路接通恒定电压源 U_S，如图 10-19（a）所示。根据网络函数 $H(s)=\dfrac{U_\mathrm{C}(s)}{U_\mathrm{S}(s)}$ 的极点分布情况，分析 $u_\mathrm{C}(t)$ 的变化规律。

【解】　$H(s)=\dfrac{U_\mathrm{C}(s)}{U_\mathrm{S}(s)}=\dfrac{1}{R+sL+\dfrac{1}{sC}}\cdot\dfrac{1}{sC}$

$=\dfrac{1}{s^2LC+sRC+1}=\dfrac{1}{LC}\dfrac{1}{(s-p_1)(s-p_2)}$

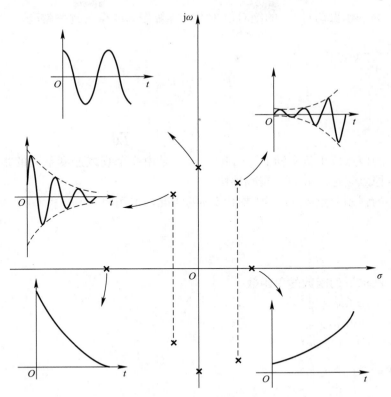

图 10-18　极点与冲激响应的关系

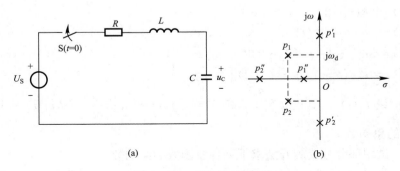

图 10-19　【例 10.19】图

（1）当 $0 < R < 2\sqrt{\dfrac{L}{C}}$ 时，$p_{1,2} = -\delta \pm \mathrm{j}\omega_\mathrm{d}$，其中

$$\delta = \frac{R}{2L}, \quad \omega_\mathrm{d} = \sqrt{\omega_0^2 - \delta^2}, \quad \omega_0 = \frac{1}{\sqrt{LC}}$$

这时，$H(s)$ 的极点位于左半平面，如图 10-19（b）中的 p_1、p_2 所示，因此 $u_\mathrm{C}(t)$ 的自由分量 $u_\mathrm{C}''(t)$ 为衰减的正弦振荡，其包络线的指数为 $\mathrm{e}^{-\delta t}$，振荡角频率为 ω_d 且极点离开虚轴越远，振荡衰减越快。

（2）当 $R = 0$ 时，$\delta = 0$，$\omega_\mathrm{d} = \omega_0$，故 $p'_{1,2} = \pm \mathrm{j}\omega_0$，这说明 $H(s)$ 的极点位于虚轴上。

177

因此，$u''_C(t)$ 为等幅振荡且 ω_d 的绝对值越大，等幅振荡的振荡频率越高。

（3）当 $R > 2\sqrt{\dfrac{L}{C}}$ 时，有：

$$p''_1 = -\frac{R}{2L} + \sqrt{\left(\frac{R}{2L}\right)^2 - \frac{1}{LC}}$$

$$p''_2 = -\frac{R}{2L} - \sqrt{\left(\frac{R}{2L}\right)^2 - \frac{1}{LC}}$$

此时，$H(s)$ 的极点位于负实轴上，因此 $u''_C(t)$ 是由 2 个衰减速度不同的指数函数组成。并且，极点离原点越远，$u''_C(t)$ 衰减越快。

$u_C(t)$ 中的强制分量 $u'_C(t)$ 取决于激励的情况，本例中 $u'_C(t) = U_s$。

习　　题

【10.1】　试求下列函数的象函数。

（1）$f(t) = \sin(\omega t + \varphi)$

（2）$f(t) = \sinh(at)$

（3）$f(t) = e^{-at}(1 - \alpha t)$

（4）$f(t) = \dfrac{1}{\alpha}(1 - e^{-at})$

（5）$f(t) = t^2$

（6）$f(t) = t\cos(\alpha t)$

（7）$f(t) = 3\delta(t - 3) - 5e^{-at}$

（8）$f(t) = 1 + t + 3\delta(t)$

（9）$f(t) = 3e^{-t} + 4\varepsilon(t - 1)e^{-(t-1)} + 5\delta(t - 2)$

（10）$f(t) = t[\varepsilon(t - 1) - \varepsilon(t - 2)]$

【10.2】　设 $f_1(t) = A(1 - e^{-t})$，$f_1(0_-) = 0$，$f_2(t) = a\dfrac{\mathrm{d}f_1(t)}{\mathrm{d}t} + bf_1(t) + c\displaystyle\int_{0_-}^{t} f_1(\xi)\mathrm{d}\xi$。试求 $f_2(t)$ 的象函数 $F_2(s)$。

【10.3】　试用部分分式展开法求下列各象函数的原函数。

（1）$F(s) = \dfrac{4s + 2}{s^3 + 3s^2 + 2s}$

（2）$F(s) = \dfrac{2s - 1}{s^2 + 2s + 3}$

（3）$F(s) = \dfrac{s^2 + 4s + 1}{s(s + 1)^2}$

（4）$F(s) = \dfrac{5s^2 + 14s + 3}{s^3 + 6s^2 + 11s + 6}$

（5）$F(s) = \dfrac{3s^2 + 9s + 5}{(s + 3)(s^2 + 2s + 2)}$

（6）$F(s) = \dfrac{e^{-s} + e^{-2s} + 1}{s^2 + 3s + 2}$

（7）$F(s) = \dfrac{2s + 1}{s^2 + 5s + 6}$

（8）$F(s) = \dfrac{s^3 + 5s^2 + 9s + 8}{(s + 1)(s + 2)}$

【10.4】　图 10-20 所示电路的初始状态为 $i_L(0_-) = 10\mathrm{A}$，$u_C(0_-) = 5\mathrm{V}$，试用运算法求电流 $i(t)$。

【10.5】 已知图 10-21 所示电路的原始状态为 $i_L(0_-)=30\mathrm{A}$，$u_C(0_-)=2\mathrm{V}$。试用运算法求 $u_C(t)$。

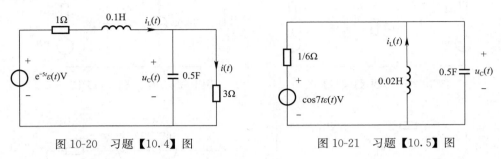

图 10-20 习题【10.4】图　　　　　　图 10-21 习题【10.5】图

【10.6】 试求图 10-22 所示电路在下列两激励源分别作用下的零状态响应 $u(t)$。

(1) $u_S(t)=2\varepsilon(t)\mathrm{V}$

(2) $u_S(t)=5\delta(t)\mathrm{V}$

【10.7】 试求图 10-23 所示电路的冲激响应电流 $i(t)$。

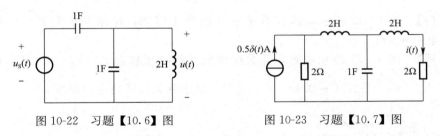

图 10-22 习题【10.6】图　　　　　　图 10-23 习题【10.7】图

【10.8】 图 10-24 所示电路在开关 S 断开前处于稳态，试求开关断开后开关上的电压 $u_S(t)$。

【10.9】 已知图 10-25 所示电路的原始状态为 $u_C(0_-)=2\mathrm{V}$，$i_L(0_-)=0.5\mathrm{A}$。试求电路的全响应 $u_C(t)$。

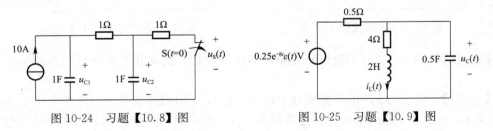

图 10-24 习题【10.8】图　　　　　　图 10-25 习题【10.9】图

【10.10】 试就下列两种情况，求图 10-26 所示电路的零状态响应 $i_{L1}(t)$ 和 $i_{L2}(t)$。

(1) $u_{S1}(t)=\varepsilon(t)\mathrm{V}$，$u_{S2}(t)=2\varepsilon(t)\mathrm{V}$

(2) $u_{S1}(t)=\delta(t)\mathrm{V}$，$u_{S2}(t)=\varepsilon(t)\mathrm{V}$

【10.11】 试求图 10-27 所示电路的零状态响应 $u(t)$。

【10.12】 试求图 10-28 所示电路的零状态响应 $i_1(t)$ 和 $i_2(t)$。

【10.13】 如图 10-29 所示电路中，$t=0$ 时开关 S 由 a 转向 b。开关动作前电路处于稳态。试求 $u_C(t)$ $(t\cdots 0_+)$。

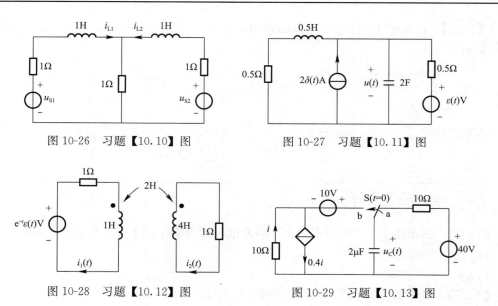

图 10-26　习题【10.10】图　　　　图 10-27　习题【10.11】图

图 10-28　习题【10.12】图　　　　图 10-29　习题【10.13】图

【10.14】　图 10-30 所示电路在开关断开前处于稳态，试求开关断开后的电感电流 $i_L(t)$ 和电压 $u_L(t)$。

【10.15】　图 10-31 所示电路，开关接通前已经处于稳态。已知 $U_1=2\text{V}$，$U_2=4\text{V}$，$R_1=4\Omega$，$R_2=R_3=8\Omega$，$C=0.1\text{F}$，$L=\dfrac{5}{3}\text{H}$。试求开关接通后电容电压 $u(t)$。

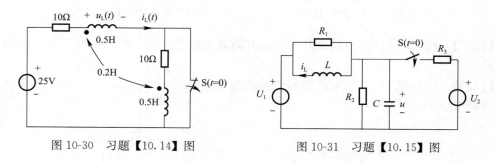

图 10-30　习题【10.14】图　　　　图 10-31　习题【10.15】图

【10.16】　图 10-32 所示电路开关断开前处于稳态。试求开关断开后电路的 i_1、u_1 及 u_2。

【10.17】　图 10-33 所示电路原处于稳态，在 $t=0$ 时将开关接通。试求电压 u_2 的象函数 $U_2(s)$，判断此电路的暂态过程是否振荡，并利用拉普拉斯变换的初值和终值定理求 u_2 的初始值和稳态值。

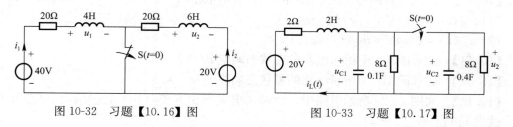

图 10-32　习题【10.16】图　　　　图 10-33　习题【10.17】图

【10.18】　电路如图 10-34 所示，开关原来是闭合的，电路处于稳态。若 S 在 $t=0$ 时打开，已知 $U_s=2V$，$L_1=L_2=1H$，$R_1=R_2=1\Omega$。试求 $t\ldots 0$ 时的 $i_1(t)$ 和 $u_{12}(t)$。

【10.19】　试求图 10-35 所示网络的驱动点阻抗 $Z(s)$ 并绘出零点、极点图。

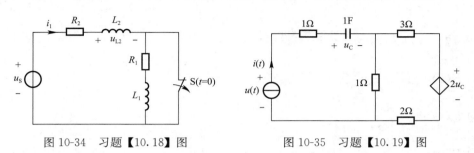

图 10-34　习题【10.18】图　　　　图 10-35　习题【10.19】图

【10.20】　试求图 10-36 所示网络的驱动点导纳 $Y(s)$，并绘出零点、极点图。

【10.21】　试求图 10-37 所示网络的转移电压比 $H(s)=\dfrac{U_2(s)}{U_1(s)}$，并定性画出幅频特性与相频特性示意图。

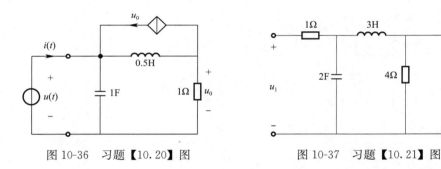

图 10-36　习题【10.20】图　　　　图 10-37　习题【10.21】图

【10.22】　某网络函数 $H(s)$ 的零极点分布图如图 10-38 所示，且已知 $H(s)\big|_{s=0}=32$，试求该网络函数。

【10.23】　已知某电路在激励为 $f_1(t)=\varepsilon(t)$ 的情况下，其零状态响应为 $f_2(t)=\sin3t$，试求网络函数 $H(s)$。若将激励改为 $f_1(t)=\sin3t$，试求零状态响应 $f_2(t)$。

【10.24】　已知某二阶电路的激励函数 $f(t)=t\varepsilon(t)$，网络函数 $H(s)=\dfrac{s}{(s+2)(s+5)}$，试求零状态响应 $r(t)$。

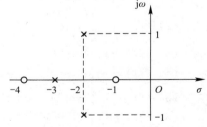

图 10-38　习题【10.22】图

【10.25】　已知某二阶电路的激励函数 $f(t)=\delta(t)$，网络函数 $H(s)=\dfrac{3}{(s+4)(s+2)}$，试求零状态响应 $r(t)$。

【10.26】　电路如图 10-39 所示，试求转移电流比 $H(s)=I_2(s)/I_S(s)$，并讨论当 r_m 分别为 -53Ω、-35Ω、21Ω、53Ω 时的单位冲激特性是否振荡？

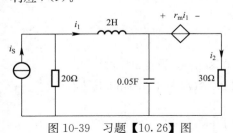

图 10-39　习题【10.26】图

是否稳定?

答　案

【10.1】　(1) $F(s) = \dfrac{\omega\cos\varphi + s\sin\varphi}{s^2 + \omega^2}$

(2) $F(s) = \dfrac{\alpha}{s^2 - \alpha^2}$

(3) $F(s) = \dfrac{s}{(s+\alpha)^2}$

(4) $F(s) = \dfrac{1}{s(s+\alpha)}$

(5) $F(s) = \dfrac{2}{s^3}$

(6) $F(s) = \dfrac{s^2 - \alpha^2}{(s^2 + \alpha^2)^2}$

(7) $F(s) = 3e^{-3s} - \dfrac{5}{s+\alpha}$

(8) $F(s) = \dfrac{3s^2 + s + 1}{s^2}$

(9) $F(s) = \dfrac{3}{s+1} + \dfrac{4}{s+1}e^{-s} + 5e^{-2s}$

(10) $F(s) = \dfrac{s+1}{s^2}e^{-s} - \dfrac{2s+1}{s^2}e^{-2s}$

【10.2】　$F_2(s) = \dfrac{A(as^2 + bs + c)}{s^2(s+1)}$

【10.3】　(1) $f(t) = \varepsilon(t) + 2e^{-t} - 3e^{-2t}$

(2) $f(t) = \dfrac{\sqrt{34}}{2}e^{-t}\cos(\sqrt{2}t + 46.69°)$

(3) $f(t) = \varepsilon(t) + 2te^{-t}$

(4) $f(t) = -3e^{-t} + 5e^{-2t} + 3e^{-3t}$

(5) $f(t) = e^{-3t} + \sqrt{5}e^{-t}\cos(t + 26.57°)$

(6) $f(t) = [e^{-(t-1)} - e^{-2(t-1)}]\varepsilon(t-1) + [e^{-(t-2)} - e^{-2(t-2)}]\varepsilon(t-2) + (e^{-t} - e^{-2t})$

(7) $f(t) = -3e^{-2t} + 5e^{-3t}$

(8) $f(t) = 1.5e^{-t}\sin 2t$

【10.4】　$i(t) = \left(8.75e^{-4t} - \dfrac{37}{12}e^{-\frac{20}{3}t} - 4e^{-5t}\right)$ A

【10.5】　$u_C(t) = [7.449e^{-6t}\cos(8t - 80.180°) + 0.855\cos(7t + 31.27°)]$ V

【10.6】　(1) $u(t) = \cos 0.5t$ V　　　(2) $u(t) = [2.5\delta(t) - 1.25\sin 0.5t]$ V

【10.7】　$i(t) = \left[0.25e^{-t} - \dfrac{\sqrt{3}}{6}e^{-0.5t}\cos\left(\dfrac{\sqrt{3}}{2}t + 30°\right)\right]$ A

【10.8】　$u_S(t) = (12.5 + 5t - 2.5e^{-2t})$V

【10.9】　$u_C(t) = (-0.24e^{-8t} + 2.24e^{-3t} - 3.2te^{-3t})$V

【10.10】　(1) $i_{L1}(t) = (0.5e^{-t} - 0.5e^{-3t})$A；$i_{L2}(t) = (1 - 0.5e^{-t} - 0.5e^{-3t})$A

(2) $i_{L1}(t) = \left(-\dfrac{1}{3} + e^{-t} + \dfrac{1}{3}e^{-3t}\right)$A；$i_{L2}(t) = \left(\dfrac{2}{3} - e^{-t} + \dfrac{1}{3}e^{-3t}\right)$A

【10.11】　$u(t) = 0.5[1 + \sqrt{2}\,e^{-t}\cos(t - 45°)]$V

【10.12】　$i_1(t) = (0.05e^{-0.2t} + 0.75e^{-t})$A；$i_2(t) = (-0.1e^{-0.2t} + 0.5e^{-t})$A

【10.13】　$u_C(t) = (10 + 30e^{-30000t})$V

【10.14】　$i_L(t) = 1.25\varepsilon(t)$A；$u_L(t) = -0.375\delta(t)$V

【10.15】　$u(t) = (2 + 2.5e^{-2t} - 2.5e^{-3t})$V

【10.16】　$i_1(t) = (0.5 - 0.3e^{-4t})$A；$u_1(t) = [-7.2\delta(t) + 4.8e^{-4t}]$V；

$u_2(t) = [7.2\delta(t) + 7.2e^{-4t}]$V

【10.17】　$U_2(s) = \dfrac{3.2s^2 + 7.2s + 20}{s(s^2 + 1.5s + 1.5)}$；$u_2(0_+) = 3.2$V；$u_2(\infty) = \dfrac{40}{3}$V；暂态过程

振荡

【10.18】　$i_1(t) = [2\varepsilon(-t) + \varepsilon(t)]$A 或 $i_1(t) = [2 - \varepsilon(t)]$A；$u_{L2}(t) = -\delta(t)$V

【10.19】　$Z(s) = \dfrac{11s + 8}{6s}$（图略）

【10.20】　$Y(s) = \dfrac{s^2 + s + 1}{s + 1}$（图略）

【10.21】　$H(s) = \dfrac{U_2(s)}{U_1(s)} = \dfrac{4}{6s^2 + 11s + 5}$（图略）

【10.22】　$H(s) = \dfrac{120(s^2 + 5s + 4)}{s^3 + 7s^2 + 17s + 15}$

【10.23】　$H(s) = \dfrac{3s}{s^2 + 9}$；$f_2(t) = 1.5t\sin3t$

【10.24】　$r(t) = -\dfrac{1}{6}e^{-2t} - \dfrac{1}{15}e^{-5t} + 0.1$

【10.25】　$r(t) = 1.5e^{-2t} - 1.5e^{-4t}$

【10.26】　$H(s) = \dfrac{20 - r_m s}{3s^2 + 32s + 50 + r_m}$

第 11 章　电路方程的矩阵形式

本章将介绍如何利用矩阵对复杂电路进行分析，如何系统地编写电路的矩阵方程。当电路方程难以以矩阵形式描述后，就可以借助于计算机分析软件来完成方程的求解。电路的矩阵分析法为进行电路计算机辅助分析与设计提供了依据与可能，运用这种方法要用到网络图论的若干基本概念和线性代数中的矩阵知识。

现代控制系统中，存在着大量多输入多输出网络、非线性网络以及时变网络。对于这类系统，采用状态变量分析法分析其动态复杂行为，将很多控制系统理论的概念和方法移植到网络分析中，以便计算机求解。本章将介绍如何根据电路特点直观列出简单电路的状态方程，如何通过特有树建立复杂电路的状态方程。

11.1　割　集

11.1 割集

电路的 KCL、KVL 方程只涉及支路与结点的关系或支路与回路的关系，而与元件特性无关。因此，如果将结点看成数学概念的点，支路看成线（边），则基尔霍夫定律只涉及点、线的关系。把点、线的关系用图表示出来，这种图就称为网络图。

前面的章节介绍了图的定义和基本概念，介绍了有关树、树支、连支的概念以及通过选取不同的树确定基本回路，从而确定独立的 KCL、KVL 方程。本节介绍另外一个非常重要的概念——割集，并介绍如何利用树的概念确定基本割集组。

割集：如果某一连通图 G，用一个封闭面（高斯面）对其进行切割，所切割到的支路集合满足如下性质：

1）若移去被切割的全部支路，则剩下的图 G 被分成两个分离部分（非连通图）；

2）保留被切割到的支路中的任何一条，则图 G 仍是连通的。

则称被切割到的支路集合为一个割集。

图 11-1 所示为某图 G 的两个割集的示例。其中，图 11-1(a) 切割到了支路 1、2、6，把这些支路全部移走，如图 11-1(b) 所示，则图 G 被分成两个部分（一部分为封闭面内的孤立结点，另一部分为封闭面外的除去支路 1、2、6 外的部分），保留其中的任意一条（如支路 1），则图 G 仍是连通的；同理，图 11-1(c) 切割到了支路 2、3、5、6，把这些支路全部移走，如图 11-1(d) 所示，则图 G 被分成两个部分（一部分在封闭面内，另一部分封闭面外），保留其中的任意一条，则图 G 仍是连通的。可见，图 11-1(a)、(c) 所示为该图 G 的两个不同割集。

割集不唯一，一个连通图有许多不同的割集。借助树的概念，可以很方便地确定一组独立的割集。对于一个连通图，如任选一个树，显然全部的连支不可能构成割集，因为将全部连支移去后所得的图仍是连通的，所以，每一割集应至少包含一条树支。另外，由于树是连接全部结点所需最少支路的集合，所以移去任何一条树支，连通图将被分成两部分，从而可以形成一个割集。同理，每一条树支都可以与相应的一些连支构成割集。这种只包含一条树支与相应的一些连支构成的割集，称为单树支割集或基本割集。对于一个有 n 个结点、b 条支路的连通图，其树支数为 $(n-1)$，因此有 $(n-1)$ 个单树支割集，称为基本割集组。即对于 n 个结点的连通图，独立割集数为 $(n-1)$。由于一个连通图 G 可以有许多不同的树，所以可选出许多基本割集组。

另外，割集是有方向的。割集的方向可任意设为从封闭面由里指向外，或者由外指向里。如果是基本割集组，一般选取树支的方向为对应割集的方向。如图 11-2 所示，设割集的方向和树支 2 的方向相同，从高斯面由里指向外。

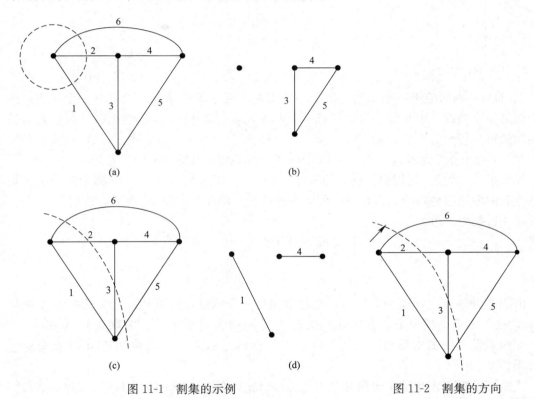

(a)　　　　　　　　　　(b)

(c)　　　　　　　　　　(d)

图 11-1　割集的示例　　　　　　　图 11-2　割集的方向

11.2　关联矩阵、回路矩阵、割集矩阵

11.2 关联矩阵、回路矩阵、割集矩阵

电路图的支路是从电路中某个元件或元件组合抽象而来的，因此，在图论中，图的支路与结点、回路和割集这三者之间的关系显得非常重要，反映的是电路的结构关系，直接关系到电路的 KCL、KVL 方程列写。通过矩阵的形式来描述图的支路与结点、回路和割集这三者的关联性质，可以使电路的系统分析非常简单、直观。构成的三种矩阵分别称为关联矩阵 A、回路矩阵 B 和割集矩阵 Q。

11.2.1　关联矩阵

关联矩阵 A 主要描述图的支路与结点的关联情形。

设有向图 G 的结点数为 n，支路数为 b，并且所有结点与支路均加以编号。于是，该有向图的关联矩阵为一个（$n×b$）的矩阵，该矩阵称为关联矩阵，用 $\boldsymbol{A}_a$ 表示。它的行对应结点，列对应支路，其任一元素 a_{jk} 定义如下：

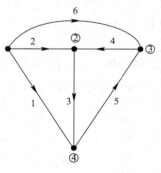

图 11-3　有向图 G

$a_{jk}=1$，表示支路 k 与结点 j 关联并且它的方向背离结点；

$a_{jk}=-1$，表示支路 k 与结点 j 关联并且它指向结点；

$a_{jk}=0$，表示支路 k 与结点 j 无关联。

例如，对于图 11-3 所示的有向图，它的关联矩阵是：

$$
\boldsymbol{A}_a=\begin{matrix} & 1 & 2 & 3 & 4 & 5 & 6 \\ 1 \\ 2 \\ 3 \\ 4 \end{matrix}\begin{bmatrix} 1 & 1 & 0 & 0 & 0 & 1 \\ 0 & -1 & 1 & -1 & 0 & 0 \\ 0 & 0 & 0 & 1 & -1 & -1 \\ -1 & 0 & -1 & 0 & 1 & 0 \end{bmatrix} \tag{11-1}
$$

$\boldsymbol{A}_a$ 的每一列对应于一条支路。由于一条支路连接于两个结点，若离开一个结点，则必指向另一个结点，因此每一列中只有两个非零元素，即 1 和 -1。当把所有行的元素按列相加就得一行全为零的元素，所以 $\boldsymbol{A}_a$ 的行不是彼此独立的。或者说，按 $\boldsymbol{A}_a$ 的每一列只有 1 和 -1 两个非零元素这一特点，$\boldsymbol{A}_a$ 中的任一行必能从其他（$n-1$）行导出。

如果把 $\boldsymbol{A}_a$ 的任一行划去，剩下的 $[(n-1)×b]$ 矩阵用 $\boldsymbol{A}$ 表示，并称为降阶关联矩阵（今后主要用这种降阶关联矩阵，所以往往略去"降阶"二字）。例如，若把式（11-1）中的第 4 行删去，得：

$$
\boldsymbol{A}=\begin{bmatrix} 1 & 1 & 0 & 0 & 0 & 1 \\ 0 & -1 & 1 & -1 & 0 & 0 \\ 0 & 0 & 0 & 1 & -1 & -1 \end{bmatrix}
$$

由于支路的方向背离一个结点，必然指向另一个结点，故可从降阶关联矩阵 $\boldsymbol{A}$ 推导出 $\boldsymbol{A}_a$。在不混淆的情况下，常将降阶关联矩阵简称为关联矩阵。关联矩阵 $\boldsymbol{A}$ 和 $\boldsymbol{A}_a$ 一样，完全表明了图的支路和结点的关联关系。有向图 G 和它的关联矩阵 $\boldsymbol{A}$ 有完全对应的关系。

既然关联矩阵 $\boldsymbol{A}$ 表明了支路和结点的关联情况，则电路的 KCL、KVL 方程必然和关联矩阵 $\boldsymbol{A}$ 有关，即支路电流、支路电压能用关联矩阵 $\boldsymbol{A}$ 表示。

1. KCL 方程的矩阵形式

设某电路含有 b 条支路、n 个结点，若支路电流和支路电压取关联参考方向，可画出其有向图 G，其支路的方向代表该支路的电流和电压的参考方向。不妨，设支路电流列向量为 $\boldsymbol{i}=\begin{bmatrix} i_1 & i_2 & \cdots & i_b \end{bmatrix}^T$，支路电压列向量为 $\boldsymbol{u}=\begin{bmatrix} u_1 & u_2 & \cdots & u_b \end{bmatrix}^T$，结点电压列向量 $\boldsymbol{u}_n=\begin{bmatrix} u_{n1} & u_{n2} & \cdots & u_{n(n-1)} \end{bmatrix}^T$，则此电路的 KCL 方程的矩阵形式可表示为：

$$
\boldsymbol{A}\boldsymbol{i}=0 \tag{11-2}
$$

关联矩阵 $\boldsymbol{A}$ 的行对应（$n-1$）个独立结点，列对应 b 条支路，组成（$n-1$）×b 矩阵，而电流 i 的列向量为 $b×1$ 矩阵。根据矩阵乘法规则可知，所得乘积恰好等于汇集相应结点上的支路电流的代数和，也就是结点的 KCL 方程 $\sum_{\text{结点} k=1} i=0$。以图 11-3 为例，结点④作为参考结点，有：

$$\boldsymbol{Ai} = \begin{bmatrix} 1 & 1 & 0 & 0 & 0 & 1 \\ 0 & -1 & 1 & -1 & 0 & 0 \\ 0 & 0 & 0 & 1 & -1 & -1 \end{bmatrix} \begin{bmatrix} i_1 \\ i_2 \\ i_3 \\ i_4 \\ i_5 \\ i_6 \end{bmatrix} = \begin{bmatrix} i_1 + i_2 + i_6 \\ -i_2 + i_3 - i_4 \\ i_4 - i_5 - i_6 \end{bmatrix} = \begin{bmatrix} 0 \\ 0 \\ 0 \end{bmatrix}$$

可以看出，$i_1 + i_2 + i_6$、$-i_2 + i_3 - i_4$、$i_4 - i_5 - i_6$ 正好是结点①、②、③关联电流的代数和。

2. KVL 方程的矩阵形式

关联矩阵 $\boldsymbol{A}$ 表示结点和支路的关联情况，而 $\boldsymbol{A}$ 的转置矩阵 $\boldsymbol{A}^{\mathrm{T}}$ 表示的是 b 条支路和 $(n-1)$ 个结点的关联情况，用 $\boldsymbol{A}^{\mathrm{T}}$ 乘以结点电压列向量 $\boldsymbol{u}_{\mathrm{n}}$，所乘结果是一个 b 维的列向量，其中每行的元素正好等于用结点电压表示的对应支路的电压，用矩阵表示为：

$$\boldsymbol{u} = \boldsymbol{A}^{\mathrm{T}} \boldsymbol{u}_{\mathrm{n}} \tag{11-3}$$

仍以图 11-3 为例，有：

$$\boldsymbol{u} = \boldsymbol{A}^{\mathrm{T}} \boldsymbol{u}_{\mathrm{n}} \begin{bmatrix} u_1 \\ u_2 \\ u_3 \\ u_4 \\ u_5 \\ u_6 \end{bmatrix} = \boldsymbol{A}^{\mathrm{T}} u_{\mathrm{n}} = \begin{bmatrix} -1 & 0 & 1 \\ -1 & 0 & 0 \\ 1 & -1 & 0 \\ 0 & -1 & 1 \\ 0 & 0 & -1 \\ 0 & 1 & 0 \end{bmatrix} \begin{bmatrix} u_{\mathrm{n1}} \\ u_{\mathrm{n2}} \\ u_{\mathrm{n3}} \end{bmatrix} = \begin{bmatrix} u_{\mathrm{n1}} \\ u_{\mathrm{n1}} - u_{\mathrm{n2}} \\ u_{\mathrm{n2}} \\ -u_{\mathrm{n2}} + u_{\mathrm{n3}} \\ -u_{\mathrm{n3}} \\ u_{\mathrm{n1}} - u_{\mathrm{n3}} \end{bmatrix} = \begin{bmatrix} u_1 \\ u_2 \\ u_3 \\ u_4 \\ u_5 \\ u_6 \end{bmatrix}$$

11.2.2　回路矩阵

设一个回路由某些支路组成，则称这些支路与该回路关联。支路与回路的关联性质可以用所谓回路矩阵描述。下面仅介绍独立回路矩阵，简称为回路矩阵。设有向图的独立回路数为 l、支路数为 b，并且所有独立回路和支路均加以编号，于是该有向图的回路矩阵是一个 $(l \times b)$ 的矩阵，用 B 表示。B 的行对应回路，列对应于支路，它的任一元素（如 b_{jk}）定义如下：

$b_{jk} = +1$，表示支路 k 与回路 j 关联，且它们的方向一致；

$b_{jk} = -1$，表示支路 k 与回路 j 关联，且它们的方向相反；

$b_{jk} = 0$，表示支路 k 与回路 j 无关联。

例如，对于图 11-4（a）所示的有向图，独立回路数等于 3。若选一组独立回路如图 11-4（b）所示，则对应的回路矩阵为：

$$\begin{array}{c} \phantom{\boldsymbol{B} = } \begin{array}{cccccc} 1 & 2 & 3 & 4 & 5 & 6 \end{array} \\ \boldsymbol{B} = \begin{array}{c} 1 \\ 2 \\ 3 \end{array} \begin{bmatrix} 1 & 0 & 0 & 1 & -1 & 1 \\ 0 & 1 & 0 & 1 & 0 & 1 \\ 0 & 0 & 1 & 0 & -1 & 1 \end{bmatrix} \end{array}$$

如果所选独立回路组是对应于一个树的单连支回路组，这种回路矩阵就称为基本回路矩阵，用 $\boldsymbol{B}_{\mathrm{f}}$ 表示。写 $\boldsymbol{B}_{\mathrm{f}}$ 时，注意安排其行、列次序如下：把 l 条连支依次排列在对应于 $\boldsymbol{B}_{\mathrm{f}}$ 的第 1 至第 l 列，然后再排列树支；取每一单连支回路的序号为对应连支所在列的序号，且以该连支的方向为对应的回路的绕行方向，$\boldsymbol{B}_\mathrm{f}$ 中将出现一个 l 阶的单位子矩阵，即有：

$$\boldsymbol{B}_\mathrm{f}=[\mathbf{1}_l \;\vdots\; \boldsymbol{B}_\mathrm{t}] \tag{i1-4}$$

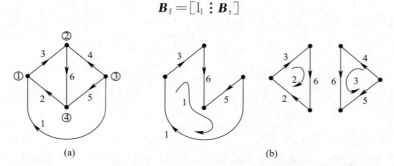

(a)　　　　　　　　　　　　　(b)

图 11-4　回路与支路的关联性质

式中，下标 l 和 t 分别表示与连支和树支对应的部分。例如对图 11-4(a) 所示有向图，若选支路 3、5、6 为树支，则支路 1、2、4 即为连支，所以图 11-4(b) 所示一组独立回路即为一组单连支回路，可以将回路矩阵写成基本回路矩阵形式：

$$\boldsymbol{B}_\mathrm{f}=\begin{matrix}1\\2\\3\end{matrix}\begin{bmatrix}\begin{matrix}1&2&4&3&5&6\end{matrix}\\1&0&0&1&-1&1\\0&1&0&1&0&1\\0&0&1&0&-1&1\end{bmatrix}$$

今后，基本回路矩阵一般都写成如式（11-4）的形式。

　　回路矩阵左乘支路电压列向量，所得乘积是一个 l 阶的列向量。由于矩阵 $\boldsymbol{B}$ 的每一行表示每一对应回路与支路的关联情况，由矩阵的乘法规则可知乘积列向量中每一元素将等于每一对应回路中各支路电压的代数和，即：

$$\boldsymbol{B}\boldsymbol{u}=\begin{bmatrix}\text{回路 1 上的 }\Sigma u\\\text{回路 2 上的 }\Sigma u\\\vdots\\\text{回路 }l\text{ 上的 }\Sigma u\end{bmatrix}$$

故有：

$$\boldsymbol{B}\boldsymbol{u}=0 \tag{11-5}$$

式（11-5）是用矩阵 $\boldsymbol{B}$ 表示的 KVL 的矩阵形式。例如，对图 11-4(a)，若选如图 11-4(b) 所示一组独立回路，有：

$$\boldsymbol{B}\boldsymbol{u}=\begin{bmatrix}u_1+u_3-u_5+u_6\\u_2+u_3+u_6\\u_4-u_5+u_6\end{bmatrix}=\begin{bmatrix}0\\0\\0\end{bmatrix}$$

　　l 个独立回路电流可用一个 l 阶列向量表示，即 $i_1=\begin{bmatrix}i_{11}&i_{12}&\cdots&i_{1l}\end{bmatrix}^\mathrm{T}$。

　　由于矩阵 $\boldsymbol{B}$ 的每一列，也就是矩阵 $\boldsymbol{B}^\mathrm{T}$ 的每一行，表示每一对应支路与回路的关联情况，所以按矩阵的乘法规则可知：

$$\boldsymbol{i}=\boldsymbol{B}^\mathrm{T}\boldsymbol{i}_1 \tag{11-6}$$

例如，对图 11-4(a) 有：

$$\begin{bmatrix} i_1 \\ i_2 \\ i_3 \\ i_4 \\ i_5 \\ i_6 \end{bmatrix} = \begin{bmatrix} 1 & 0 & 0 \\ 0 & 1 & 0 \\ 1 & 1 & 0 \\ 0 & 0 & 1 \\ -1 & 0 & -1 \\ 1 & 1 & 1 \end{bmatrix} \begin{bmatrix} i_{11} \\ i_{12} \\ i_{13} \end{bmatrix} = \begin{bmatrix} i_{11} \\ i_{22} \\ i_{11} + i_{12} \\ i_{13} \\ -i_{11} - i_{13} \\ i_{11} + i_{12} + i_{13} \end{bmatrix}$$

所以，式（11-6）表明，电路中各支路电流可以用与该支路关联的所有回路中的回路电流表示，这正是回路电流法的基本思想。可以认为，该式是用矩阵 $\boldsymbol{B}$ 表示的 KCL 的矩阵形式。

11.2.3　割集矩阵

设一个割集由某些支路构成，则称这些支路与该割集关联。支路与割集的关联性质，可用所谓割集矩阵描述。下面仅介绍独立割集矩阵，简称割集矩阵。设有向图的结点数为 n、支路数为 b，则该图的独立割集数为 $(n-1)$。对每个割集编号，并指定一个割集方向（移去割集的所有支路，G 被分离为两部分后，从其中一部分指向另一部分的方向，即为割集的方向，每一个割集只有两个可能的方向）。于是，割集矩阵为一个 $[(n-1)\times b]$ 的矩阵，用 $\boldsymbol{Q}$ 表示。$\boldsymbol{Q}$ 的行对应割集，列对应支路，它的任一元素 q_{jk} 定义如下：

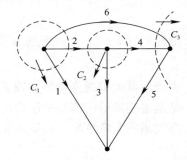

图 11-5　割集矩阵示例

$q_{jk}=+1$，表示支路 k 与割集 j 关联并且具有同一方向；

$q_{jk}=-1$，表示支路 k 与割集 j 关联但是它们的方向相反；

$q_{jk}=0$，表示支路 k 与割集 j 无关联。

设某一电路的图如图 11-5 所示，割集分别为 C_1、C_2、C_3，则对应的割集矩阵为：

$$\boldsymbol{Q} = \begin{array}{c} \\ 1 \\ 2 \\ 3 \end{array} \begin{array}{cccccc} 1 & 2 & 3 & 4 & 5 & 6 \\ \begin{bmatrix} 1 & 1 & 0 & 0 & 0 & 1 \\ 0 & -1 & 1 & 1 & 0 & 0 \\ 0 & 0 & 0 & 1 & -1 & 1 \end{bmatrix} \end{array}$$

如果选一组单树支割集为一组独立割集，这种割集矩阵称为基本割集矩阵，一般用 $\boldsymbol{Q}_f$ 表示。在写 $\boldsymbol{Q}_f$ 时，注意安排其行、列次序如下：把 $(n-1)$ 条树支依次排列在对应于 $\boldsymbol{Q}_f$ 的第 1 至第 $(n-1)$ 列，然后排列连支，再取每一单树支割集的序号与相应树支所在列的序号相同，且选割集方向与相应树支方向一致，则 $\boldsymbol{Q}_f$ 有如下形式：

$$\boldsymbol{Q}_f = [\boldsymbol{1}_t \vdots \boldsymbol{Q}_l] \tag{11-7}$$

式中，下标 t 和 l 分别表示对应于树支和连支部分。例如，对于图 11-5 所示的有向图，若选支路 1、3、4 为树支，则对应的单树支割集分别为 $C_1(1, 2, 6)$、$C_2(2, 3, 5, 6)$、$C_3(4, 5, 6)$，割集的方向与对应的树支方向一致，如图 11-6 所示。则单树支割集矩阵为：

$$\boldsymbol{Q}_f = \begin{array}{c} \\ 1 \\ 2 \\ 3 \end{array} \begin{array}{cccccc} 1 & 3 & 4 & 2 & 5 & 6 \\ \begin{bmatrix} 1 & 0 & 0 & 1 & 0 & 1 \\ 0 & 1 & 0 & -1 & 1 & -1 \\ 0 & 0 & 1 & 0 & -1 & 1 \end{bmatrix} \end{array}$$

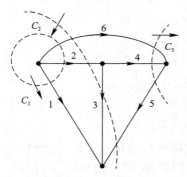

图 11-6 单树支割集示例

前面介绍割集概念时曾指出，属于一个割集所有支路电流的代数和等于零。根据割集矩阵的定义和矩阵的乘法规则不难得出：

$$\boldsymbol{Q}\boldsymbol{i} = \boldsymbol{0} \tag{11-8}$$

式（11-8）是用矩阵 $\boldsymbol{Q}$ 表示的 KCL 的矩阵形式。例如，对图 11-5 所示有向图和对应的割集，则有：

$$\boldsymbol{Q}\boldsymbol{i} = \begin{bmatrix} 1 & 1 & 0 & 0 & 0 & 1 \\ 0 & -1 & 1 & 1 & 0 & 0 \\ 0 & 0 & 0 & 1 & -1 & -1 \end{bmatrix}$$

$$\begin{bmatrix} i_1 \\ i_2 \\ i_3 \\ i_4 \\ i_5 \\ i_6 \end{bmatrix} = \begin{bmatrix} i_1 + i_2 + i_6 \\ -i_2 + i_3 + i_4 \\ i_4 - i_5 + i_6 \end{bmatrix} = \begin{bmatrix} 0 \\ 0 \\ 0 \end{bmatrix}$$

电路中 $(n-1)$ 个树支电压可用 $(n-1)$ 阶列向量表示，即：

$$\boldsymbol{u}_t = \begin{bmatrix} u_{t1} & u_{t2} & \cdots & u_{t(n-1)} \end{bmatrix}^T$$

由于通常选单树支割集为独立割集，此时树支电压又可视为对应的割集电压，所以 $\boldsymbol{u}_t$ 又是基本割集组的割集电压列向量。由于 $\boldsymbol{Q}_f$ 的每一列，也就是 $\boldsymbol{Q}_f^T$ 的每一行，表示一条支路与割集的关联情况，按矩阵相乘的规则可得：

$$u = \boldsymbol{Q}_f^T \boldsymbol{u}_t \tag{11-9}$$

式（11-9）是用矩阵 $\boldsymbol{Q}_f$ 表示的 KVL 的矩阵形式。例如，对图 11-6 所示有向图，若选支路 1、3、4 为树支，$\boldsymbol{Q}_f$ 如式（11-7）所示，则有：

$$\boldsymbol{u} = \begin{bmatrix} u_1 & u_3 & u_4 & u_2 & u_5 & u_6 \end{bmatrix}^T$$

那么：

$$\boldsymbol{u} = \boldsymbol{Q}_f^T \boldsymbol{u}_t = \begin{bmatrix} 1 & 0 & 0 \\ 0 & 1 & 0 \\ 0 & 0 & 1 \\ 1 & -1 & 0 \\ 0 & 1 & -1 \\ 1 & -1 & 1 \end{bmatrix} \begin{bmatrix} u_{t1} \\ u_{t2} \\ u_{t3} \end{bmatrix} = \begin{bmatrix} u_{t1} \\ u_{t2} \\ u_{t3} \\ u_{t1} - u_{t2} \\ u_{t2} - u_{t3} \\ u_{t1} - u_{t2} + u_{t3} \end{bmatrix}$$

注意用单树支割集矩阵 $\boldsymbol{Q}_f$ 乘以树支电压向量时，获得的支路电压的排列顺序与单树支割集支路顺序一致。

求解电路时，选取不同的独立变量就形成了不同的方法。下面几节中所讨论的回路电流法、结点电压法就是分别选用连支电流 i_l（即回路电流）、结点电压 u_n 和树支电压 u_t，作为独立变量的，所列出的 KCL、KVL 方程都存在对应的矩阵形式。

11.3　回路电流方程的矩阵形式

11.3 回路电流方程的矩阵形式

11.3.1　复合支路

网孔电流法和回路电流法的特点是分别以网孔电流和回路电流作为电路的独立变量，并用 KVL 列出足够的电路方程。

由于描述支路与回路关联性质的是回路矩阵 $\boldsymbol{B}$，所以适合用以 $\boldsymbol{B}$ 表示的 KCL 和 KVL 推导出回路电流方程的矩阵形式。首先设回路电流列向量为 i_1，有：

$$\text{KCL} \qquad \boldsymbol{i} = \boldsymbol{B}^{\mathrm{T}} \boldsymbol{i}_1$$

$$\text{KVL} \qquad \boldsymbol{Bu} = 0$$

在列矩阵形式电路方程时，还必须有一组支路约束方程。因此，需要规定一条支路的结构和内容。目前，在电路理论中还没有统一的规定，但可以采用所谓"复合支路"。对于回路电流法，采用图 11-7 所示复合支路。其中，下标 k 表示第 k 条支路，$\dot{U}_{\mathrm{sk}}$ 和 $\dot{I}_{\mathrm{sk}}$ 分别表示

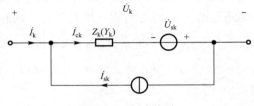

图 11-7　复合支路

独立电压源和独立电流源，Z_k（或 Y_k）表示阻抗（或导纳）。并且，为了便于编制程序，它只可能是单一的电阻、电感或电容，而不能是它们的组合，即：

$$Z_k = \begin{cases} R_k \\ \mathrm{j}\omega L_k \\ \dfrac{1}{\mathrm{j}\omega C_k} \end{cases}$$

复合支路的定义规定了一条支路最多可以包含的不同元件数及其连接方式，但不是说每条支路都必须包含这几种元件。所以，可以允许一条支路缺少其中某些元件（对于回路电流法，不允许存在无伴电流源支路）。另外，还需指出，图 11-7 中的复合支路是在采用相量法条件下画出的。应用运算法时，可以采用相应的运算形式。为了写出复合支路的支路方程，还应规定电压和电流的参考方向。

11.3.2　支路阻抗矩阵

电压和电流采用的参考方向如图 11-7 所示。下面分两种不同情况，推导整个电路的支路方程的矩阵形式。

（1）当电路中电感之间无耦合时，对于第 k 条支路，有：

$$\dot{U}_k = Z_k(\dot{I}_k + \dot{I}_{\mathrm{sk}}) - \dot{U}_{\mathrm{sk}} \tag{11-10}$$

若设 $\dot{\boldsymbol{I}} = \begin{bmatrix} \dot{I}_1 & \dot{I}_2 & \cdots & \dot{I}_b \end{bmatrix}^{\mathrm{T}}$ 为支路电流列向量；

$\dot{\boldsymbol{U}} = \begin{bmatrix} \dot{U}_1 & \dot{U}_2 & \cdots & \dot{U}_b \end{bmatrix}^{\mathrm{T}}$ 为支路电压列向量；

$\dot{\boldsymbol{I}}_{\mathrm{s}} = \begin{bmatrix} \dot{I}_{\mathrm{s1}} & \dot{I}_{\mathrm{s2}} & \cdots & \dot{I}_{\mathrm{sb}} \end{bmatrix}^{\mathrm{T}}$ 为支路电流源的电流列向量；

$\dot{\boldsymbol{U}}_{\mathrm{s}} = \begin{bmatrix} \dot{U}_{\mathrm{s1}} & \dot{U}_{\mathrm{s2}} & \cdots & \dot{U}_{\mathrm{sb}} \end{bmatrix}^{\mathrm{T}}$ 为支路电压源的电压列向量。

对整个电路，有：

$$
\begin{bmatrix} \dot{U}_1 \\ \dot{U}_2 \\ \vdots \\ \dot{U}_b \end{bmatrix} = \begin{bmatrix} Z_1 & & & \mathbf{0} \\ & Z_2 & & \\ & & \ddots & \\ \mathbf{0} & & & Z_b \end{bmatrix} \begin{bmatrix} \dot{I}_1 + \dot{I}_{s1} \\ \dot{I}_2 + \dot{I}_{22} \\ \vdots \\ \dot{I}_b + \dot{I}_{sb} \end{bmatrix} - \begin{bmatrix} \dot{U}_{s1} \\ \dot{U}_{s2} \\ \vdots \\ \dot{U}_{sb} \end{bmatrix}
$$

即：

$$
\dot{\boldsymbol{U}} = \boldsymbol{Z}(\dot{\boldsymbol{I}} + \dot{\boldsymbol{I}}_s) - \dot{\boldsymbol{U}}_s \tag{11-11}
$$

式中，Z 称为支路阻抗矩阵，它是一个对角阵。

（2）当电路中电感之间有耦合时，式（11-10）还应计及互感电压的作用。若设第 1 支路至第 g 支路之间相互均有耦合，则有：

$$
\dot{U}_1 = Z_1 \dot{I}_{el} \pm j\omega M_{12} \dot{I}_{e2} \pm j\omega M_{13} \dot{I}_{e3} \pm \cdots \pm j\omega M_{1g} \dot{I}_{eg} - \dot{U}_{s1}
$$

$$
\dot{U}_2 = \pm j\omega M_{21} \dot{I}_{el} + Z_2 \dot{I}_{e2} \pm j\omega M_{23} \dot{I}_{e3} \pm \cdots \pm j\omega M_{2g} \dot{I}_{eg} - \dot{U}_{s2}
$$

$$
\cdots\cdots
$$

$$
\dot{U}_g = \pm j\omega M_{g1} \dot{I}_{el} \pm j\omega M_{g2} \dot{I}_{e2} \pm j\omega M_{g3} \dot{I}_{e3} \pm \cdots \pm Z_g \dot{I}_{eg} - \dot{U}_{sg}
$$

式中，所有互感电压前取"＋"号或"－"号决定于各电感的同名端和电流、电压的参考方向。其次，要注意 $\dot{I}_{el} = \dot{I}_1 + \dot{I}_{s1}$，$\dot{I}_{e2} = \dot{I}_2 + \dot{I}_{s2}$，$\cdots$，$M_{12} = M_{21}$，$\cdots$；其余支路之间由于无耦合，故得：

$$
\dot{U}_h = Z_h \dot{I}_{eh} - \dot{U}_{sh}
$$

$$
\cdots\cdots
$$

$$
\dot{U}_b = Z_b \dot{I}_{eb} - \dot{U}_{sb}
$$

上式中的下标 $h = g + 1$，这样，支路电压与支路电流之间的关系可用下列矩阵形式表示：

$$
\begin{bmatrix} \dot{U}_1 \\ \dot{U}_2 \\ \vdots \\ \dot{U}_g \\ \dot{U}_h \\ \vdots \\ \dot{U}_b \end{bmatrix} = \begin{bmatrix} Z_1 & \pm j\omega M_{12} & \cdots & \pm j\omega M_{1g} & 0 & \cdots & 0 \\ \pm j\omega M_{21} & Z_2 & \cdots & \pm j\omega M_{2g} & 0 & \cdots & 0 \\ \vdots & \vdots & & \vdots & \vdots & & \vdots \\ \pm j\omega M_{g1} & \pm j\omega M_{g2} & \cdots & \pm Z_g & 0 & \cdots & 0 \\ 0 & 0 & \cdots & 0 & Z_h & & 0 \\ \vdots & \vdots & & \vdots & \vdots & & \vdots \\ 0 & 0 & \cdots & 0 & 0 & \cdots & Z_b \end{bmatrix} \times \begin{bmatrix} \dot{I}_1 + \dot{I}_{s1} \\ \dot{I}_2 + \dot{I}_{s2} \\ \vdots \\ \dot{I}_g + \dot{I}_{sg} \\ \dot{I}_h + \dot{I}_{sh} \\ \vdots \\ \dot{I}_b + \dot{I}_{sb} \end{bmatrix} - \begin{bmatrix} \dot{U}_{s1} \\ \dot{U}_{s2} \\ \vdots \\ \dot{U}_{sg} \\ \dot{U}_{sh} \\ \vdots \\ \dot{U}_{sb} \end{bmatrix}
$$

或写成：

$$
\dot{\boldsymbol{U}} = \boldsymbol{Z}(\dot{\boldsymbol{I}} + \dot{\boldsymbol{I}}_s) - \dot{\boldsymbol{U}}_s
$$

式中，Z 为支路阻抗矩阵，其主对角线元素为各支路阻抗，而非对角线元素将是相应的支路之间的互感阻抗，因此 Z 不再是对角阵。显然，这个方程形式上完全与式（11-11）相同。

11.3.3　回路电流方程的矩阵形式

为了导出回路电流方程的矩阵形式，重写所需 3 组方程为：

$$\text{KCL} \qquad \dot{\boldsymbol{I}} = \boldsymbol{B}^{\text{T}} \dot{\boldsymbol{I}}_1$$

$$\text{KVL} \qquad \boldsymbol{B}\dot{\boldsymbol{U}} = 0$$

$$\text{支路方程} \qquad \dot{\boldsymbol{U}} = \boldsymbol{Z}(\dot{\boldsymbol{I}} + \dot{\boldsymbol{I}}_{\text{s}}) - \dot{\boldsymbol{U}}_{\text{s}}$$

把支路方程代入 KVL，可得：

$$\boldsymbol{B}\left[\boldsymbol{Z}(\dot{\boldsymbol{I}} + \dot{\boldsymbol{I}}_{\text{s}}) - \dot{\boldsymbol{U}}_{\text{s}}\right] = \boldsymbol{0}$$

$$\boldsymbol{B}\boldsymbol{Z}\dot{\boldsymbol{I}} + \boldsymbol{B}\boldsymbol{Z}\dot{\boldsymbol{I}}_{\text{s}} - \boldsymbol{B}\dot{\boldsymbol{U}}_{\text{s}} = \boldsymbol{0}$$

再把 KCL 代入，便得到：

$$\boldsymbol{B}\boldsymbol{Z}\boldsymbol{B}^{\text{T}}\dot{\boldsymbol{I}}_1 = \boldsymbol{B}\dot{\boldsymbol{U}}_{\text{s}} - \boldsymbol{B}\boldsymbol{Z}\dot{\boldsymbol{I}}_{\text{s}} \qquad (11\text{-}12)$$

式（11-12）即为回路电流方程的矩阵形式。由于乘积 $\boldsymbol{BZ}$ 的行、列数分别为 l 和 b，乘积 $(\boldsymbol{BZ})\boldsymbol{B}^{\text{T}}$ 的行、列数均为 l，所以 $\boldsymbol{BZB}^{\text{T}}$ 是一个 l 阶方阵。同理，乘积 $\boldsymbol{B}\dot{\boldsymbol{U}}_{\text{s}}$ 和 $\boldsymbol{BZ}\dot{\boldsymbol{I}}_{\text{s}}$ 都是 l 阶列向量。

如设 $\boldsymbol{Z}_1 \overset{\text{def}}{=\!=\!=} \boldsymbol{BZB}^{\text{T}}$，它是一个 l 阶的方阵，称为回路阻抗矩阵。它的主对角元素即为自阻抗，非主对角元素即为互阻抗。

当电路中含有与无源元件串联的受控电压源（控制量可以是另一支路上无源元件的电压或电流）时，复合支路将如图 11-8 所示。这样，支路方程的矩阵形式仍为式（11-11），只是其中支路阻抗矩阵的内容不同而已。此时，$\boldsymbol{Z}$ 的非主对角元素将可能是与受控电压源的控制系数有关的元素。

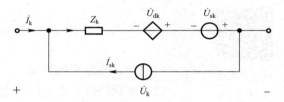

图 11-8　含受控电压源的复合支路

【**例 11.1**】　电路如图 11-9(a) 所示，用矩阵形式列出电路的回路电流方程。

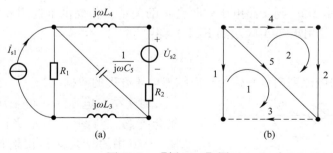

(a)　　　　　　　　　　　(b)

图 11-9　【例 11.1】图

【**解**】　作出有向图，并选支路 1、2、5 为树支，如图 11-9(b) 中实线所示。两个单连支回路 1、2，如图 11-9(b) 所示，有：

$$\boldsymbol{B} = \begin{array}{c} \\ 1 \\ 2 \end{array}\begin{array}{cccccc} 1 & 2 & 3 & 4 & 5 \\ \left[\begin{array}{ccccc} -1 & 0 & 1 & 0 & 1 \\ 0 & 1 & 0 & 1 & -1 \end{array}\right] \end{array}$$

$$\boldsymbol{Z} = \mathrm{diag}\left[R_1, \quad R_2, \quad \mathrm{j}\omega L_3, \quad \mathrm{j}\omega L_4, \quad \frac{1}{\mathrm{j}\omega C_5}\right]$$

$$\dot{\boldsymbol{U}}_s = \begin{bmatrix} 0 & -\dot{U}_{s2} & 0 & 0 & 0 \end{bmatrix}^{\mathrm{T}}$$

$$\dot{\boldsymbol{I}}_s = \begin{bmatrix} \dot{I}_{s1} & 0 & 0 & 0 & 0 \end{bmatrix}^{\mathrm{T}}$$

把上式各矩阵代入式（11-12），便得回路电流方程的矩阵形式：

$$\begin{bmatrix} R_1 + \mathrm{j}\omega L_3 + \dfrac{1}{\mathrm{j}\omega C_5} & -\dfrac{1}{\mathrm{j}\omega C_5} \\[2mm] -\dfrac{1}{\mathrm{j}\omega C_5} & R_2 + \mathrm{j}\omega L_4 + \dfrac{1}{\mathrm{j}\omega C_5} \end{bmatrix} \begin{bmatrix} \dot{I}_{11} \\[2mm] \dot{I}_{12} \end{bmatrix} = \begin{bmatrix} R_1 & \dot{I}_{s1} \\[2mm] & -\dot{U}_{s2} \end{bmatrix}$$

若选网孔为一组独立回路，则回路电流方程即为网孔电流方程。【例 11.1】就属这种情况。

编写回路电流方程必须选择一组独立回路，一般用基本回路组，从而可以通过选择一个合适的树处理。树的选择固然可以在计算机上按编好的程序自动进行，但比之结点电压法，这就显得麻烦些。另外，由于实际的复杂电路中，独立结点数往往少于独立回路数，再加上其他一些原因，目前在计算机辅助分析的程序中（如电力系统的潮流计算、电子电路的分析等），广泛采用结点法，而不采用回路法。

11.4 结点电压方程的矩阵形式

11.4　结点电压方程的矩阵形式

11.4.1　支路导纳矩阵

结点电压法以结点电压为电路的独立变量，并用 KCL 列出足够的独立方程。由于描述支路与结点关联性质的是矩阵 $\boldsymbol{A}$，因此宜用以 $\boldsymbol{A}$ 表示的 KCL 和 KVL 推导结点电压方程的矩阵形式。设结点电压列向量为 $\boldsymbol{u}_n$，按式（11-3），有：

$$\boldsymbol{u} = \boldsymbol{A}^{\mathrm{T}} \boldsymbol{u}_n$$

上述 KVL 方程表示了 $\boldsymbol{u}_n$ 与支路电压列向量 $\boldsymbol{u}$ 的关系，它提供了选用 $\boldsymbol{u}_n$ 作为独立电路变量的可能性。还需要用矩阵 $\boldsymbol{A}$ 表示的 KCL，即：

$$\boldsymbol{A}\boldsymbol{i} = 0$$

（式中，$\boldsymbol{i}$ 表示支路电流列向量）作为导出结点电压方程的依据。

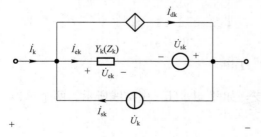

图 11-10　复合支路

对于结点电压法，可采用如图 11-10 所示复合支路。与图 11-7 定义的复合支路相比，图 11-10 中的复合支路仅增加了受控电流源。所有电压、电流的参考方向如图 11-10 所示。下面，首先分三种情况推导出整个电路的支路方程的矩阵形式。

（1）当电路中无受控电流源（即 $\dot{I}_{dk} = 0$），电感间无耦合时，对于第 k 条支路，有：

$$\dot{I}_k = Y_k \dot{U}_{ek} - \dot{I}_{sk} = Y_k(\dot{U}_k + \dot{U}_{sk}) - \dot{I}_{sk} \tag{11-13}$$

对整个电路，有：

$$\dot{\boldsymbol{I}} = \boldsymbol{Y}(\dot{\boldsymbol{U}} + \dot{\boldsymbol{U}}_s) - \dot{\boldsymbol{I}}_s \tag{11-14}$$

式中，$\boldsymbol{Y}$ 称为支路导纳矩阵，它是一个对角阵。

（2）当电路中无受控源，但电感之间有耦合时，式（11-13）还应计及互感电压的影响。根据前节的讨论，当电感之间有耦合时，电路的支路阻抗矩阵 $\boldsymbol{Z}$ 不再是对角阵，其主对角线元素为各支路阻抗，而非对角线元素将是相应的支路之间的互感阻抗。如令 $\boldsymbol{Y} = \boldsymbol{Z}^{-1}$（$\boldsymbol{Y}$ 仍称为支路导纳矩阵），则由 $\dot{\boldsymbol{U}} = \boldsymbol{Z}(\dot{\boldsymbol{I}} + \dot{\boldsymbol{I}}_s) - \dot{\boldsymbol{U}}_s$ 可得：

$$\boldsymbol{Y}\dot{\boldsymbol{U}} = \dot{\boldsymbol{I}} + \dot{\boldsymbol{I}}_s - \boldsymbol{Y}\dot{\boldsymbol{U}}_s$$

$$\text{或} \quad \dot{\boldsymbol{I}} = \boldsymbol{Y}(\dot{\boldsymbol{U}} + \dot{\boldsymbol{U}}_s) - \dot{\boldsymbol{I}}_s$$

这个方程形式上完全与式（11-14）相同，唯一的差别是此时 $\boldsymbol{Y}$ 不再是对角阵。

（3）当电路中含有受控电流源时，设第 k 支路中有受控电流源并受第 j 支路中无源元件上的电压 $\dot{U}_{ej}$ 或电流 $\dot{I}_{ej}$ 控制，如图 11-11 所示，其中 $\dot{I}_{dk} = g_{kj}\dot{U}_{ej}$ 或 $\dot{I}_{dk} = \beta_{kj}\dot{I}_{ej}$。

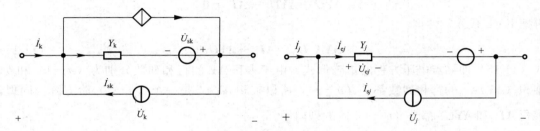

图 11-11　受控电流源的控制关系

此时，对第 k 支路，有：

$$\dot{I}_k = Y_k(\dot{U}_k + \dot{U}_{sk}) + \dot{I}_{dk} - \dot{I}_{sk}$$

在 VCCS 情况下，上式中的 $\dot{I}_{dk} = g_{kj}(\dot{U}_j + \dot{U}_{sj})$；而在 CCCS 的情况下，$\dot{I}_{dk} = \beta_{kj}Y_j(\dot{U}_j + \dot{U}_{sj})$。于是，有：

$$
\begin{bmatrix} \dot{I}_1 \\ \dot{I}_2 \\ \vdots \\ \dot{I}_j \\ \vdots \\ \dot{I}_k \\ \vdots \\ \dot{I}_b \end{bmatrix}
=
\begin{bmatrix}
Y_1 & & & & & & \\
0 & Y_2 & & & \boldsymbol{0} & & \\
\vdots & \vdots & \ddots & & & & \\
0 & 0 & \cdots & Y_j & & & \\
\vdots & \vdots & & & \ddots & & \\
0 & 0 & \cdots & Y_{kj} & \cdots & Y_k & \\
\vdots & \vdots & & \vdots & & & \ddots \\
0 & 0 & \cdots & 0 & \cdots & 0 & \cdots & Y_b
\end{bmatrix}
\begin{bmatrix} \dot{U}_1 + \dot{U}_{s1} \\ \dot{U}_2 + \dot{U}_{s2} \\ \vdots \\ \dot{U}_j + \dot{U}_{sj} \\ \vdots \\ \dot{U}_k + \dot{U}_{sk} \\ \vdots \\ \dot{U}_b + \dot{U}_{sb} \end{bmatrix}
-
\begin{bmatrix} \dot{I}_{s1} \\ \dot{I}_{s2} \\ \vdots \\ \dot{I}_{sj} \\ \vdots \\ \dot{I}_{sk} \\ \vdots \\ \dot{I}_{sb} \end{bmatrix}
$$

式中

$$Y_{kj} = \begin{cases} g_{kj} & (\text{当 } \dot{I}_{dk} \text{ 为 VCCS 时}) \\ \beta_{kj}Y_j & (\text{当 } \dot{I}_{dk} \text{ 为 CCCS 时}) \end{cases}$$

$$即 \quad \dot{I} = Y(\dot{U} + \dot{U}_s) - \dot{I}_s$$

可见，此时支路方程在形式上仍与情况 1 时相同，只是矩阵 Y 的内容不同而已。注意，此时 Y 也不再是对角阵。

11.4.2 结点电压方程的矩阵形式

为了导出结点电压方程的矩阵形式，重写所需 3 组方程为：

$$\text{KCL} \quad A\dot{I} = 0$$

$$\text{KVL} \quad \dot{U} = A^T\dot{U}_n$$

支路方程 $\qquad\qquad\qquad \dot{I} = Y(\dot{U} + \dot{U}_s) - \dot{I}_s$

把支路方程代入 KCL，可得：

$$A[Y(\dot{U} + \dot{U}_s) - \dot{I}_s] = 0$$

$$AY\dot{U} + AY\dot{U}_s - A\dot{I}_s = 0$$

再把 KVL 代入，便得：

$$AYA^T\dot{U}_n = A\dot{I}_s - AY\dot{U}_s \tag{11-15}$$

式（11-15）即结点电压方程的矩阵形式。由于乘积 AY 的行和列数分别为 $(n-1)$ 和 b，乘积 $(AY)A^T$ 的行和列数都是 $(n-1)$，所以乘积 AYA^T 是一个 $(n-1)$ 阶方阵。同理，乘积 $A\dot{I}_s$ 和 $AY\dot{U}_s$ 都是 $(n-1)$ 阶的列向量。

如设 $Y_n \xmdef{def} AYA^T$，$\dot{J}_n \xmdef{def} A\dot{I}_s - AY\dot{U}_s$，则式（11-15）可写为：

$$Y_n\dot{U}_n = \dot{J}_n$$

Y_n 称为结点导纳矩阵，它的元素相当于结点电压方程等号左边的系数；$\dot{J}_n$ 为由独立电源引起的注入结点的电流列向量，它的元素相当于结点电压方程等号右边的常数项。

【例 11.2】 电路如图 11-12(a) 所示，图中元件的数字下标代表支路编号。列出电路的结点电压方程（矩阵形式）。

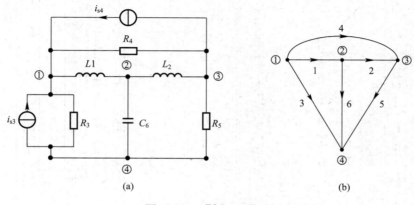

(a)　　　　　　　　　　　　　　　　　　(b)

图 11-12 【例 11.2】图

【解】　作出图 11-12(a) 所示电路的有向图，如图 11-12(b) 所示。若选结点④为参考结点，则关联矩阵为：

$$\boldsymbol{A}=\begin{bmatrix} 1 & 0 & 1 & 1 & 0 & 0 \\ -1 & 1 & 0 & 0 & 0 & 1 \\ 0 & -1 & 0 & -1 & 1 & 0 \end{bmatrix}$$

电压源列向量 $\dot{U}_s=0$，电流源列向量为：

$$\dot{\boldsymbol{I}}_s=\begin{bmatrix}0 & 0 & \dot{I}_{s3} & \dot{I}_{s4} & 0 & 0\end{bmatrix}^{\mathrm{T}}$$

支路导纳矩阵为：

$$\boldsymbol{Y}=\mathrm{diag}\left[\frac{1}{\mathrm{j}\omega L_1},\ \frac{1}{\mathrm{j}\omega L_2},\ \frac{1}{R_3},\ \frac{1}{R_4},\ \frac{1}{R_5},\ \mathrm{j}\omega C_6\right]$$

结点电压方程为：

$$\boldsymbol{A}\boldsymbol{Y}\boldsymbol{A}^{\mathrm{T}}\dot{U}_n=\boldsymbol{A}\dot{I}_s$$

即：

$$\begin{bmatrix} \dfrac{1}{R_3}+\dfrac{1}{R_4}+\dfrac{1}{\mathrm{j}\omega L_1} & -\dfrac{1}{\mathrm{j}\omega L_1} & -\dfrac{1}{R_4} \\ -\dfrac{1}{\mathrm{j}\omega L_1} & \dfrac{1}{\mathrm{j}\omega L_1}+\dfrac{1}{\mathrm{j}\omega L_2}+\mathrm{j}\omega L_6 & -\dfrac{1}{\mathrm{j}\omega L_2} \\ -\dfrac{1}{R_4} & -\dfrac{1}{\mathrm{j}\omega L_2} & \dfrac{1}{R_4}+\dfrac{1}{R_5}+\dfrac{1}{\mathrm{j}\omega L_2} \end{bmatrix}\begin{bmatrix}\dot{U}_{n1} \\ \dot{U}_{n2} \\ \dot{U}_{n3}\end{bmatrix}=\begin{bmatrix}\dot{I}_{s3}+\dot{I}_{s4} \\ 0 \\ -\dot{I}_{s4}\end{bmatrix}$$

【例 11.3】　电路如图 11-13(a) 所示，图中元件的下标代表支路编号，图 11-13(b) 是它的有向图。设 $\dot{I}_{d2}=g_{21}\dot{U}_1$，$\dot{I}_{d4}=\beta_{46}\dot{I}_6$。写出支路方程的矩阵形式。

【解】　支路导纳矩阵可写为（注意 g_{21} 和 β_{46} 出现的位置）

$$\boldsymbol{Y}=\begin{bmatrix} \dfrac{1}{R_1} & 0 & 0 & 0 & 0 & 0 \\ -g_{21} & \dfrac{1}{R_2} & 0 & 0 & 0 & 0 \\ 0 & 0 & \mathrm{j}\omega C_3 & 0 & 0 & 0 \\ 0 & 0 & 0 & \mathrm{j}\omega C_4 & 0 & \dfrac{\beta_{46}}{\mathrm{j}\omega L_6} \\ 0 & 0 & 0 & 0 & \dfrac{1}{\mathrm{j}\omega L_5} & 0 \\ 0 & 0 & 0 & 0 & 0 & \dfrac{1}{\mathrm{j}\omega L_6} \end{bmatrix}$$

电流源向量与电压源向量为：

$$\dot{\boldsymbol{I}}_s=\begin{bmatrix}\dot{I}_{s1} & 0 & 0 & -\dot{I}_{s4} & 0 & 0\end{bmatrix}^{\mathrm{T}}$$

$$\dot{\boldsymbol{U}}_s=\begin{bmatrix}0 & -\dot{U}_{s2} & 0 & \dot{U}_{s4} & 0 & 0\end{bmatrix}^{\mathrm{T}}$$

支路方程的矩阵形式为：

$$
\begin{bmatrix} \dot{I}_1 \\ \dot{I}_2 \\ \dot{I}_3 \\ \dot{I}_4 \\ \dot{I}_5 \\ \dot{I}_6 \end{bmatrix} = \begin{bmatrix} \dfrac{1}{R_1} & 0 & 0 & 0 & 0 & 0 \\[2mm] -g_{21} & \dfrac{1}{R_2} & 0 & 0 & 0 & 0 \\[2mm] 0 & 0 & \mathrm{j}\omega C_3 & 0 & 0 & 0 \\[2mm] 0 & 0 & 0 & \mathrm{j}\omega C_4 & 0 & \dfrac{\beta_{46}}{\mathrm{j}\omega L_6} \\[2mm] 0 & 0 & 0 & 0 & \dfrac{1}{\mathrm{j}\omega L_5} & 0 \\[2mm] 0 & 0 & 0 & 0 & 0 & \dfrac{1}{\mathrm{j}\omega L_6} \end{bmatrix} \begin{bmatrix} \dot{U}_1 + 0 \\ \dot{U}_2 - \dot{U}_{s2} \\ \dot{U}_3 + 0 \\ \dot{U}_4 + \dot{U}_{s4} \\ \dot{U}_5 + 0 \\ \dot{U}_6 + 0 \end{bmatrix} - \begin{bmatrix} \dot{I}_{s1} \\ 0 \\ 0 \\ -\dot{I}_{s4} \\ 0 \\ 0 \end{bmatrix}
$$

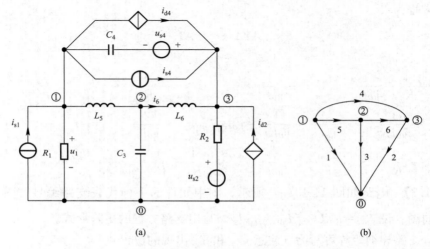

图 11-13 【例 11.3】图

习　　题

【11.1】　以结点⑤为参考结点，试写出图 11-14 所示有向图的关联矩阵 $\boldsymbol{A}$。

【11.2】　对于图 11-15 所示有向图，若选支路 1、2、3、7 为树，试写出基本割集矩阵和基本回路矩阵；另外，以网孔作为回路写出回路矩阵。

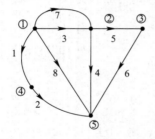

图 11-14　习题【11.1】图

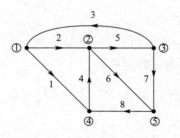

图 11-15　习题【11.2】图

【11.3】　对于图 11-16 所示有向图，选 1、2、3 作为树支，试列写 A、B_f、Q_f，并验证 $Q_1 = -B_t^T$。

【11.4】　某有向图的 A_a 阵（非降阶的关联矩阵）为：

$$A_a = \begin{bmatrix} 1 & 0 & 1 & 0 & -1 \\ 0 & 1 & 0 & 0 & 1 \\ -1 & -1 & 0 & -1 & 0 \\ 0 & 0 & -1 & 1 & 0 \end{bmatrix}$$

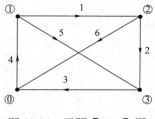

图 11-16　习题【11.3】图

试绘制其拓扑图。

【11.5】　试写出图 11-17 所示电路的回路方程。

【11.6】　对图 11-18 所示电路，试采用相量形式分别列写下列两种情况下的网孔电流矩阵方程：

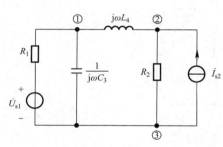

图 11-17　习题【11.5】图

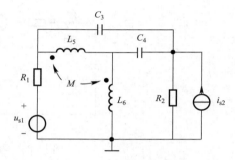

图 11-18　习题【11.6】图

（1）电感 L_5 和 L_6 之间无互感；

（2）L_5 和 L_6 之间有互感 M。

【11.7】　试写出图 11-19 所示电路的回路电流方程的矩阵形式。

【11.8】　电路如图 11-20 所示，其中电源角频率为 ω，试列写其回路矩阵方程的矩阵形式。

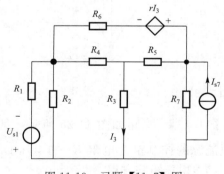

图 11-19　习题【11.7】图

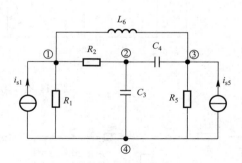

图 11-20　习题【11.8】图

【11.9】　电路如图 11-21 所示，试用相量形式写出回路电流方程的矩阵形式。

【11.10】　电路如图 11-22 所示，ω 为交流电源的角频率，试列写结点电压矩阵方程。

【11.11】　如图 11-23 所示电路中，电源角频率为 ω，试以结点④为参考结点，列写该电路的结点电压方程的矩阵形式。

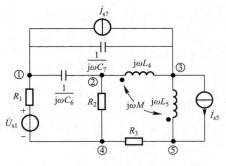

图 11-21　习题【11.9】图

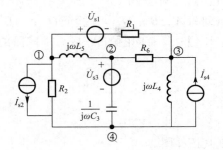

图 11-22　习题【11.10】图

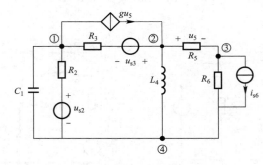

图 11-23　习题【11.11】图

【11.12】　试写出如图 11-24(a) 中所示电路的结点电压方程，图（b）为其有向图。

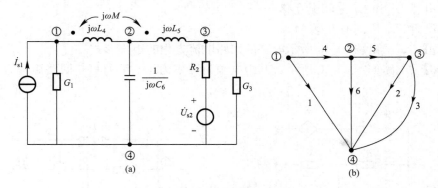

图 11-24　习题【11.12】图

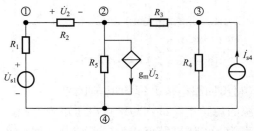

图 11-25　习题【11.13】图

【11.13】　电路如图 11-25 所示，其中受控电流源的控制量为电阻 R_2 的电压 $\dot{U}_2$，试列写结点电压矩阵方程。

【11.14】　电路如图 11-26(a) 所示，图中元件的下标表示支路编号，设 $\dot{I}_{d2}=g_{21}\dot{U}_1$，$\dot{I}_{d3}=\beta_{36}\dot{I}_6$，图（b）为其有向图。试写出结点电压方程的矩阵形式。

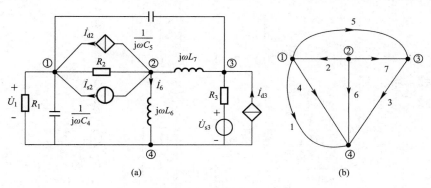

图 11-26　习题【11.14】图

答　案

【11.1】

$$
A = \begin{array}{cccccccc}
1 & 2 & 3 & 4 & 5 & 6 & 7 & 8
\end{array}
\begin{bmatrix}
1 & 0 & 1 & 0 & 0 & 0 & 1 & 1 \\
0 & 0 & -1 & 1 & 1 & 0 & -1 & 0 \\
0 & 0 & 0 & 0 & -1 & 1 & 0 & 0 \\
-1 & 1 & 0 & 0 & 0 & 0 & 0 & 0
\end{bmatrix}
$$

【11.2】

$$
Q_f = \begin{array}{cccccccc}
1 & 2 & 3 & 7 & 4 & 5 & 6 & 8
\end{array}
\begin{bmatrix}
1 & 0 & 0 & 0 & -1 & 0 & 0 & 1 \\
0 & 1 & 0 & 0 & 1 & -1 & -1 & 0 \\
0 & 0 & 1 & 0 & 0 & -1 & -1 & 1 \\
0 & 0 & 0 & 1 & 0 & 0 & 1 & -1
\end{bmatrix}
$$

$$
B_f = \begin{array}{cccccccc}
1 & 2 & 3 & 4 & 5 & 6 & 7 & 8
\end{array}
\begin{bmatrix}
1 & -1 & 0 & 0 & 1 & 0 & 0 & 0 \\
0 & 1 & 1 & 0 & 0 & 1 & 0 & 0 \\
0 & 1 & 1 & -1 & 0 & 0 & 1 & 0 \\
-1 & 0 & -1 & 1 & 0 & 0 & 0 & 1
\end{bmatrix}
$$

$$
B = \begin{array}{cccccccc}
1 & 2 & 3 & 4 & 5 & 6 & 7 & 8
\end{array}
\begin{bmatrix}
-1 & 1 & 0 & -1 & 0 & 0 & 0 & 0 \\
0 & -1 & -1 & 0 & -1 & 0 & 0 & 0 \\
0 & 0 & 0 & 1 & 0 & 1 & 0 & 1 \\
0 & 0 & 0 & 0 & 1 & -1 & 1 & 0
\end{bmatrix}
$$

【11.3】

$$
A = \begin{bmatrix}
1 & 0 & 0 & -1 & 1 & 0 \\
-1 & 1 & 0 & 0 & 0 & 1 \\
0 & -1 & 1 & 0 & -1 & 0
\end{bmatrix}
$$

$$
B_f = \begin{bmatrix}
1 & 1 & 1 & 1 & 0 & 0 \\
-1 & -1 & 0 & 0 & 1 & 0 \\
0 & -1 & -1 & 0 & 0 & 1
\end{bmatrix}
$$

$$\boldsymbol{Q}_{\mathrm{f}} = \begin{bmatrix} 1 & 0 & 0 & -1 & 1 & 0 \\ 0 & 1 & 0 & -1 & 1 & 1 \\ 0 & 0 & 1 & -1 & 0 & 1 \end{bmatrix}$$

【11.4】 略。

【11.5】

$$\begin{bmatrix} R_1 + \dfrac{1}{\mathrm{j}\omega C_3} & -\dfrac{1}{\mathrm{j}\omega C_3} \\[3mm] -\dfrac{1}{\mathrm{j}\omega C_3} & R_2 + \dfrac{1}{\mathrm{j}\omega C_3} + \mathrm{j}\omega L_4 \end{bmatrix} \begin{bmatrix} \dot{I}_{l1} \\[2mm] \dot{I}_{l2} \end{bmatrix} = \begin{bmatrix} \dot{U}_{s1} \\[2mm] -R_2 \dot{I}_{s2} \end{bmatrix}$$

【11.6】

(1)
$$\begin{bmatrix} R_1 + \mathrm{j}\omega L_5 + \mathrm{j}\omega L_6 & -\mathrm{j}\omega L_6 & -\mathrm{j}\omega L_5 \\[2mm] -\mathrm{j}\omega L_6 & R_2 + \dfrac{1}{\mathrm{j}\omega C_4} + \mathrm{j}\omega L_6 & -\dfrac{1}{\mathrm{j}\omega C_4} \\[3mm] -\mathrm{j}\omega L_5 & -\dfrac{1}{\mathrm{j}\omega C_4} & \dfrac{1}{\mathrm{j}\omega C_3} + \dfrac{1}{\mathrm{j}\omega C_4} + \mathrm{j}\omega L_5 \end{bmatrix} \begin{bmatrix} \dot{I}_{l1} \\[2mm] \dot{I}_{l2} \\[2mm] \dot{I}_{l3} \end{bmatrix} = \begin{bmatrix} R_1 \dot{I}_{s1} \\[2mm] -\dot{U}_{s2} \\[2mm] 0 \end{bmatrix}$$

(2)
$$\begin{bmatrix} R_1 + \mathrm{j}\omega\,(L_5 + L_6 + M) & -\mathrm{j}\omega\,(L_6 + M) & -\mathrm{j}\omega\,(L_5 + M) \\[2mm] -\mathrm{j}\omega\,(L_6 + M) & R_2 + \dfrac{1}{\mathrm{j}\omega C_4} + \mathrm{j}\omega L_6 & -\dfrac{1}{\mathrm{j}\omega C_4} + \mathrm{j}\omega M \\[3mm] -\mathrm{j}\omega\,(L_5 + M) & -\dfrac{1}{\mathrm{j}\omega C_4} + \mathrm{j}\omega M & \dfrac{1}{\mathrm{j}\omega C_3} + \dfrac{1}{\mathrm{j}\omega C_4} + \mathrm{j}\omega L_5 \end{bmatrix} \begin{bmatrix} \dot{I}_{l1} \\[2mm] \dot{I}_{l2} \\[2mm] \dot{I}_{l3} \end{bmatrix} = \begin{bmatrix} R_1 \dot{I}_{s1} \\[2mm] -\dot{U}_{s2} \\[2mm] 0 \end{bmatrix}$$

【11.7】

$$\begin{bmatrix} R_1 + R_2 & -R_2 & 0 & 0 \\ -R_2 & R_2 + R_3 + R_4 & -R_3 & -R_4 \\ 0 & -R_3 & R_3 + R_5 + R_7 & -R_5 \\ 0 & -(r + R_4) & r - R_5 & R_4 + R_5 + R_6 \end{bmatrix} \begin{bmatrix} I_{l1} \\ I_{l2} \\ I_{l3} \\ I_{l4} \end{bmatrix} = \begin{bmatrix} -U_{s1} \\ 0 \\ -R_7 I_{s7} \\ 0 \end{bmatrix}$$

【11.8】

$$\begin{bmatrix} R_1 + \dfrac{1}{\mathrm{j}\omega C_3} + \dfrac{1}{\mathrm{j}\omega C_4} + \mathrm{j}\omega L_6 & R_1 + \dfrac{1}{\mathrm{j}\omega C_3} & -\left(\dfrac{1}{\mathrm{j}\omega C_3} + \dfrac{1}{\mathrm{j}\omega C_4}\right) \\[3mm] R_1 + \dfrac{1}{\mathrm{j}\omega C_3} & R_1 + R_2 + \dfrac{1}{\mathrm{j}\omega C_3} & -\dfrac{1}{\mathrm{j}\omega C_3} \\[3mm] -\left(\dfrac{1}{\mathrm{j}\omega C_3} + \dfrac{1}{\mathrm{j}\omega C_4}\right) & -\dfrac{1}{\mathrm{j}\omega C_3} & \dfrac{1}{\mathrm{j}\omega C_3} + \dfrac{1}{\mathrm{j}\omega C_4} + R_5 \end{bmatrix} \begin{bmatrix} \dot{I}_{l1} \\[2mm] \dot{I}_{l2} \\[2mm] \dot{I}_{l3} \end{bmatrix} = \begin{bmatrix} R_1 \dot{I}_{s1} \\[2mm] R_1 \dot{I}_{s1} \\[2mm] -R_5 \dot{I}_{s5} \end{bmatrix}$$

【11.9】

$$\begin{bmatrix} R_1 + R_2 + \mathrm{j}\omega L_4 + \dfrac{1}{\mathrm{j}\omega C_7} & -R_1 + \mathrm{j}\omega M - \dfrac{1}{\mathrm{j}\omega C_7} & -(R_1 + R_2) \\[3mm] -R_1 + \mathrm{j}\omega M - \dfrac{1}{\mathrm{j}\omega C_7} & R_1 + R_3 + \mathrm{j}\omega L_5 + \dfrac{1}{\mathrm{j}\omega C_7} & R_1 \\[3mm] -(R_1 + R_2) & R_1 & R_1 + R_2 + \dfrac{1}{\mathrm{j}\omega C_6} \end{bmatrix} \begin{bmatrix} \dot{I}_{l1} \\[2mm] \dot{I}_{l2} \\[2mm] \dot{I}_{l3} \end{bmatrix}$$

$$
=\begin{bmatrix}
-\dot{U}_{s1}+j\omega\dot{M}I_{s5}-\dfrac{1}{j\omega C_7}\dot{I}_{s7} \\[4mm]
\dot{U}_{s1}+j\omega L_5\dot{I}_{s5}+\dfrac{1}{j\omega C_7}\dot{I}_{s7} \\[4mm]
\dot{U}_{s1}
\end{bmatrix}
$$

【11.10】

$$
\begin{bmatrix}
\dfrac{1}{R_1}+\dfrac{1}{R_2}+\dfrac{1}{j\omega L_5} & -\dfrac{1}{j\omega L_5} & -\dfrac{1}{R_1} \\[4mm]
-\dfrac{1}{j\omega L_5} & \dfrac{1}{R_6}+j\omega C_3+\dfrac{1}{j\omega L_5} & -\dfrac{1}{R_6} \\[4mm]
-\dfrac{1}{R_1} & -\dfrac{1}{R_6} & \dfrac{1}{R_1}+\dfrac{1}{R_6}+\dfrac{1}{j\omega L_5}
\end{bmatrix}
\begin{bmatrix}\dot{U}_{n1}\\[2mm]\dot{U}_{n2}\\[2mm]\dot{U}_{n3}\end{bmatrix}
=\begin{bmatrix}
\dfrac{\dot{U}_{s1}}{R_1}-\dot{I}_{s2} \\[4mm]
j\omega C_3\dot{U}_{s3} \\[4mm]
\dot{U}_{s1}-\dfrac{\dot{I}_{s4}}{R_1}
\end{bmatrix}
$$

【11.11】

$$
\begin{bmatrix}
j\omega C_1+\dfrac{1}{R_2}+\dfrac{1}{R_3} & g-\dfrac{1}{R_3} & -g \\[4mm]
-\dfrac{1}{R_3} & \dfrac{1}{R_3}+\dfrac{1}{j\omega L_4}+\dfrac{1}{R_5}-g & g-\dfrac{1}{R_5} \\[4mm]
0 & -\dfrac{1}{R_5} & \dfrac{1}{R_5}+\dfrac{1}{R_6}
\end{bmatrix}
\begin{bmatrix}\dot{U}_{n1}\\[2mm]\dot{U}_{n2}\\[2mm]\dot{U}_{n3}\end{bmatrix}
=\begin{bmatrix}
\dfrac{\dot{U}_{s2}}{R_2}-\dfrac{\dot{U}_{s3}}{R_3} \\[4mm]
\dfrac{\dot{U}_{s3}}{R_3} \\[4mm]
-\dot{I}_{s6}
\end{bmatrix}
$$

【11.12】

$$
\begin{bmatrix}
G_1+\dfrac{L_5}{\Delta} & -\dfrac{L_5+M}{\Delta} & \dfrac{M}{\Delta} \\[4mm]
-\dfrac{L_5+M}{\Delta} & \dfrac{L_4+L_5+2M}{\Delta} & -\dfrac{L_4+M}{\Delta} \\[4mm]
\dfrac{M}{\Delta} & -\dfrac{L_4+M}{\Delta} & G_2+G_3+\dfrac{L_4}{\Delta}
\end{bmatrix}
\begin{bmatrix}\dot{U}_{n1}\\[2mm]\dot{U}_{n2}\\[2mm]\dot{U}_{n3}\end{bmatrix}
=\begin{bmatrix}\dot{I}_{s1}\\[2mm]0\\[2mm]G_2\dot{U}_{s2}\end{bmatrix}
$$

其中 $\Delta=j\omega(L_4L_5-M^2)$

【11.13】

$$
\begin{bmatrix}
\dfrac{1}{R_1}+\dfrac{1}{R_2} & -\dfrac{1}{R_2} & 0 \\[4mm]
-\dfrac{1}{R_2}+g_m & \dfrac{1}{R_2}+\dfrac{1}{R_3}+\dfrac{1}{R_5}-g_m & -\dfrac{1}{R_3} \\[4mm]
0 & -\dfrac{1}{R_3} & \dfrac{1}{R_3}+\dfrac{1}{R_4}
\end{bmatrix}
\begin{bmatrix}\dot{U}_{n1}\\[2mm]\dot{U}_{n2}\\[2mm]\dot{U}_{n3}\end{bmatrix}
=\begin{bmatrix}\dfrac{\dot{U}_{s1}}{R_1}\\[4mm]0\\[4mm]\dot{I}_{s4}\end{bmatrix}
$$

【11.14】

$$
\begin{bmatrix}
\dfrac{1}{R_1}+\dfrac{1}{R_2}+j\omega C_4+j\omega C_5-g_m & -\dfrac{1}{R_2} & -j\omega C_5 \\[4mm]
-\dfrac{1}{R_2}+g_m & \dfrac{1}{R_2}+\dfrac{1}{j\omega L_6}+\dfrac{1}{j\omega L_7} & -\dfrac{1}{j\omega L_7} \\[4mm]
-j\omega C_5 & -\dfrac{1}{j\omega L_7}-\dfrac{\beta_{36}}{j\omega L_6} & \dfrac{1}{R_3}+j\omega C_5+\dfrac{1}{j\omega L_7}
\end{bmatrix}
\begin{bmatrix}\dot{U}_{n1}\\[2mm]\dot{U}_{n2}\\[2mm]\dot{U}_{n3}\end{bmatrix}
=\begin{bmatrix}\dot{I}_{s2}\\[2mm]-\dot{I}_{s2}\\[2mm]\dfrac{\dot{U}_{s3}}{R_3}\end{bmatrix}
$$

第 12 章　二端口网络

网络按其引出端子的数目可分为二端网络、三端网络和四端网络等。如果一个二端网络满足从一个端子流入的电流等于另一个端子上流出的电流，就可称为一端口网络。如果电路中有两个一端口网络，就构成了一个二端口网络。

本章是把二端口网络当作一个整体，不研究其内部电路的工作状态，只研究端口电流、电压之间的关系，即端口的外特性。联系这些关系的是一些参数，这些参数只取决于网络本身的元件参数和各元件之间连接的结构形式。一旦求出表征这个二端口网络的参数，就可以确定二端口网络各端口之间电流、电压的关系，进而对二端口网络的传输特性进行分析。本章主要解决的问题是找出表征二端口网络的参数以及由这些参数联系的端口电流、电压方程，并在此基础上分析二端口网络电路。

即本章主要研究二端口（网络）及其方程，二端口的 Y、Z、$T(A)$、H 等参数矩阵以及它们之间的相互关系，还介绍转移函数，T 形和 π 形等效电路及二端口的连接。最后，介绍两种可用二端口描述的电路元件——回转器和负阻抗变换器。

12.1　二端口网络

12.1 二端口
网络

12.1.1　工程意义

1. 研究二端口网络的意义

工程实际中，研究信号及能量的传输和信号变换时，经常碰到如图 12-1 所示的二端口电路。

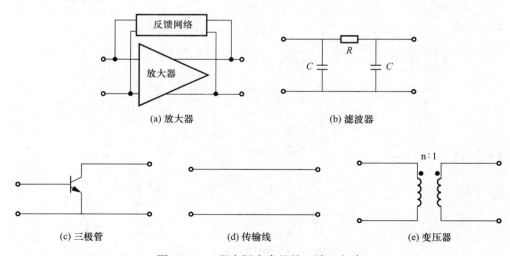

(a) 放大器　　　　　　　　　　(b) 滤波器

(c) 三极管　　　　　(d) 传输线　　　　　(e) 变压器

图 12-1　工程实际中常见的二端口电路

二端口网络能将电路的整体或一部分用它们相应的外特性参数来表示，而不用考虑其内部的具体情况，这样被表示的电路就成为具有一组特殊性质的"黑箱"，从而就能抽象化电路的物理组成，简化分析。任意具有 4 个端子的线性电路都可以变换成二端口网络，且满足不含独立源的条件和端口条件。变压器、滤波器、运算放大器、三极管的小信号模型（如混合 π 模型）、电子滤波器以及阻抗匹配网络等，均属于二端口网络。

研究二端口网络的意义概括如下：

（1）二端口应用很广，其分析方法易推广，可应用于 n 端口网络；

（2）可以将任意复杂的二端口网络分割成许多子网络（二端口）进行分析，使分析简化；

（3）当仅研究端口的电压电流特性时，可以用二端口网络的电路模型进行研究。

2．二端口网络特定性质分析

二端口网络具有若干常用于实际网络中的特定性质，能大大简化分析。这些性质包括：

（1）互易网络：在端口 1 上加一个电流，在端口 2 上产生相应的电压；在端口 2 上加与前者相同的电流，在端口 1 上产生相应的电压。若两个端口产生的电压相等，则称二端口网络是互易的。通常，若组成网络的元件都是线性无源元件（电阻、电容和电感），则这个网络是互易的；若网络包含主动元件（如电晶体、集成运放、发生器、数码电路器件等），则网络不是互易的。另外，含有受控源的二端口网络一般不具有互易性。

（2）对称网络：若一个网络的输入阻抗等于输出阻抗，则这个网络是电气对称的。对称网络一定是互易网络，但互易网络不一定是对称网络。大多数情况下，对称网络也是物理对称的，不过这不是必要条件。这类网络的输入和输出阻抗是互逆的；有时，反对称网络也是可以利用的性质。

（3）无耗网络：无耗网络是不包含电阻或其他耗能元件的网络。互易网络反映网络的电磁对称性，而无耗网络反映网络的能量对称性。

3．二端口网络电路变换及作用分析

二端口在分析电子电路中具有特定的变换作用：二端口电路不仅能改变输出端电压、电流的大小，起到变标的作用，还可以改变输出阻抗的性质及大小，起到阻抗变换的作用，以实现匹配网络或补偿网络；还可进行阻抗的倒逆，把跨接在输出端口上的某一品类的二端口元件映射成另一品类的二端口元件，从而改变元件的品种。这不仅可以大大简化电路，有助于电路的高度模块化、集成化，同时也降低了成本。

任何二端口，一般来说其输出端电压或电流的大小都可以随输入端电压或电流的变化而改变，或随二端口网络中某一支路电压或电流的变化而改变。利用二端口的这种变换作用制成最常用的二端口元件，如理想变压器、变标器、回转器等。利用这些双口元件和单口元件（如电阻器、电感器、电容器等）的组合，我们可以得到电子工程中大量运用的晶体管、运算放大器及其他网络模型。

12.1.2　二端口的定义

前面讨论的电路分析主要属于这样一类问题：在一个电路及其输入已经给定的情况下，如何去计算一条或多条支路的电压和电流。如果一个复杂的电路只有两个端子向外连接，且仅对外接电路中的情况感兴趣，则该电路可视为一个一端口，并用戴维宁或诺顿等效电路替代，然后再计算感兴趣的电压和电流。在工程实际中遇到的问题还常常涉及两对端子之间的关系，如变压器、滤波器、放大器、反馈网络等，如图 12-2(a)～(c) 所示。对于这些电路，都可以把两对端子之间的电路概括在一个方框中，如图 12-2(d) 所示。一对端子 1-1' 通常是输入端子，另一对端子 2-2' 为输出端子。

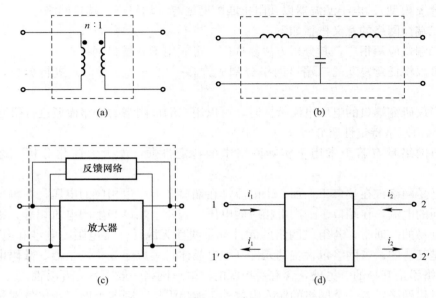

图 12-2 端口

在对直流电路分析的过程中，我们通过戴维南定理讲述了具有两个引线端子电路的分析方法，这种具有两个引线端子的电路称为一端口网络，如图 12-3(a) 所示。一个一端口网络，不论其内部电路简单或复杂，就其外特性来说，可以用一个具有一定内阻的电源进行置换，以便在分析某个局部电路工作关系时，使分析过程得到简化。当一个电路有四个外引线端子，如图 12-3(b) 所示，如果这两对端子满足端口条件，即对于所有时间 t，从端子 1 流入方框的电流等于从端子 1' 流出的电流；同时，从端子 2 流入方框的电流等于从端子 2' 流出的电流，这种电路称为二端口网络，简称二端口。若向外伸出的 4 个端子上的电流无上述限制，称为四端口网络。本章仅讨论二端口。

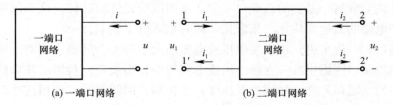

图 12-3 端口网络

用二端口概念分析电路时，仅对二端口处的电流、电压之间的关系感兴趣，这种相互关系可以通过一些参数表示，而这些参数只决定于构成二端口本身的元件及它们的连接方式。一旦确定表征这个二端口的参数后，当一个端口的电压、电流发生变化，要找出另外一个端口上的电压、电流就比较容易了。同时，还可以利用这些参数比较不同的二端口在传递电能和信号方面的性能，从而评价它们的质量。一个任意复杂的二端口，还可以看作由若干简单的二端口组成。如果已知这些简单的二端口的参数，那么根据它们与复杂二端口的关系，就可以直接求出后者的参数，从而找出后者在两个端口处的电压与电流关系，而不再涉及原来复杂电路内部的任何计算。总之，这种分析方法有它的特点，与前面介绍的一端口有类似的地方。

当一个二端口网络的端口处电流与电压满足线性关系时，则该二端口网络称为线性二端口网络。通常，线性二端口网络内的所有元件都是线性元件，如电阻、电容、电感等；否则，二端口网络为非线性网络。如果一个二端口网络内部不含有任何独立电源和受控源，则称其为无源二端口网络，否则称为有源二端口网络。本章介绍的二端口是由线性的电阻、电感（包括耦合电感）、电容和线性受控源组成，并规定不包含任何独立电源（如用运算法分析时，还规定独立的初始条件均为零，即不存在附加电源）。

12.1.3　无源线性二端口的参考方向

1. 二端口网络的参数

本章分析的二端口网络为线性二端口，因此二端口网络的参数包括：线性的电阻 R、电感（包括耦合电感）L、电容 C 和线性受控源 M 组成，并规定不包含任何独立电源。

2. 端口电压、电流的参考方向

本章分析的二端口网络的端口电压、电流的参考方向，如图 12-4 所示。

图 12-4　二端口电压、电流的参考方向

端口物理量有 4 个，分别为 i_1、i_2、u_1、u_2。在外电路限定的情况下，四个端口变量之间存在着反映二端口网络特性的约束方程。任取两个作自变量（激励），两个作因变量（响应），可得六组方程，即可用六套参数描述二端口网络。

$$\begin{matrix} i_1 \\ i_2 \end{matrix} \Leftrightarrow \begin{matrix} u_1 \\ u_2 \end{matrix}, \quad \begin{matrix} u_1 \\ i_1 \end{matrix} \Leftrightarrow \begin{matrix} u_2 \\ i_2 \end{matrix}, \quad \begin{matrix} u_1 \\ i_2 \end{matrix} \Leftrightarrow \begin{matrix} i_1 \\ u_2 \end{matrix}$$

12.2　二端口的参数与方程

12.2 二端口的参数与方程

实际应用过程中，不少电路（如集成电路）制作完成后就被封装起来，无法看到具体的结构。在分析这类电路时，只能通过其引线端或端口处电压与电流的相互关系，来表征电路的功能。而这种相互关系可以用一些参数来表示，这些参数只决定于网络本身的结构和内部元件。一旦表征这个端口网络的参数确定之后，当一个端口的电压和电流发生变化时，利用网络参数，就可以很容易地找出另一个端口的电压和电流。利用这些参数，还可以比较不同网络在传递电能和信号方面的性能，从而评价端口网络的质量。

一个二端口网络输入端口和输出端口的电压和电流共有四个，即 i_1、i_2、u_1、u_2。在分析二端口网络时，通常是已知其中的两个电量，求出另外两个电量。因此由这四个物理量构成的组合，共有六组关系式，如第 12.1.3 节所述。

12.2.1　Y 参数与方程

图 12-5 所示为一线性二端口。在分析中将按正弦稳态情况考虑，并应用相量法。当然，也可以用运算法讨论。在端口 1-1$'$ 和 2-2$'$ 处的电流相量和电压相量的参考方向，如

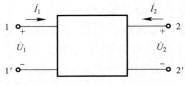

图 12-5　线性二端口的
电流电压关系

图 12-5 所示。假设两个端口电压 $\dot{U}_1$ 和 $\dot{U}_2$ 已知，可以利用替代定理把两个端口电压 $\dot{U}_1$ 和 $\dot{U}_2$ 都看作是外施的独立电压源。这样，根据叠加定理，$\dot{I}_1$ 和 $\dot{I}_2$ 应分别等于各个独立电压源单独作用时产生的电流之和，即：

$$\begin{cases} \dot{I}_1 = Y_{11}\dot{U}_1 + Y_{12}\dot{U}_2 \\ \dot{I}_2 = Y_{21}\dot{U}_1 + Y_{22}\dot{U}_2 \end{cases} \qquad (12\text{-}1)$$

式（12-1）还可以写成如下的矩阵形式：

$$\begin{bmatrix} \dot{I}_1 \\ \dot{I}_2 \end{bmatrix} = \begin{bmatrix} Y_{11} & Y_{12} \\ Y_{21} & Y_{22} \end{bmatrix} \begin{bmatrix} \dot{U}_1 \\ \dot{U}_2 \end{bmatrix} = Y \begin{bmatrix} \dot{U}_1 \\ \dot{U}_2 \end{bmatrix}$$

其中：

$$[Y] = \begin{bmatrix} Y_{11} & Y_{12} \\ Y_{21} & Y_{22} \end{bmatrix}$$

称为二端口的 Y 参数矩阵，而 Y_{11}、Y_{12}、Y_{21}、Y_{22} 称为二端口的 Y 参数。不难看出，Y 参数属于导纳性质，可以按下述方法计算或试验测量求得：如果在端口 1-1′ 上外施电压 $\dot{U}_1$，而把端口 2-2′ 短路，即 $\dot{U}_2 = 0$，工作情况如图 12-6(a) 所示。

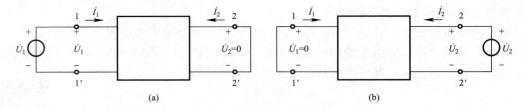

(a)   (b)

图 12-6　短路导纳参数的测定

由式（12-1）可得：

$$Y_{11} = \left.\frac{\dot{I}_1}{\dot{U}_1}\right|_{\dot{U}_2 = 0}$$

$$Y_{21} = \left.\frac{\dot{I}_2}{\dot{U}_1}\right|_{\dot{U}_2 = 0}$$

Y_{11} 表示端口 2-2′ 短路时，端口 1-1′ 处的输入导纳或驱动点导纳；Y_{21} 表示端口 2-2′ 短路时，端口 2-2′ 与端口 1-1′ 之间的转移导纳，这是因为 Y_{21} 是 $\dot{I}_2$ 与 $\dot{U}_1$ 的比值，它表示一个端口的电流与另一个端口的电压之间的关系。

同理，在端口 2-2′ 外施电压 $\dot{U}_2$，而把端口 1-1′ 短路，即 $\dot{U}_1 = 0$，工作情况如图 12-6(b) 所示，由式（12-1）得到：

$$Y_{12} = \left.\frac{\dot{I}_1}{\dot{U}_2}\right|_{\dot{U}_1 = 0}$$

$$Y_{22} = \frac{\dot{I}_2}{\dot{U}_2}\Bigg|_{\dot{U}_1=0}$$

Y_{12} 是端口 1-1′ 与端口 2-2′ 之间的转移导纳，Y_{22} 是端口 2-2′ 的输入导纳。由于 Y 参数都是在一个端口短路情况下通过计算或测试求得的，所以又称为短路导纳参数，例如 Y_{11} 就称为端口 1-1′ 的短路输入导纳。以上说明了 Y 参数表示的具体含义。

【例 12.1】　求图 12-7(a) 所示二端口的 Y 参数。

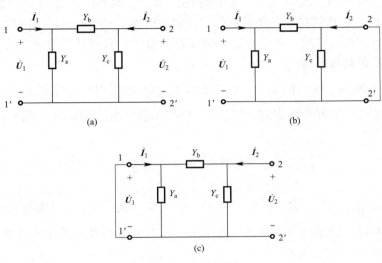

图 12-7　【例 12.1】图

【解】　这个端口的结构比较简单，它是一个 π 形电路。求它的 Y_{11} 和 Y_{21} 时，把端口 2-2′ 短路，在端口 1-1′ 上外施电压 $\dot{U}_1$，如图 12-7(b) 所示。这时，可求得：

$$\dot{I}_1 = \dot{U}_1(Y_a + Y_b)$$

$$-\dot{I}_2 = \dot{U}_1 Y_b$$

式中，$\dot{I}_2$ 前有负号是由指定的电流和电压参考方向造成的。根据定义可求得：

$$Y_{11} = \frac{\dot{I}_1}{\dot{U}_1}\Bigg|_{\dot{U}_2=0} = Y_a + Y_b$$

$$Y_{21} = \frac{\dot{I}_2}{\dot{U}_1}\Bigg|_{\dot{U}_2=0} = -Y_b$$

同样，如果把端口 1-1′ 短路，并在端口 2-2′ 上外施电压 $\dot{U}_2$，则可求得：

$$Y_{12} = \frac{\dot{I}_1}{\dot{U}_2}\Bigg|_{\dot{U}_1=0} = -Y_b$$

$$Y_{22} = \frac{\dot{I}_2}{\dot{U}_2}\Bigg|_{\dot{U}_2=0} = Y_b + Y_c$$

由此上述例题结果可见，$Y_{12} = Y_{21}$。此结果虽然是根据这个特例得到的，但是根据互易定理不难证明，对于由线性 R、$L(M)$、C 元件构成的任何无源二端口，$Y_{12}=Y_{21}$ 总是成立的。即若网络内部无受控源（满足互易定理），则 $Y_{12}=Y_{21}$，4 个参数中只有 3 个是独立的，所以对任何一个无源线性二端口，只要 3 个独立的参数就足以表征它的性能。

如果一个二端口的 Y 参数，除了 $Y_{12}=Y_{21}$ 外，还有 $Y_{11}=Y_{22}$。则此二端口的两个端口 1-1′和 2-2′互换位置后与外电路连接，其外部特性将不会有任何变化。也就是说，这种二端口从任一端口看进去，它的电气特性是一样的，因而称为电气上对称的，或简称为对称二端口。结构上对称的二端口显然一定是对称二端口。例如，在【例 12.1】中的 π 形电路，如果 $Y_a=Y_c$，它在结构上就是对称的，这时就有 $Y_{11}=Y_{22}$。但是，电气上对称并不一定意味着结构上对称。显然，对于对称二端口的 Y 参数，只有 2 个是独立的。

12.2.2 Z 参数与方程

假设图 12-5 所示二端口的 $\dot{I}_1$ 和 $\dot{I}_2$ 是已知的，可以利用替代定理把 $\dot{I}_1$ 和 $\dot{I}_2$ 看作是外施电流源的电流。根据叠加定理，$\dot{U}_1$、$\dot{U}_2$ 应等于各个电流源单独作用时产生的电压之和，即：

$$\begin{cases} \dot{U}_1 = Z_{11}\dot{I}_1 + Z_{12}\dot{I}_2 \\ \dot{U}_2 = Z_{21}\dot{I}_1 + Z_{22}\dot{I}_2 \end{cases} \tag{12-2}$$

式中，Z_{11}、Z_{12}、Z_{21}、Z_{22} 称为 Z 参数，它们具有阻抗性质。Z 参数可按下述方法计算或试验测量求得；设端口 2-2′开路，即 $\dot{I}_2=0$，只在端口 1-1′施加一个电流源 $\dot{I}_1$，如图 12-8(a) 所示。

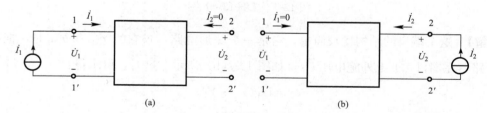

图 12-8 开路阻抗参数的测定

由式（12-2），可得：

$$Z_{11} = \frac{\dot{U}_1}{\dot{I}_1}\bigg|_{\dot{I}_2=0}$$

$$Z_{21} = \frac{\dot{U}_2}{\dot{I}_1}\bigg|_{\dot{I}_2=0}$$

所以，Z_{11} 称为端口 2-2′开路时端口 1-1′的开路输入阻抗，Z_{21} 称为端口 2-2′开路时端口 2-2′与端口 1-1′之间的开路转移阻抗。同理，将端口 1-1′开路，即 $\dot{I}_1=0$，并在端口 2-2′施加电流源 $\dot{I}_2$，如图 12-8(b) 所示。由式（12-2），得：

$$Z_{12} = \frac{\dot{U}_1}{\dot{I}_2}\bigg|_{\dot{I}_1=0}$$

$$Z_{22} = \frac{\dot{U}_2}{\dot{I}_2}\bigg|_{\dot{I}_1=0}$$

即 Z_{12} 是端口 1-1′ 开路时端口 1-1′ 与端口 2-2′ 之间的开路转移阻抗，Z_{22} 是端口 1-1′ 开路时端口 2-2′ 的开路输入阻抗。

把式（12-2）改写成矩阵形式，有：

$$\begin{bmatrix} \dot{U}_1 \\ \dot{U}_2 \end{bmatrix} = \begin{bmatrix} Z_{11} & Z_{12} \\ Z_{21} & Z_{22} \end{bmatrix} \begin{bmatrix} \dot{I}_1 \\ \dot{I}_2 \end{bmatrix} = [Z] \begin{bmatrix} \dot{I}_1 \\ \dot{I}_2 \end{bmatrix}$$

其中：

$$[Z] = \begin{bmatrix} Z_{11} & Z_{12} \\ Z_{21} & Z_{22} \end{bmatrix}$$

称为二端口的 Z 参数矩阵，也称开路阻抗矩阵。

同理，根据互易定理不难证明，对于线性 R、$L(M)$、C 元件构成的任何无源二端口，$Z_{12} = Z_{21}$ 总是成立的。所以，在这种情况下，Z 参数只有 3 个是独立的。对于对称的二端口，则还有 $Z_{11} = Z_{22}$ 的关系，故只有 2 个参数是独立的。

比较式（12-1）与式（12-2）可以看出，开路阻抗矩阵 Z 与短路导纳矩阵 Y 之间存在着互为逆阵的关系，由式（12-1）Y 参数方程，可以解出 $\dot{U}_1$ 和 $\dot{U}_2$：

$$\begin{cases} \dot{U}_1 = \dfrac{Y_{22}}{\Delta}\dot{I}_1 + \dfrac{-Y_{12}}{\Delta}\dot{I}_2 = Z_{11}\dot{I}_1 + Z_{12}\dot{I}_2 \\ \dot{U}_2 = \dfrac{-Y_{21}}{\Delta}\dot{I}_1 + \dfrac{Y_{11}}{\Delta}\dot{I}_2 = Z_{21}\dot{I}_1 + Z_{22}\dot{I}_2 \end{cases}$$

其中：

$$\Delta = Y_{11}Y_{22} - Y_{12}Y_{21}$$

即：

$$\begin{bmatrix} Z_{11} & Z_{12} \\ Z_{21} & Z_{22} \end{bmatrix} = \frac{1}{\Delta}\begin{bmatrix} Y_{22} & -Y_{12} \\ -Y_{21} & Y_{11} \end{bmatrix} \tag{12-3}$$

或：

$$[Z] = [Y]^{-1} \text{ 或} [Y] = [Z]^{-1}$$

对于含有受控源的线性 R、$L(M)$、C 元件的二端口，利用特勒根定理可以证明互易定理一般不再成立，因此 $Y_{12} \neq Y_{21}$、$Z_{12} \neq Z_{21}$。下面的例子将说明这一点。

【例 12.2】　求图 12-9 所示二端口的 Y 参数。

【解】　把端口 2-2′ 短路，即令 $\dot{U}_2 = 0$，在端口 1-1′ 外施电压 $\dot{U}_1$，得：

$$\dot{I}_1 = \dot{U}_1(Y_a + Y_b)$$

$$\dot{I}_2 = -\dot{U}_1 Y_b - g\dot{U}_1$$

于是，可求得：

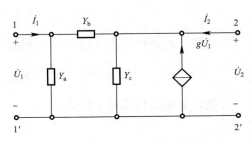

图 12-9　【例 12.2】图

$$Y_{11} = \frac{\dot{I}_1}{\dot{U}_1}\bigg|_{\dot{U}_2=0} = Y_a + Y_b$$

$$Y_{21} = \frac{\dot{I}_2}{\dot{U}_1}\bigg|_{\dot{U}_2=0} = -Y_b - g$$

同理，为了求 Y_{11}、Y_{12}，把端口 1-1′短路，即令 $\dot{U}_1 = 0$。这时，受控源的电流也等于零，在端口 2-2′外施电压 $\dot{U}_2$，故得：

$$\dot{I}_1 = -Y_b \dot{U}_2$$
$$\dot{I}_2 = (Y_b + Y_c)\dot{U}_2$$

即：

$$Y_{12} = \frac{\dot{I}_1}{\dot{U}_2}\bigg|_{\dot{U}_1=0} = -Y_b$$

$$Y_{22} = \frac{\dot{I}_2}{\dot{U}_2}\bigg|_{\dot{U}_1=0} = Y_b + Y_c$$

可见，在这种情况下，由于含有受控源，$Y_{12} \neq Y_{21}$；同理，$Z_{12} \neq Z_{21}$。

Y 参数和 Z 参数都可用来描述一个二端口的端口外特性。如果一个二端口的 Y 参数已经确定，一般就可以用式（12-3）求出它的 Z 参数，反之亦然（参阅后面的表 12-1）。

12.2.3　T 参数与方程

许多工程实际问题中，往往希望找到一个端口的电流、电压与另一端口的电流、电压之间的直接关系。例如，放大器、滤波器的输入和输出之间的关系；传输线的始端和终端之间的关系。另外，有些二端口并不同时存在阻抗矩阵和导纳矩阵表达式；或者既无阻抗矩阵表达式，又无导纳矩阵表达式。例如理想变压器就属这类二端口。这意味着，某些二端口宜用除 Z 参数和 Y 参数以外的其他形式的参数描述其端口外特性。为此，在已知二端口网络的输出电压 $\dot{U}_2$ 和电流 $\dot{I}_2$，求解二端口网络的输入电压 $\dot{U}_1$ 和电流 $\dot{I}_1$ 的情况下，可把式（12-1）的第二式化为：

$$\dot{U}_1 = -\frac{Y_{22}}{Y_{21}}\dot{U}_2 + \frac{1}{Y_{21}}\dot{I}_2$$

然后，把它代入式（12-1）中的第一式，经整理后有：

$$\dot{I}_1 = \left(Y_{12} - \frac{Y_{11}Y_{22}}{Y_{21}}\right)\dot{U}_2 + \frac{Y_{11}}{Y_{21}}\dot{I}_2$$

把以上两式写成如下形式：

$$\left.\begin{aligned}\dot{U}_1 &= A\dot{U}_2 - B\dot{I}_2 \\ \dot{I}_1 &= C\dot{U}_2 - D\dot{I}_2\end{aligned}\right\}$$

$$(12\text{-}4)$$

式中：

$$A = -\frac{Y_{22}}{Y_{21}} \qquad\qquad B = -\frac{1}{Y_{21}} \left.\vphantom{\frac{Y_{22}}{Y_{21}}}\right\}$$
$$C = \frac{Y_{12}Y_{21} - Y_{11}Y_{22}}{Y_{21}} \qquad D = -\frac{Y_{11}}{Y_{21}} \qquad (12\text{-}5)$$

这样，就把端口 1-1′的电流 $\dot{I}_1$、电压 $\dot{U}_1$ 用端口 2-2′的电流 $\dot{I}_2$、电压 $\dot{U}_2$ 通过 A、B、C、D 四个参数表示出来了。A、B、C、D 称为二端口的一般参数、传输参数、T 参数或 A 参数。它们表示的具体含义可分别用以下各式说明：

$$A = \frac{\dot{U}_1}{\dot{U}_2}\bigg|_{i_2=0}$$

$$B = \frac{\dot{U}_1}{-\dot{I}_2}\bigg|_{\dot{U}_2=0}$$

$$C = \frac{\dot{I}_1}{\dot{U}_2}\bigg|_{i_2=0}$$

$$D = \frac{\dot{I}_1}{-\dot{I}_2}\bigg|_{\dot{U}_2=0}$$

可见，A 是两个电压的比值，是一个量纲一的量；B 是短路转移阻抗；C 是开路转移导纳；D 是两个电流的比值，也是量纲一的量。A、B、C、D 都具有转移参数性质。

对于无源线性二端口，A、B、C、D 这 4 个参数中将只有 3 个是独立的，这是因为按式（12-5）并注意到 $Y_{12} \neq Y_{21}$，得：

$$AD - BC = \frac{Y_{11}Y_{22}}{Y_{21}^2} + \frac{1}{Y_{21}}\frac{Y_{12}Y_{21} - Y_{11}Y_{22}}{Y_{21}} = \frac{Y_{12}}{Y_{21}} = 1$$

对于对称的二端口，由于 $Y_{11} = Y_{22}$，故由式（12-5），还将有 $A = D$。

式（12-4）写成矩阵形式时，有：

$$\begin{bmatrix} \dot{U}_1 \\ \dot{I}_1 \end{bmatrix} = \begin{bmatrix} A & B \\ C & D \end{bmatrix} \begin{bmatrix} \dot{U}_2 \\ -\dot{I}_2 \end{bmatrix} = [T] \begin{bmatrix} \dot{U}_2 \\ -\dot{I}_2 \end{bmatrix}$$

其中：

$$[T] = \begin{bmatrix} A & B \\ C & D \end{bmatrix}$$

$[T]$ 称为 T 参数矩阵，引用上式时要注意式中电流 $\dot{I}_2$ 前面的负号。

12.2.4　H 参数与方程

在已知二端口网络的输出电压 $\dot{U}_2$ 和输入电流 $\dot{I}_1$，求解二端口网络的输入电压 $\dot{U}_1$ 和输出电流 $\dot{I}_2$ 时，用 H 参数（或称为混合参数）建立信号之间的关系。当选择电流的参考方向为流入二端口网络时，H 参数方程的一般形式为：

$$\begin{cases} \dot{U}_1 = H_{11}\dot{I}_1 + H_{12}\dot{U}_2 \\ \dot{I}_2 = H_{21}\dot{I}_1 + H_{22}\dot{U}_2 \end{cases} \qquad (12\text{-}6)$$

在晶体管电路中，H 参数获得了广泛的应用。H 参数的具体意义可以分别用下列各式说明：

$$H_{11} = \left. \frac{\dot{U}_1}{\dot{I}_1} \right|_{\dot{U}_2 = 0}$$

$$H_{12} = \left. \frac{\dot{U}_1}{\dot{U}_2} \right|_{\dot{I}_1 = 0}$$

$$H_{21} = \left. \frac{\dot{I}_2}{\dot{I}_1} \right|_{\dot{U}_2 = 0}$$

$$H_{22} = \left. \frac{\dot{I}_2}{\dot{U}_2} \right|_{\dot{I}_1 = 0}$$

可见，H_{11} 和 H_{21} 有短路参数的性质，H_{12} 和 H_{22} 有开路参数的性质。不难看出，$H_{11} = \dfrac{1}{Y_{11}}$，$H_{22} = \dfrac{1}{Z_{22}}$，$H_{21}$ 为两个电流之间的比值，H_{12} 为两个电压之间的比值。

用矩阵形式表示时，有：

$$\begin{bmatrix} \dot{U}_1 \\ \dot{I}_2 \end{bmatrix} = \begin{bmatrix} H_{11} & H_{12} \\ H_{21} & H_{22} \end{bmatrix} \begin{bmatrix} \dot{I}_1 \\ \dot{U}_2 \end{bmatrix} = [H] \begin{bmatrix} \dot{I}_1 \\ \dot{U}_2 \end{bmatrix}$$

其中，$[H]$ 称为 H 参数矩阵。

$$[H] = \begin{bmatrix} H_{11} & H_{12} \\ H_{21} & H_{22} \end{bmatrix}$$

对于无源线性二端口，H 参数中只有 3 个是独立的。例如，将前面求得的 Z 参数、Y 参数代入，就可得出图 12-7(a) 所示二端口的 H 参数：

$$H_{11} = \frac{1}{Y_a + Y_b}, \quad H_{12} = \frac{Y_b}{Y_a + Y_b}$$

$$H_{21} = \frac{-Y_b}{Y_a + Y_b}, \quad H_{22} = Y_c + \frac{Y_a Y_b}{Y_a + Y_b}$$

可见，$H_{21} = -H_{12}$。对于对称的二端口，由于 $Y_{11} = Y_{22}$ 或 $Z_{11} = Z_{22}$，则有：

$$H_{11} H_{22} - H_{12} H_{21} = 1$$

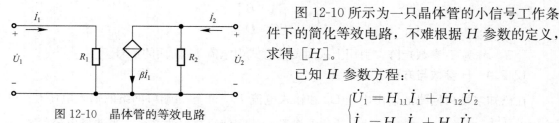

图 12-10　晶体管的等效电路

图 12-10 所示为一只晶体管的小信号工作条件下的简化等效电路，不难根据 H 参数的定义，求得 $[H]$。

已知 H 参数方程：

$$\begin{cases} \dot{U}_1 = H_{11} \dot{I}_1 + H_{12} \dot{U}_2 \\ \dot{I}_2 = H_{21} \dot{I}_1 + H_{22} \dot{U}_2 \end{cases}$$

求得：

$$\dot{U}_1 = R_1 \dot{I}_1$$

$$\dot{I}_2 = \beta \dot{I}_1 + \frac{1}{R_2} \dot{U}_2$$

因此：

$$[H]=\begin{bmatrix} R_1 & 0 \\ \beta & 1/R_2 \end{bmatrix}$$

由 H 参数建立的方程主要用于晶体管低频放大电路的分析。

除上述介绍的四种方程外，还有另外两种方程。由于不常用到，这里不再叙述。需要指出，有些电路只存在几种参数，并非各种参数都存在。

对于一个无源线性二端口网络，我们可以根据对电路不同的分析要求，选择不同的参数来描述，达到简化分析过程的目的。当采用不同的参数表示同一个二端口网络时，各参数之间必然存在一定的关系，可以相互换算。各参数之间的换算关系见表 12-1。

二端口网络参数之间的换算关系　　　　　　　　　　　　　表 12-1

参数	Z 参数	Y 参数	H 参数	T(A) 参数
Z 参数	$\begin{array}{cc} Z_{11} & Z_{12} \\ Z_{21} & Z_{22} \end{array}$	$\begin{array}{cc} \dfrac{Y_{22}}{\Delta_Y} & -\dfrac{Y_{12}}{\Delta_Y} \\ -\dfrac{Y_{21}}{\Delta_Y} & \dfrac{Y_{11}}{\Delta_Y} \end{array}$	$\begin{array}{cc} \dfrac{\Delta_H}{H_{12}} & \dfrac{H_{12}}{H_{22}} \\ -\dfrac{H_{21}}{H_{22}} & \dfrac{1}{H_{22}} \end{array}$	$\begin{array}{cc} \dfrac{A}{C} & \dfrac{\Delta_T}{C} \\ \dfrac{1}{C} & \dfrac{D}{C} \end{array}$
Y 参数	$\begin{array}{cc} \dfrac{Z_{22}}{\Delta_Z} & -\dfrac{Z_{12}}{\Delta_Z} \\ -\dfrac{Z_{21}}{\Delta_Z} & \dfrac{Z_{11}}{\Delta_Z} \end{array}$	$\begin{array}{cc} Y_{11} & Y_{12} \\ Y_{21} & Y_{22} \end{array}$	$\begin{array}{cc} \dfrac{1}{H_{11}} & -\dfrac{H_{12}}{H_{11}} \\ \dfrac{H_{21}}{H_{11}} & \dfrac{\Delta_H}{H_{11}} \end{array}$	$\begin{array}{cc} \dfrac{D}{B} & -\dfrac{\Delta_T}{B} \\ -\dfrac{1}{B} & \dfrac{A}{B} \end{array}$
H 参数	$\begin{array}{cc} \dfrac{\Delta_Z}{Z_{22}} & \dfrac{Z_{12}}{Z_{22}} \\ -\dfrac{Z_{21}}{Z_{22}} & \dfrac{1}{Z_{22}} \end{array}$	$\begin{array}{cc} \dfrac{1}{Y_{11}} & -\dfrac{Y_{12}}{Y_{11}} \\ \dfrac{Y_{21}}{Y_{11}} & \dfrac{\Delta_Y}{Y_{11}} \end{array}$	$\begin{array}{cc} H_{11} & H_{12} \\ H_{21} & H_{22} \end{array}$	$\begin{array}{cc} \dfrac{B}{D} & \dfrac{\Delta_T}{D} \\ -\dfrac{1}{D} & \dfrac{C}{D} \end{array}$
T(A) 参数	$\begin{array}{cc} \dfrac{Z_{11}}{Z_{21}} & \dfrac{\Delta_Z}{Z_{21}} \\ \dfrac{1}{Z_{21}} & \dfrac{Z_{22}}{Z_{21}} \end{array}$	$\begin{array}{cc} -\dfrac{Y_{22}}{Y_{21}} & -\dfrac{1}{Y_{21}} \\ -\dfrac{\Delta_Y}{Y_{21}} & -\dfrac{Y_{11}}{Y_{21}} \end{array}$	$\begin{array}{cc} -\dfrac{\Delta_H}{H_{21}} & -\dfrac{H_{11}}{H_{21}} \\ -\dfrac{H_{22}}{H_{21}} & -\dfrac{1}{H_{21}} \end{array}$	$\begin{array}{cc} A & B \\ C & D \end{array}$

表中：

$$\Delta_Z = \begin{vmatrix} Z_{11} & Z_{12} \\ Z_{21} & Z_{22} \end{vmatrix},\ \Delta_Y = \begin{vmatrix} Y_{11} & Y_{12} \\ Y_{21} & Y_{22} \end{vmatrix},\ \Delta_H = \begin{vmatrix} H_{11} & H_{12} \\ H_{21} & H_{22} \end{vmatrix},\ \Delta_T = \begin{vmatrix} A & B \\ C & D \end{vmatrix}$$

二端口一共有 6 组不同的参数，其余 2 组分别与 H 参数和 T 参数相似。只是把电路方程等号两边的端口变量互换而已，此处不再列举。

12.3　二端口的连接

一个复杂的二端口网络常常可以看作是由若干个简单的二端口网络按一定的方式连接而成的，这样可使分析计算得到简化；同时，在实现和设计复杂二端口网络时，也可用一些简单的二端口网络按某种方式连接组成满足所需特性的复杂的二端口网络。一般来说，设计简单的部分电路并加以连接要比直接设计一个复杂的整体电路容易些。因此，讨论二端口的连接问题具有重要意义。通常，将组成复杂二端口网络

12.3 二端口
的连接

的简单二端口网络称为子网络，由子网络连接组成的二端口网络称为复合二端口网络。需要注意，在连接过程中都要保持原二端口网络的性质不被破坏。下面以两个子网络构成的复合二端口网络为例，进行讨论。

二端口网络的连接方式有：级联（链联）、串联、并联、串并联、并串联五种，这里只介绍常用的前三种。在二端口的连接问题上，主要研究复合二端口的参数与部分二端口的参数之间的关系。

12.3.1 级联

级联是信号传输系统中最常用的连接方式，如图 12-11(a) 所示。

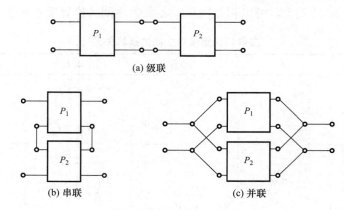

图 12-11　二端口的连接

当两个无源二端口 P_1 和 P_2 按级联方式连接后，它们构成了一个复合二端口，如图 12-12 所示。

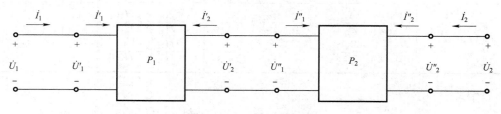

图 12-12　二端口的级联

设二端口 P_1 和 P_2 的 T 参数分别为：

$$[T'] = \begin{bmatrix} A' & B' \\ C' & D' \end{bmatrix}, \quad [T''] = \begin{bmatrix} A'' & B'' \\ C'' & D'' \end{bmatrix}$$

则应有：

$$\begin{bmatrix} \dot{U}'_1 \\ \dot{I}'_1 \end{bmatrix} = \begin{bmatrix} A' & B' \\ C' & D' \end{bmatrix} \begin{bmatrix} \dot{U}'_2 \\ -\dot{I}'_2 \end{bmatrix}, \quad \begin{bmatrix} \dot{U}''_1 \\ \dot{I}''_1 \end{bmatrix} = \begin{bmatrix} A'' & B'' \\ C'' & D'' \end{bmatrix} \begin{bmatrix} \dot{U}''_2 \\ -\dot{I}''_2 \end{bmatrix}$$

级联后：

$$\begin{bmatrix} \dot{U}_1 \\ \dot{I}_1 \end{bmatrix} = \begin{bmatrix} \dot{U}'_1 \\ \dot{I}'_1 \end{bmatrix}, \quad \begin{bmatrix} \dot{U}'_2 \\ -\dot{I}'_2 \end{bmatrix} = \begin{bmatrix} \dot{U}''_1 \\ \dot{I}''_1 \end{bmatrix}, \quad \begin{bmatrix} \dot{U}'_2 \\ -\dot{I}'_2 \end{bmatrix} = \begin{bmatrix} \dot{U}''_1 \\ \dot{I}''_1 \end{bmatrix}$$

则有：

$$\begin{bmatrix} \dot{U}_1 \\ \dot{I}_1 \end{bmatrix} = \begin{bmatrix} \dot{U}'_1 \\ \dot{I}'_1 \end{bmatrix} = \begin{bmatrix} A' & B' \\ C' & D' \end{bmatrix} \begin{bmatrix} \dot{U}'_2 \\ \dot{I}'_2 \end{bmatrix} = \begin{bmatrix} A' & B' \\ C' & D' \end{bmatrix} \begin{bmatrix} A'' & B'' \\ C'' & D'' \end{bmatrix} \begin{bmatrix} \dot{U}_2 \\ -\dot{I}_2 \end{bmatrix} = \begin{bmatrix} A & B \\ C & D \end{bmatrix} \begin{bmatrix} \dot{U}_2 \\ -\dot{I}_2 \end{bmatrix}$$

进而推导出：

$$\begin{bmatrix} A & B \\ C & D \end{bmatrix} = \begin{bmatrix} A' & B' \\ C' & D' \end{bmatrix} \begin{bmatrix} A'' & B'' \\ C'' & D'' \end{bmatrix}$$

$[T]$ 为复合二端口的 T 参数矩阵，因此，它与二端口 P_1 和 P_2 的 T 参数矩阵的关系为：

$$[T] = [T'][T'']$$

即：

$$[T] = \begin{bmatrix} A'A'' + B'C'' & A'B'' + B'D'' \\ C'A'' + D'C'' & C'B'' + D'D'' \end{bmatrix}$$

级联后所得复合二端口 T 参数矩阵等于级联的二端口 T 参数矩阵相乘。上述结论可推广到 n 个二端口级联的关系。

【注意】级联时，T 参数是矩阵相乘的关系，不是对应元素相乘；级联时，各二端口的端口条件不会被破坏。

12.3.2　串联

二端口网络的串联是将两个子网络的输入、输出端口分别串联构成的二端口网络，如图 12-13 所示。串联连接的子网络采用 Z 参数矩阵比较方便。

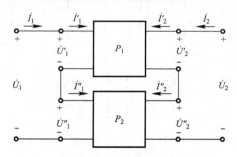

图 12-13　二端口的串联

由 Z 参数矩阵得：

$$\begin{bmatrix} \dot{U}'_1 \\ \dot{U}'_2 \end{bmatrix} = \begin{bmatrix} Z'_{11} & Z'_{12} \\ Z'_{21} & Z'_{22} \end{bmatrix} \begin{bmatrix} \dot{I}'_1 \\ \dot{I}'_2 \end{bmatrix}, \quad \begin{bmatrix} \dot{U}''_1 \\ \dot{U}''_2 \end{bmatrix} = \begin{bmatrix} Z''_{11} & Z''_{12} \\ Z''_{21} & Z''_{22} \end{bmatrix} \begin{bmatrix} \dot{I}''_1 \\ \dot{I}''_2 \end{bmatrix}$$

由串联二端口网络图 12-13，可得：

$$\begin{bmatrix} \dot{I}_1 \\ \dot{I}_2 \end{bmatrix} = \begin{bmatrix} \dot{I}'_1 \\ \dot{I}'_2 \end{bmatrix} = \begin{bmatrix} \dot{I}''_1 \\ \dot{I}''_2 \end{bmatrix}, \quad \begin{bmatrix} \dot{U}_1 \\ \dot{U}_2 \end{bmatrix} = \begin{bmatrix} \dot{U}'_1 \\ \dot{U}'_2 \end{bmatrix} + \begin{bmatrix} \dot{U}''_1 \\ \dot{U}''_2 \end{bmatrix}$$

则：

$$\begin{bmatrix} \dot{U}_1 \\ \dot{U}_2 \end{bmatrix} = \begin{bmatrix} \dot{U}'_1 \\ \dot{U}'_2 \end{bmatrix} + \begin{bmatrix} \dot{U}''_1 \\ \dot{U}''_2 \end{bmatrix} = [Z'] \begin{bmatrix} \dot{I}'_1 \\ \dot{I}'_2 \end{bmatrix} + [Z''] \begin{bmatrix} \dot{I}''_1 \\ \dot{I}''_2 \end{bmatrix} = ([Z'] + [Z'']) \begin{bmatrix} \dot{I}_1 \\ \dot{I}_2 \end{bmatrix} = [Z] \begin{bmatrix} \dot{I}_1 \\ \dot{I}_2 \end{bmatrix}$$

即串联后，复合二端口 Z 参数矩阵等于原二端口 Z 参数矩阵相加，可推广到 n 端口串联。

$$[Z]=[Z']+[Z'']$$

【注意】串联后端口条件可能被破坏，此时上述关系式将不成立，需检查端口条件；具有公共端的二端口，将公共端串联时将不会破坏端口条件。

12.3.3 并联

二端口网络的并联是将两个子网络的输入、输出端口分别并联构成的二端口网络，如

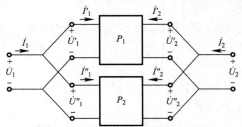

图 12-14 所示。并联连接的子网络采用 Y 参数矩阵比较方便。

当两个无源二端口 P_1 和 P_2 并联方式连接时，两个二端口的输入电压和输出电压被分别强制为相同，即 $U'_1=U''_1=U_1$，$U'_2=U''_2=U_2$。如果每个二端口的端口条件（）即端口上流入一个端子的电流等于流出另一端子的电流）不因并

图 12-14 二端口的并联

联连接而被破坏，则复合二端口的总端口的电流应为 $I_1=I'_1+I''_1$，$I_2=I'_2+I''_2$。

由 Y 参数矩阵得：

$$\begin{bmatrix} \dot{I}'_1 \\ \dot{I}'_2 \end{bmatrix} = \begin{bmatrix} Y'_{11} & Y'_{12} \\ Y'_{21} & Y'_{22} \end{bmatrix} \begin{bmatrix} \dot{U}'_1 \\ \dot{U}'_2 \end{bmatrix}$$

$$\begin{bmatrix} \dot{I}''_1 \\ \dot{I}''_2 \end{bmatrix} = \begin{bmatrix} Y''_{11} & Y''_{12} \\ Y''_{21} & Y''_{22} \end{bmatrix} \begin{bmatrix} \dot{U}''_1 \\ \dot{U}''_2 \end{bmatrix}$$

同时，并联后有：

$$\begin{bmatrix} \dot{U}_1 \\ \dot{U}_2 \end{bmatrix} = \begin{bmatrix} \dot{U}'_1 \\ \dot{U}'_2 \end{bmatrix} = \begin{bmatrix} \dot{U}''_1 \\ \dot{U}''_2 \end{bmatrix}$$

$$\begin{bmatrix} \dot{I}_1 \\ \dot{I}_2 \end{bmatrix} = \begin{bmatrix} \dot{I}'_1 \\ \dot{I}'_2 \end{bmatrix} + \begin{bmatrix} \dot{I}''_1 \\ \dot{I}''_2 \end{bmatrix}$$

进而推导出：

$$\begin{bmatrix} \dot{I}_1 \\ \dot{I}_2 \end{bmatrix} = \begin{bmatrix} \dot{I}'_1 \\ \dot{I}'_2 \end{bmatrix} + \begin{bmatrix} \dot{I}''_1 \\ \dot{I}''_2 \end{bmatrix} = \begin{bmatrix} Y'_{11} & Y'_{12} \\ Y'_{21} & Y'_{22} \end{bmatrix} \begin{bmatrix} \dot{U}'_1 \\ \dot{U}'_2 \end{bmatrix} + \begin{bmatrix} Y''_{11} & Y''_{12} \\ Y''_{21} & Y''_{22} \end{bmatrix} \begin{bmatrix} \dot{U}''_1 \\ \dot{U}''_2 \end{bmatrix}$$

$$= \left\{ \begin{bmatrix} Y'_{11} & Y'_{12} \\ Y'_{21} & Y'_{22} \end{bmatrix} + \begin{bmatrix} Y''_{11} & Y''_{12} \\ Y''_{21} & Y''_{22} \end{bmatrix} \right\} \begin{bmatrix} \dot{U}_1 \\ \dot{U}_2 \end{bmatrix}$$

$$= \begin{bmatrix} Y'_{11}+Y''_{11} & Y'_{12}+Y''_{12} \\ Y'_{21}+Y''_{21} & Y'_{22}+Y''_{22} \end{bmatrix} \begin{bmatrix} \dot{U}_1 \\ \dot{U}_2 \end{bmatrix} = [Y] \begin{bmatrix} \dot{U}_1 \\ \dot{U}_2 \end{bmatrix}$$

因此，复合二端口的 Y 参数矩阵与二端口 P_1 和 P_2 的 Y 参数矩阵的关系为：

$$[Y]=[Y']+[Y'']$$

即：二端口并联所得复合二端口的 Y 参数矩阵等于两个二端口 Y 参数矩阵相加。

【注意】两个二端口并联时，其端口条件可能被破坏，此时上述关系式将不成立；具有公共端的二端口（三端网络形成的二端口），将公共端并在一起将不会破坏端口条件。

12.4　回　转　器

回转器是一种线性非互易的多端元件，可以用晶体管电路或运算放大器来实现。图 12-15 为它的电路图形符号。理想回转器可视为一个二端口，它的端口电压、电流关系可用下列方程表示：

$$\left.\begin{array}{l} u_1 = -ri_2 \\ u_2 = ri_1 \end{array}\right\} \qquad (12-7)$$

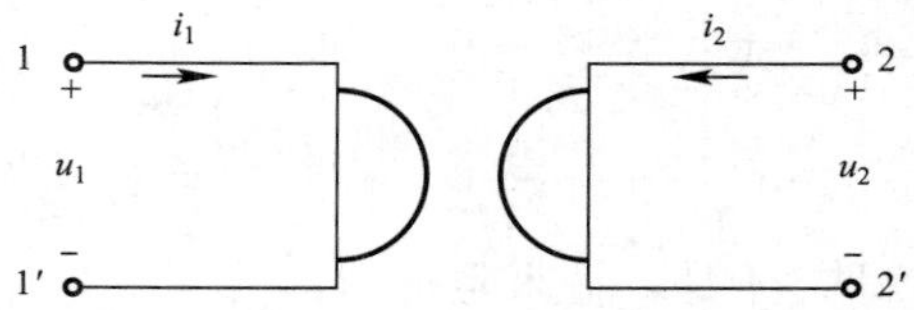

图 12-15　回转器

或写为：

$$\begin{cases} i_1 = gu_2 \\ i_2 = -gu_1 \end{cases} \qquad (12-8)$$

式中，r 和 g 分别具有电阻和电导的量纲。它们分别称为回转电阻和回转电导，简称回转常数。把上式与理想变压器的关系式对比，就可以明确两者的差别所在。

用矩阵形式表示时，式（12-7）、式（12-8）可分别写为：

$$\begin{bmatrix} u_1 \\ u_2 \end{bmatrix} = \begin{bmatrix} 0 & -r \\ r & 0 \end{bmatrix} \begin{bmatrix} i_1 \\ i_2 \end{bmatrix}$$

$$\begin{bmatrix} i_1 \\ i_2 \end{bmatrix} = \begin{bmatrix} 0 & g \\ -g & 0 \end{bmatrix} \begin{bmatrix} u_1 \\ u_2 \end{bmatrix}$$

$$\begin{bmatrix} u_1 \\ i_1 \end{bmatrix} = \begin{bmatrix} 0 & \dfrac{1}{g} \\ g & 0 \end{bmatrix} \begin{bmatrix} u_2 \\ i_2 \end{bmatrix}$$

可见，回转器的 Z 参数矩阵、Y 参数矩阵和 T 参数矩阵分别为：

$$[Z] = \begin{bmatrix} 0 & -r \\ r & 0 \end{bmatrix}$$

$$[Y] = \begin{bmatrix} 0 & g \\ -g & 0 \end{bmatrix}$$

$$[T] = \begin{bmatrix} 0 & \dfrac{1}{g} \\ g & 0 \end{bmatrix}$$

由 Z 参数矩阵、Y 参数矩阵可得 $Z_{12} \neq Z_{21}$、$Y_{12} \neq Y_{21}$、$\Delta[T] \neq 1$，因此，回转器是非互易的二端口网络。

根据理想回转器的端口方程，即式（12-7），有：

$$u_1 i_1 + u_2 i_2 = -ri_1 i_2 + ri_1 i_2 = 0$$

由于图 12-15 中回转器的两个端口的电压电流均取关联参考方向，因此上式表示理想回转器既不消耗功率又不发出功率，它是一个无源线性元件。另外，按式（12-7）或式（12-8），已经证明互易定理不适用于回转器。

从式（12-7）或式（12-8）可以看出，回转器有把一个端口上的电流"回转"为另一端口上的电压或相反过程的性质。正是这一性质，使回转器具有把一个电容回转为一个电感的本领，这在微电子器件中为用易于集成的电容实现难以集成的电感提供了可能性。下面，说明回转器的这一功能。

对图 12-16 所示电路，有 $I_2(s) = -sCU_2(s)$ （这里采用运算形式），故按式（12-7）或式（12-8）可得：

$$U_1(s) = -rI_2(s) = rsCU_2(s) = r^2 sCI_1(s)$$

或

$$I_1(s) = gU_2(s) = -g \frac{1}{sC} I_2(s) = g^2 \frac{1}{sC} U_1(s)$$

于是，输入阻抗为：

$$Z_{in} = \frac{U_1(s)}{I_1(s)} = sr^2 C = s \frac{C}{g^2}$$

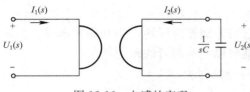

图 12-16　电感的实现

可见，对于图 12-16 所示电路，从输入端看，相当于一个电感元件，它的电感值 $L = r^2 C = \dfrac{C}{g^2}$。如果设 $C = 1\mu F$，$r = 50k\Omega$，则 $L = 2500H$。换而言之，回转器可把 1pF 的电容回转成 2500H 的电感。

另外，如图 12-17 所示，利用回转器也可以实现理想变压器。

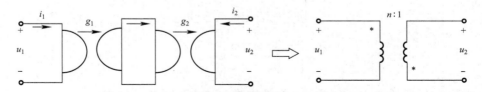

图 12-17　回转器实现理想变压器

图 12-17 所示电路的 T 参数为：

$$[T] = \begin{bmatrix} 0 & \dfrac{1}{g_1} \\ g_1 & 0 \end{bmatrix} \begin{bmatrix} 0 & -\dfrac{1}{g_2} \\ g_2 & 0 \end{bmatrix} = \begin{bmatrix} \dfrac{g_2}{g_1} & 0 \\ 0 & -\dfrac{g_1}{g_2} \end{bmatrix} = \begin{bmatrix} n & 0 \\ 0 & -\dfrac{1}{n} \end{bmatrix}$$

两个回转器的级联相当于一个变比 $n = \dfrac{g_2}{g_1}$ 的理想变压器。

二端口网络应用简介：

（1）相移器

相移器是一种在阻抗匹配条件下的相移网络。在规定的信号频率下，使输出信号与输入信号之间达到预先给定的相移关系。相移器通常由电抗元件构成，由于电抗元件的值是频率的函数，所以一个参数值确定的相移器，只对某一特定频率产生预定的相移。另外，电抗元件在传输信号时，本身不消耗能量，所以传输过程中无衰减，即网络的衰减常数 $\alpha = 0$，传输常数 $\gamma = j\beta$。

（2）衰减器

衰减器要达到的目的，是调整信号的强弱。信号通过它时，不能产生相移。所以，这一类网络通常由纯电阻元件构成，其相移常数 $\beta = 0$，传输常数 $\gamma = \alpha$。衰减器可以在很宽的频率范围内进行匹配。

（3）滤波器

滤波器是一种对信号频率具有选择性的二端口网络，它广泛应用于电子技术中。在信号传输过程中，为了提高传输线路传送信号的能力，通常采用复用的形式，即一条传输线路同时传送多个用户的信号。例如，有线电视信号通过一条传输电缆，同时传送几十路的电视信号。电视机利用滤波器将我们所需要的某一套电视节目选择出来，而将其他电视节目信号衰减，以免对要观看的节目产生影响。

滤波器在传输特性上，必须在一定的频率范围内对信号衰减很小，相移也很小，这一频率范围称为通带。其他的频率范围必须有很大的衰减，这一频率范围称为阻带。

根据通带和阻带的相对位置，滤波器可以分为低通滤波器、高通滤波器、带通滤波器和带阻滤波器四种类型。

下面，我们以由电感和电容构成的滤波器为例，简单说明滤波器的工作原理。

① 低通滤波器

LC 低通滤波器的结构特点是：串联臂是电感，并联臂是电容，如图 12-18 所示。由于电感对低频信号的感抗很小，对高频信号的感抗很大，而电容对低频信号的容抗很大，对高频信号的容抗很小，当高、低频信号同时由低通滤波器的输入端送入时，低频信号可以顺利通过，而高频信号因电容的分流作用不能从输出端输出，从而达到低通滤波的目的。串联臂是电感、并联臂是电容的 π 形电路，也可以实现低通滤波。

② 高通滤波器

LC 高通滤波器的结构特点是：串联臂是电容，并联臂是电感，如图 12-19 所示。当高、低频信号同时由低通滤波器的输入端送入时，高频信号因容抗小、感抗大可以顺利通过，而低频信号因容抗大、感抗小而无法送到输出端输出，从而达到高通滤波的目的。同样，串联臂是电容、并联臂是电感的 π 形电路，也可以实现高通滤波。

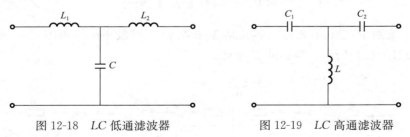

图 12-18　LC 低通滤波器　　　　图 12-19　LC 高通滤波器

③ 带通滤波器

带通滤波器的结构特点是：串联臂是 LC 串联谐振电路，并联臂是 LC 并联谐振电路，如图 12-20 所示。通常，三个谐振电路的谐振频率为通频带的中心频率 f_0。当输入信号频率为 f_0 时，串联臂的电抗为 0，相当于短路；并联臂的电抗为 ∞，相当于开路，信号很

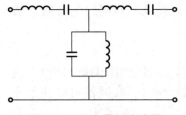

图 12-20 *LC* 带通滤波器

容易由输入端口传输至输出端口。

当输入信号频率小于 f_0 时，串联臂呈容性，并联臂呈感性。这时，带通滤波器相当于一个高通滤波器，对低频信号的传输形成较大的衰减。当输入信号频率大于 f_0 时，串联臂呈感性，并联臂呈容性。这时，带通滤波器相当于一个低通滤波器，对高频信号的输出形成较大的衰减。

④ 带阻滤波器

带阻滤波器的结构特点是：串联臂是 *LC* 并联谐振电路，并联臂是 *LC* 串联谐振电路，如图 12-21 所示。通常三个谐振电路的谐振频率同样为通频带的中心频率 f_0。当输入信号频率为 f_0 时，串联臂的电抗为 0，相当于短路；并联臂的电抗为∞，相当于开路，频率为 f_0 的信号不能被送到输出端口。当输入信号频率小于 f_0 时，串联臂呈感性，并联臂呈容性。这时，带通滤波器相当于一个低通滤波器，对低频信号传输产生的衰减较小。当输入信号频率大于 f_0 时，串联臂呈容性，并联臂呈感性，这时带通滤波器相当于一个高通滤波器，对高频信号的衰减较小。所以，带通滤波器对 f_0 及其附近的信号频率范围有较强的阻碍作用，而对高频和低频的信号频率部分，很容易由输入端口传输至输出端口。

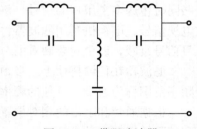

图 12-21 带阻滤波器

习　题

【12.1】 求图 12-22 所示二端口的 Y 参数、Z 参数和 T 参数矩阵。

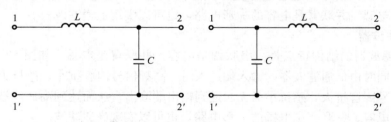

图 12-22 习题【12.1】图

【12.2】 求图 12-23（a）所示二端口的 Y 参数和 Z 参数矩阵；求图（b）所示二端口的 Y 参数；求图（c）所示二端口的 Z 参数。

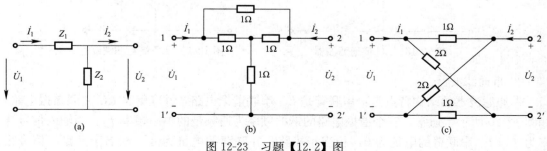

图 12-23 习题【12.2】图

【12.3】 求图 12-24 所示二端口的 T 参数矩阵。

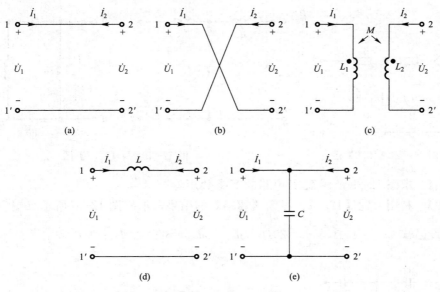

图 12-24 习题【12.3】图

【12.4】 求图 12-25 所示二端口的 Y 参数矩阵。

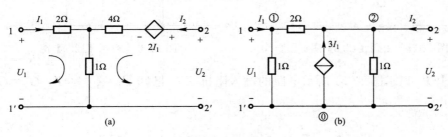

图 12-25 习题【12.4】图

【12.5】 求图 12-26 所示二端口的混合（H）参数矩阵。

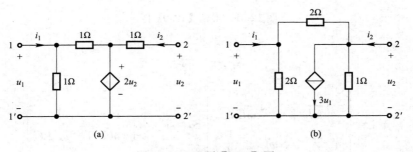

图 12-26 习题【12.5】图

【12.6】 已知图 12-27 所示二端口的 Z 参数矩阵为 $[Z] = \begin{bmatrix} 10 & 8 \\ 5 & 10 \end{bmatrix} \Omega$，求 R_1、R_2、R_3 和 r 的值。

【12.7】 求图 12-28 所示二端口的 Z 参数、T 参数矩阵。

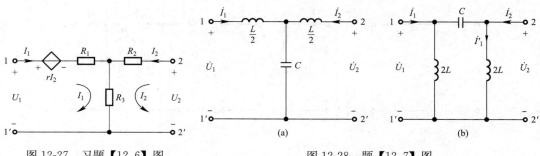

图 12-27 习题【12.6】图　　　　图 12-28 题【12.7】图

【12.8】 求图 12-29 所示双 T 电路的 Y 参数矩阵。

【12.9】 利用习题【12.1】、习题【12.3】的结果，求出图 12-30 所示二端口的 T 参数矩阵。设已知 $\omega L_1 = 10\Omega$，$\dfrac{1}{\omega C} = 20\Omega$，$\omega L_2 = \omega L_3 = 8\Omega$，$\omega M_{23} = 4\Omega$。

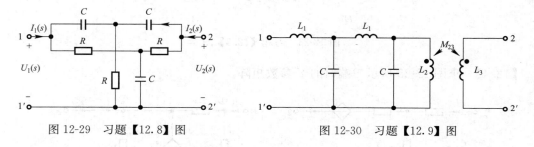

图 12-29 习题【12.8】图　　　　图 12-30 习题【12.9】图

【12.10】 试求图 12-31 所示电路的输入阻抗 Z_i。已知 $C_1 = C_2 = 1\text{F}$，$G_1 = G_2 = 1\text{S}$，$g = 2\text{S}$。

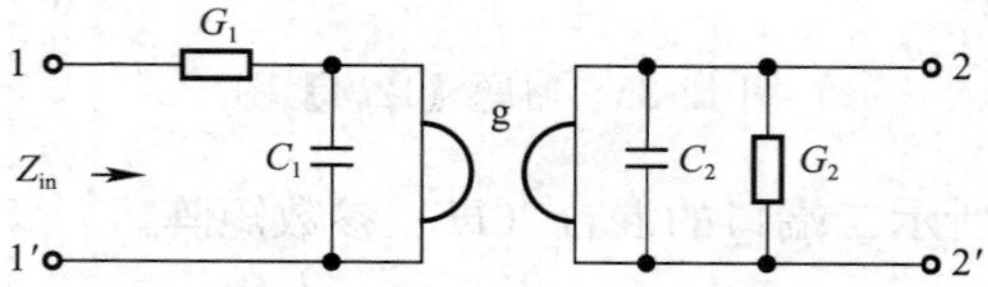

图 12-31 习题【12.9】图

答　案

【12.1】 $[Y] = \begin{bmatrix} -\mathrm{j}\dfrac{1}{\omega L} & \mathrm{j}\dfrac{1}{\omega L} \\ \mathrm{j}\dfrac{1}{\omega L} & \mathrm{j}\left(\omega C - \dfrac{1}{\omega L}\right) \end{bmatrix} \text{S}$，$[T] = \begin{bmatrix} 1 & \mathrm{j}\omega L \\ \mathrm{j}\omega C & 1 - \omega^2 LC \end{bmatrix}$。

【12.2】 (a) $[Y] = \begin{bmatrix} \dfrac{1}{Z_1} & -\dfrac{1}{Z_1} \\ -\dfrac{1}{Z_1} & \dfrac{1}{Z_1} + \dfrac{1}{Z_2} \end{bmatrix} \text{S}$，$[Z] = \begin{bmatrix} Z_1 + Z_2 & Z_2 \\ Z_2 & Z_2 \end{bmatrix} \Omega$；

(b) $[Y] = \begin{bmatrix} \dfrac{5}{3} & -\dfrac{4}{3} \\ -\dfrac{4}{3} & \dfrac{5}{3} \end{bmatrix} S$, (c) $[Z] = \begin{bmatrix} \dfrac{3}{2} & \dfrac{1}{2} \\ \dfrac{1}{2} & \dfrac{3}{2} \end{bmatrix} \Omega_{\circ}$

【12.3】 (a) $[T] = \begin{bmatrix} 1 & 0 \\ 0 & 1 \end{bmatrix}$, (b) $[T] = \begin{bmatrix} -1 & 0 \\ 0 & -1 \end{bmatrix}$,

(c) $[T] = \begin{bmatrix} \dfrac{L_1}{M} & j\omega\dfrac{L_1 L_2 - M^2}{M} \\ -j\dfrac{1}{\omega M} & \dfrac{L_2}{M} \end{bmatrix}$, (d) $[T] = \begin{bmatrix} 1 & j\omega L \\ 0 & 1 \end{bmatrix}$, (e) $[T] = \begin{bmatrix} 1 & 0 \\ j\omega C & 1 \end{bmatrix}_{\circ}$

【12.4】 (a) $[Y] = \begin{bmatrix} \dfrac{5}{12} & -\dfrac{1}{12} \\ -\dfrac{1}{4} & \dfrac{1}{4} \end{bmatrix} S$, (b) $[Y] = \begin{bmatrix} \dfrac{3}{2} & -\dfrac{1}{2} \\ -5 & 3 \end{bmatrix} S_{\circ}$

【12.5】 (a) $[H] = \begin{bmatrix} \dfrac{1}{2} & 1 \\ 0 & -1 \end{bmatrix}$, (b) $[H] = \begin{bmatrix} 1 & \dfrac{1}{2} \\ \dfrac{5}{2} & \dfrac{11}{4} \end{bmatrix}_{\circ}$

【12.6】 $R_1 = 5\Omega$, $R_2 = 5\Omega$, $R_3 = 5\Omega$, $r = 3\Omega_{\circ}$

【12.7】 (a) $[Z] = \begin{bmatrix} j\left(\dfrac{\omega L}{2} - \dfrac{1}{\omega C}\right) & -j\dfrac{1}{\omega C} \\ -j\dfrac{1}{\omega C} & j\left(\dfrac{\omega L}{2} - \dfrac{1}{\omega C}\right) \end{bmatrix}$, $[T] = \begin{bmatrix} 1 - \dfrac{\omega^2 LC}{2} & j\omega L\left(1 - \dfrac{\omega^2 LC}{4}\right) \\ j\omega C & 1 - \dfrac{\omega^2 LC}{2} \end{bmatrix}$

(b) $[Z] = \begin{bmatrix} \dfrac{j2\omega L(1 - 2\omega^2 LC)}{1 - 4\omega^2 LC} & -j\dfrac{4\omega^3 L^2 C}{1 - 4\omega^2 LC} \\ -j\dfrac{4\omega^3 L^2 C}{1 - 4\omega^2 LC} & \dfrac{j2\omega L(1 - 2\omega^2 LC)}{1 - 4\omega^2 LC} \end{bmatrix}$, $[T] = \begin{bmatrix} 1 - \dfrac{1}{2\omega^2 LC} & -j\dfrac{1}{\omega C} \\ j\dfrac{1 - 4\omega^2 LC}{4\omega^3 L^2 C} & 1 - \dfrac{1}{2\omega^2 LC} \end{bmatrix}$

【12.8】 $[Y] = \begin{bmatrix} \dfrac{sC\left(s + \dfrac{1}{RC}\right)}{2\left(s + \dfrac{1}{2RC}\right)} + \dfrac{s + \dfrac{1}{RC}}{R\left(s + \dfrac{2}{RC}\right)} & -\left(\dfrac{s^2 C}{2\left(s + \dfrac{1}{2RC}\right)} + \dfrac{\dfrac{1}{R^2 C}}{s + \dfrac{2}{RC}}\right) \\ -\left(\dfrac{s^2 C}{2\left(s + \dfrac{1}{2RC}\right)} + \dfrac{\dfrac{1}{R^2 C}}{s + \dfrac{2}{RC}}\right) & \dfrac{sC\left(s + \dfrac{1}{RC}\right)}{2\left(s + \dfrac{1}{2RC}\right)} + \dfrac{s + \dfrac{1}{RC}}{R\left(s + \dfrac{2}{RC}\right)} \end{bmatrix}_{\circ}$

【12.9】 $[T] = \begin{bmatrix} 3.25 & j27 \\ j0.025 & 0.1 \end{bmatrix}_{\circ}$

【12.10】 $Z_i = \dfrac{s^2 + 2s + 5}{s^2 + s + 4}_{\circ}$

第 13 章　非线性电路

非线性电路是指含有非线性元件的电路，其电路中元件性质（R 的伏安特性、L 的韦安特性、C 的库伏特性）不再是线性关系，即其参数不再是常量。这里的非线性元件不包括独立电源。非线性元器件在电工中得到广泛应用。非线性电路的研究和其他学科的非线性问题的研究相互促进。含有除独立电源之外的非线性元件的电路。电工中常利用某些元器件的非线性。这里的非线性元件不包括独立电源。

非线性元器件在电工中得到广泛应用。例如，避雷器的非线性特性表现在高电压下电阻值变小，这性质被用来保护雷电下的电工设备；铁芯线圈的非线性由磁场的磁饱和引起，这性质被用来制造直流电流互感器。非线性电路的研究和其他学科的非线性问题的研究相互促进。20 世纪 20 年代，荷兰人 B. 范德坡尔描述电子管振荡电路的方程成为研究混沌的先声。非线性元件电路是指由非线性元件构成的电路，如线圈、电容等构成的 LR、CR、LC、LCR 电路等，这些可构成微分电路或积分电路，这就是非线性电路。

本章简要地介绍非线性元件，并举例说明非线性电路方程的建立方法。同时，介绍分析非线性电路的常用方法，如小信号法等。本章以掌握概念为主，不要求定量分析。

13.1　非线性电阻

13.1 非线性电阻

在线性电路中，线性元件的特点是其参数不随电压或电流而变化。如果电路元件的参数随着电压或电流而变化，即电路元件的参数与电压或电流有关，就称为非线性元件。含有非线性元件的电路，称为非线性电路。

实际电路元件的参数总是或多或少地随着电压或电流而变化。所以，严格说来，一切实际电路都是非线性电路。工程计算中，将那些非线性程度比较微弱的电路元件作为线性元件来处理，不会带来本质上的差异，从而简化了电路分析。但是，许多非线性元件的非线性特征不容忽略，否则就将无法解释电路中发生的物理现象。如果将这些非线性元件作为线性元件处理，势必使计算结果与实际量值相差太大而无意义，甚至还会产生本质的差异。由于非线性电路本身具有的特殊性，分析研究非线性电路具有重要的意义。

13.1.1　非线性电阻的符号与伏安特性

通过一个元件的电流随外加电压的变化关系曲线，称为伏安特性曲线。从伏安特性曲线所遵循的规律，可以得知该元件的导电特性，以便确定它在电路中的作用。

由非线性的概念可知，当一个元件两端加上电压，元件内有电流通过时，电压与电流之比称为该元件的电阻。若一个元件两端的电压与通过它的电流成比例，则伏安特性曲线为一条直线，该类元件称为线性元件。若元件两端的电压与通过它的电流不成比例，则伏安特性曲线不再是直线，而是一条曲线。这类元件称为非线性元件，如热敏电阻、光敏电阻等，都是非线性电阻。一般金属导体的电阻是线性电阻，它与外加电压的大小和方向无关,其伏安特性是一条直线。

线性电阻元件的伏安特性可用欧姆定律来表示,即 $u=Ri$,在 $u-i$ 平面上它是通过坐标原点的一条直线。非线性电阻元件的电压电流关系不满足欧姆定律,而是遵循某种特定的非线性函数关系。非线性电阻在电路中的符号如图 13-1(a) 所示(为了使问题简化,这里仅考虑 $u>0$ 和 $i>0$ 的情况),非线性电阻的典型伏安特性曲线如图 13-1(b)、(c) 所示。

即线性电阻与非线性电阻的伏安特性区别为:线性电阻的伏安特性曲线是直线,电压和电流的比值系数是常数;非线性线性电阻的伏安特性曲线是曲线,电压和电流的比值系数是变化的。

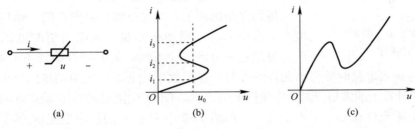

图 13-1 非线性电阻

13.1.2 非线性电阻的分类

若非线性电阻元件两端的电压是其电流的单值函数,这种电阻就称为电流控制型电阻。它的伏安特性可用下列函数关系表示:

$$u=f(i) \tag{13-1}$$

其典型的伏安特性曲线如图 13-1(b) 所示,从特性曲线上可以看到:对于每一个电流值 i,有且只有一个电压值 u 与之相对应;而对于某一电压值,与之对应的电流可能是多值的。如 $u=u_0$ 时,就有 i_1、i_2 和 i_3 三个不同的值与之对应。某些充气二极管就具有这种伏安特性。

若通过非线性电阻元件中的电流是其两端电压的单值函数,这种电阻就称为电压控制型电阻,其伏安特性可用下列函数关系表示:

$$i=g(u) \tag{13-2}$$

其典型的伏安特性曲线如图 13-1(c) 所示,从特性曲线上可以看到:对于某一电流值,与之对应的电压可能是多值的。但是对于每一个电压值 u,有且只有一个电流值 i 与之对应。隧道二极管就具有这样的伏安特性。

从图 13-1(b)、(c) 中还可以看出,上述两种伏安特性曲线都具有一段下倾的线段。也就是说,在这一段范围内电流随着电压的增长反而下降。

另一种非线性电阻属于"单调型",其伏安特性是单调增长或单调下降的,它同时是电流控制又是电压控制的。这一类非线性电阻以 PN 结二极管最为典型,其伏安特性可用下列函数式表示:

$$i=I_\text{S}(e^{\frac{qu}{kt}}-1) \tag{13-3}$$

式中,I_S 为一常数,称为反向饱和电流,q 是电子的电荷 $(1.6 \times 10^{-19}\text{C})$,$k$ 是玻尔兹曼常数 $(1.38 \times 10^{-23}\text{J/K})$,$T$ 为热力学温度。在 $T=300\text{K}$(室温下)时

$$\frac{q}{kT} = 40(\text{J/C})^{-1} = 40\text{V}^{-1}$$

$$i = I_\text{s}(\text{e}^{40u} - 1)$$

由式（13-3）可求得：

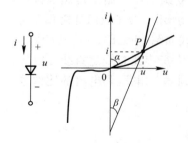

$$u = \frac{kT}{q}\ln\left(\frac{1}{I_\text{s}}i + 1\right)$$

上式表明，电压可用电流的单值函数来表示。图 13-2 定性表示出了 PN 结二极管的伏安特性曲线。

13.1.3 静态电阻和动态电阻

特别要指出的是，线性电阻是双向性的，而许多非线性电阻具有单向性。当加在非线性电阻两端的电压方向不同

图 13-2　PN 结二极管的伏安特性

时，流过它的电流完全不同，故其特性曲线不对称于原点，非线性电阻在接入电路时要考虑元件的方向。在工程中，非线性电阻的单向导电性可作为整流用。为了计算上的需要，对于非线性电阻元件，有时引用静态电阻和动态电阻的概念。

非线性电阻元件在某一工作状态下（如图 13-2 中 P 点）的静态电阻 R 等于该点的电压值 u 与电流值 i 之比，即：

$$R = \frac{u}{i} = \tan\alpha$$

显然，P 点的静态电阻正比于 $\tan\alpha$。

非线性电阻元件在某一工作状态下（如图 13-2 中 P 点）的动态电阻 R_d 等于该点的电压 u 对电流 i 的导数值，即：

$$R_\text{d} = \frac{\text{d}u}{\text{d}i} = \tan\beta$$

显然，P 点的动态电阻正比于 $\tan\beta$。

这里特别要说明的是，动态电阻的精确度与 P 点附近电压、电流的变化幅度及 P 点附近曲线形状有关。同时，对于图 13-1(b)、(c) 中所示伏安特性曲线的下倾段，其动态电阻为负值，因此具有"负电阻"的性质。

【例 13.1】 设有一个非线性电阻元件，其伏安特性为 $u = f(i) = 8i^4 - 8i^2 + 1$。

(1) 试分别求出 $i = 1\text{A}$ 时的静态电阻 R 和动态电阻 R_d；

(2) 试求 $i = \cos\omega t$ 时对应的电压 u 的值；

(3) 设 $u = f(i_1 + i_2)$，试问 u_{12} 是否等于 $u_1 + u_2$？

【解】 (1) $i = 1\text{A}$ 时的静态电阻 R 和动态电阻 R_d 为：

$$R = \frac{8 - 8 + 1}{1} = 1\Omega$$

$$R_\text{d} = \frac{\text{d}u}{\text{d}i}\bigg|_{i=1} = 8 \times 4 \times i^3 - 8 \times 2 \times i = 32 - 16 = 16\Omega$$

(2) 当 $i = \cos\omega t$ 时，

$$u = 8i^4 - 8i^2 + 1 = 8\cos^4\omega t - 8\cos^2\omega t + 1 = \cos 4\omega t$$

出现 4 倍频，可见非线性电阻可用来做倍频器，即利用非线性电阻可以产生频率不同于输入频率的输出。

（3）当 $u=f(i_1+i_2)$，

$$u=8(i_1+i_2)^4-8(i_1+i_2)^2+1$$

$$=8(i_1^4+6i_1^2i_2^2+4i_1^3i_2+4i_1i_2^3+i_2^4)-8(i_1^2+2i_1i_2+i_2^2)+1$$

$$=8i_1^4-8i_1^2+1+8i_2^4-8i_2^2+1+8(6i_1^2i_2^2+4i_1^3i_2+4i_1i_2^3)-82i_1i_2-1$$

由上式显然可知，$u_{12}\neq u_1+u_2$，即叠加定理不适用于非线性电路。

13.1.4　非线性电阻的串并联

1. 非线性电阻的串联

当非线性电阻元件串联或并联时，只有所有非线性电阻元件的控制类型相同，才有可能得出其等效电阻伏安特性的解析表达式。如果把非线性电阻元件串联或并联后对外当作一个一端口时，则端口的电压电流关系或伏安特性称为此一端口的驱动点特性。对于图 13-3(a) 所示两个非线性电阻的串联，设它们的伏安特性分别为 $u_1=f_1(i_1)$，$u_2=f_2(i_2)$，用 $u=f(i)$ 表示此串联电路的一端口伏安特性。根据 KCL 和 KVL，有：

$$i=i_1=i_2$$
$$u=u_1+u_2$$

将两个非线性电阻的伏安特性代入 KVL，有：

$$u=f(i)=f_1(i_1)+f_2(i_2)$$

根据 KCL 对所有 i，则有：

$$u=f(i)=f_1(i)+f_2(i)$$

这表示，其驱动点特性为一个电流控制的非线性电阻，因此两个电流控制的非线性电阻串联组合的等效电阻还是一个电流控制的非线性电阻。

可以用图解的方法来分析非线性电阻的串联电路。图 13-3(b) 说明了这种分析方法，即在同一电流值下将 u_1 和 u_2 相加可得出 u。例如，当 $i'=i_1'=i_2'$ 时，有 $u_1=u_1'$，$u_2=u_2'$，而 $u'=u_1'+u_2'$。取不同的 i 值，可逐点求出其等效伏安特性 $u=f(i)$，如图 13-3(b) 所示。

如果这两个非线性电阻中有一个是电压控制型，在电流值的某范围内电压是多值的。很难写出一端口的等效伏安特性 $u=f(i)$ 的解析式。但是，用图解方法不难获得等效非线性电阻的伏安特性。

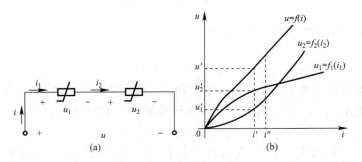

图 13-3　非线性电阻的串联

2. 非线性电阻的并联

图 13-4 所示为两个非线性电阻的并联电路。按 KCL 和 KVL 有：

$$u = u_1 = u_2$$
$$i = i_1 + i_2$$

设两个非线性电阻均为电压控制型的，其伏安特性分别表示为：

$$i_1 = f_1(u_1)$$
$$i_2 = f_2(u_2)$$

由并联电路组成的一端口的驱动点特性用 $i = f(u)$ 来表示。利用以上关系，可得：

$$i = f_1(u) + f_2(u)$$

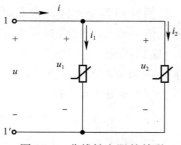

所以，此一端口的驱动点特性是一个电压控制型的非线性电阻，即如果两个电压控制型电阻并联后的等效非线性电阻仍为一个电压控制型电阻。如果并联的非线性电阻中有一个不是电压控制的，就得不出以上的解析式，但可以用图解法来求解。

用图解法来分析非线性电阻的并联电路时，把在同一电压值下的各并联非线性电阻的电流值相加，即可得到所需要的驱动点特性。

图 13-4　非线性电阻的并联

13.1.5　含有一个非线性电阻元件电路的求解

图 13-5（a）所示电路由线性电阻 R_{eq} 和直流电压源 U_{oc} 及一个非线性电阻 R 组成。线性电阻 R_{eq} 和直流电压源 U_{oc} 的串联组合可以是一个线性一端口的戴维宁等效电路。设非线性电阻的伏安特性如图 13-5（b）所示。这里，介绍另一种图解法，称为"曲线相交法"。

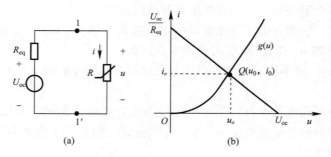

图 13-5　静态工作点

对此电路应用 KVL，可得下列方程：

$$U_{oc} = u + R_{eq}i$$
$$u = U_{oc} - R_{eq}i \tag{13-4}$$

此方程可以看作是图 13-5（a）中由 U_{oc} 和 R_{eq} 组成的一端口的伏安特性。它在 $u-i$ 平面上是一条如图 13-5（b）所示的直线。设非线性电阻 R 的伏安特性可表示为：

$$i = g(u) \tag{13-5}$$

图 13-5（b）中的直线与此伏安特性曲线的交点 $Q(u_0, i_0)$ 同时满足式（13-4）和式（13-5），所以有：

$$U_{oc} = R_{eq}I_Q + U_Q$$
$$I_Q = g(U_Q)$$

交点 $Q(u_0, i_0)$ 称为电路的静态工作点，它就是图 13-5（a）所示电路的解。在电子电路中直流电压源通常表示偏置电压，R_{eq} 表示负载，故图 13-5(b) 中的直线有时称为负载线。

13.2 非线性
电容和非线
性电感

13.2　非线性电容和非线性电感

13.2.1　非线性电容

1. 非线性电容及 q-u 特性曲线

如果电容元件的库伏特性是一条通过原点的直线，则它是线性电容。如果电容的电荷与电压之间不成正比关系，则为非线性电容。非线性电容元件的库伏特性不是一条通过原点的直线，而遵循某种特定的非线性函数关系。晶体二极管中的变容二极管就是一种非线性电容，其电压随所加电压而变。非线性电容的电路符号和 q-u 特性曲线，如图 13-6 所示。

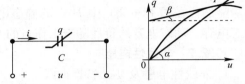

(a) 非线性电容的电路符号　　(b) 非线性电容的 q-u 特性曲线

图 13-6　非线性电容及 q-u 特性曲线

2. 非线性电容的分类

如果一个非线性电容元件的电荷、电压关系可用下式表示：

$$q = f(u)$$

即电荷可用电压的单值函数来表示，则此电容称为电压控制型非线性电容，如图 13-7(a) 所示。

如果电荷、电压关系可表示为：

$$u = h(q)$$

即电压可用电荷的单值函数来表示，则此电容称为电荷控制型非线性电容，如图 13-7(b) 所示。

非线性电容也可以是单调型的，即其库伏特性在 q-u 平面上是单调增长或单调下降的，如图 13-7(c) 所示，其特性可用上述两式表示。

若电容是一种回线型非线性电容（例如用钛酸钡作介质的电容），它的电荷与电压关系须写成 $f(q, u) = 0$ 的形式，其库伏特性如图 13-7(d) 所示。

当电荷是电压的单值函数时，有：

$$i_C = \frac{dq}{dt} = \frac{dq}{du} \times \frac{du}{dt} = C_d \frac{du}{dt}$$

非线性电容也是储能元件，使一电容的电荷由 0 增至 Q，它所储存的电能为：

$$W_C = \int_0^Q u \, dq$$

(a) 电压控制型非线性电容　(b) 电荷控制型非线性电容　(c) 单调型非线性电容　(d) 回线型非线性电容

图 13-7　非线性电容的类型

3. 静态电容和动态电容

为了计算上的需要，有时引用静态电容 C 和动态电容 C_d 的概念，它们的定义分别如下：

静态电容 C 为在某一工作点的电荷与电压的比值：

$$C = \frac{q}{u}$$

动态电容 C_d 为在某一工作状态，电荷增量与电压增量之比的极限：

$$C_d = \frac{dq}{du}$$

显然，在图 13-6(b) 中 P 点的静态电容正比于 $\tan\alpha$，P 点的动态电容正比于 $\tan\beta$，静态电容、动态电容的特性随着工作点的变化而变化。

13.2.2 非线性电感

1. 非线性电感及 Ψ-i 特性曲线

电感也是一个二端储能元件，其特征是用磁通链与电流之间的函数关系或韦安特性表示的。如果线圈中不含有导磁介质，则叫作空心电感或线性电感。即线性电感元件的韦安特性是一条通过原点的直线，线性电感 L 在电路中是一常数，与外加电压或通电电流无关。如果线圈中含有导磁介质时，电感的磁链与电流之间不成正比关系，电感元件的韦安特性不是一条通过原点的直线，则电感 L 将不是常数，而是与外加电压或通电电流有关的量，这样的电感称为非线性电感，例如铁心电感。非线性电感的电路符号及 Ψ-i 特性曲线如图 13-8 所示。

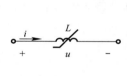
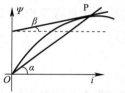

(a) 非线性电感的电路符号   (b) 非线性电感的 Ψ-i 特性曲线

图 13-8 非线性电感及 Ψ-i 特性曲线

2. 非线性电感的分类

如果非线性电感的电流与磁通链的关系表示为：

$$i = h(\Psi)$$

则电感的电流是磁通的单值函数，如图 13-9(a) 所示，称为磁通链控制型电感。

如果电流与磁通链的关系表示为：

$$\Psi = f(i)$$

则电感的磁通链是电流的单值函数，就称为电流控制型电感。

非线性电容也可以是单调型的，即电感的电流与磁链之间是严格的单调关系，韦安特性在 Ψ-i 平面上单调增长或单调下降，如图 13-9(b) 所示。其特性可用上述两式表示。

大多数实际非线性电感元件包含铁磁材料制成的心子，由于铁磁材料的磁滞现象的影响，它的 Ψ-i 特性具有回线形状。如图 13-9(c) 所示的电感是一种回线型非线性电感（例如绕在铁磁材料上的电感线圈），它的磁链与电流关系须写成 $f(\Psi, i) = 0$ 的形式。

当磁链是电流的单值函数时

$$u_L = \frac{d\Psi}{dt} = \frac{d\Psi}{di} \times \frac{di}{dt} = L_d \frac{di}{dt}$$

非线性电感也是储能元件。从时刻 $t = 0$ 至 T，磁链由零增至 Ψ_T，电感中所储能的磁能即为：

$$W_{L} = \int_{0}^{T} \frac{\mathrm{d}\Psi}{\mathrm{d}i} i \,\mathrm{d}t = \int_{0}^{\Psi_{T}} i \,\mathrm{d}\Psi$$

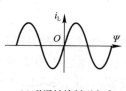
(a) 磁通链控制型电感

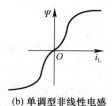
(b) 单调型非线性电感

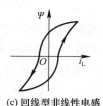
(c) 回线型非线性电感

图 13-9　非线性电感的类型

3. 静态电感和动态电感

同样，为了计算上的方便，也引用静态电感 L 和动态电感 L_d 的概念，它们的定义分别如下：

静态电感 L 为在某一工作点的磁链与电流的比值：

$$L = \frac{\Psi}{i}$$

动态电感 L_d 为在某一工作状态，磁链增量与电流增量之比的极限：

$$L_d = \frac{\mathrm{d}\Psi}{\mathrm{d}i}$$

显然，在图 13-8(b) 中，P 点的静态电感正比于 $\tan\alpha$，P 点的动态电感正比于 $\tan\beta$。静态电感、动态电感的特性随着工作点的变化而变化。

13.3　非线性电路的分析

1. 解析法

非线性电路中至少包含一个非线性元件，它的输出输入关系用非线性函数方程或非线性微分方程表示。在电路的分析与计算中，由于基尔霍夫定律对于线性电路和非线性电路均适用，所以线性电路方程与非线性电路方程的差别仅由于元件特性的不同而引起。对于非线性电阻电路列出的方程是一组非线性代数方程，而对于含有非线性储能元件的动态电路列出的方程是一组非线性微分方程。下面通过实例说明上述概念。

【例 13.2】　图 13-10 电路中非线性电阻的特性为：$i = u^2 + u$，求 u。

【解】　应用 KCL，有：

$$i_1 = i_S + i$$

对回路 1 应用 KVL，有：

$$R_1 i + R_2 i_1 + u = u_S$$

由非线性电阻特性，得：

$$i = u^2 + u$$

将 $i_1 = i_S + i$ 和 $i = u^2 + u$ 代入 $R_1 i + R_2 i_1 + u = u_S$ 中，得：

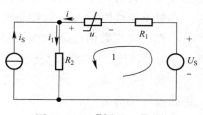

图 13-10　【例 13.2】图

233

$$5u^2 + 6u - 8 = 0$$

解得：

$$\begin{cases} u' = 0.8\text{V} \\ u'' = -2\text{V} \end{cases}$$

可见，非线性电路的解可能不是唯一的。

如果电路中既有电压控制的电阻，又有电流控制的电阻，建立方程的过程就比较复杂。

对于含有非线性动态元件的电路，通常选择非线性电感的磁通链和非线性电容的电荷为电路的状态变量，根据 KCL、KVL 列写的方程是一组非线性微分方程。

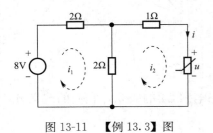

图 13-11　【例 13.3】图

【例 13.3】　图 13-11 中的非线性电阻的伏安特性为 $i = u^2 - u + 1.5$，其中电压的单位为 V，电流的单位为 A，求 u 和 i。

【解】　按图中所示选择回路，则：

$$\begin{cases} (2+2)i_1 - 2i_2 = 8 \\ -2i_1 + (2-1)i_2 = -u \\ i = i_2 = u^2 - u + 1.5 \end{cases}$$

解得：

$$\begin{cases} u' = 1\text{V} \\ i' = 1.5\text{V} \end{cases} 或 \begin{cases} u'' = -0.5\text{V} \\ i'' = 2.25\text{V} \end{cases}$$

【例 13.4】　含非线性电容的电路图如图 13-12 所示，其中非线性电容的库伏特性为 $u = 0.5kq^2$，试以 q 为电路变量写出微分方程。

【解】　以电容电荷 q 为电路变量，有：

$$\begin{cases} i_C = \dfrac{\mathrm{d}q}{\mathrm{d}t} \\ i_0 = \dfrac{u}{R_0} = \dfrac{0.5kq^2}{R_0} \end{cases}$$

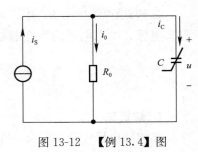

图 13-12　【例 13.4】图

应用 KCL，有：

$$i_C + i_0 = i_S$$

因此，得一阶非线性微分方程为：

$$\frac{\mathrm{d}q}{\mathrm{d}t} = -\frac{0.5kq^2}{R_0} + i_S$$

列写具有多个非线性储能元件电路的状态方程比线性电路更为复杂和困难。

对于非线性代数方程和非线性微分方程，其解析解一般都是难以求得的，但是可以利用计算机应用数值法来求得数值解。

2. 图解法（曲线相交法）

利用图形求解非线性电路方程的方法称为图解法，多用于定性分析。此时，通常对电路的线性部分先进行适当等效。

用图解法分析图 13-13 电路，将线性部分先进行戴维南等效变换，则端口方程为

$u = U_{oc} - R_{eq}i$。结合非线性元件的特性曲线可知，同时满足端口方程的 Q 点，即为电路的解答。即直线为一端口的伏安特性，曲线为非线性电阻的伏安特性，交点 Q 称为电路的静态工作点，它就是电路的解。在电子电路中，直流电源往往表示偏置电压，直线常称为负载线。

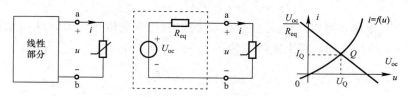

图 13-13　图解法分析非线性电路

13.4　小信号分析法

13.4 小信号分析法

小信号分析法是工程上分析非线性电路的一个极其重要的方法，即"工作点处线性化"。通常，在电子电路中遇到的非线性电路，不仅有作为偏置电压的直流电源 U_0 作用，同时还有随时间变动的输入电压 $u_S(t)$ 作用。假设在任何时刻有 $U_0 \gg |u_S(t)|$，则把 $u_S(t)$ 称为小信号电压。分析此类电路时，电路的信号变化幅度很小，可以围绕任何工作点建立一个局部线性模型，运用线性电路分析方法进行研究，即采用小信号分析法。

13.4.1　小信号分析法的步骤

在图 13-14(a) 所示电路中，直流电压源 U_0 为偏置电压，电阻 R_0 为线性电阻，非线性电阻是电压控制型的，其伏安特性为 $i = g(u)$。图 13-14(b) 为其特性曲线。小信号时变电压为 $u_S(t)$，且 $U_0 \gg |u_S(t)|$ 总成立。现在，待求的是非线性电阻电压 $u(t)$ 和电流 $i(t)$。

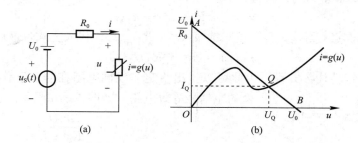

(a)　　　　　　　　(b)

图 13-14　非线性电路的小信号分析

首先，应用 KVL 列出电路方程：

$$U_0 + u_S(t) = R_0 i(t) + u(t) \tag{13-6}$$

当 $u_S(t) = 0$ 时，即电路中只有直流电压源作用时，负载线 AB 如图 13-14(b) 所示，它与非线性电阻伏安特性曲线的交点 $Q(U_Q, I_Q)$ 即电路的静态工作点。在 $U_0 \gg |u_S(t)|$ 的条件下，电路的解 $u(t)$、$i(t)$ 必在工作点 $Q(U_Q, I_Q)$ 附近，所以可以近似地把 $u(t)$、$i(t)$ 写为：

$$\begin{cases} u(t) = U_Q + u_1(t) \\ i(t) = I_Q + i_1(t) \end{cases}$$

式中，$u(t)$ 和 $i(t)$ 是由于信号 $u_S(t)$ 在工作点 $Q(U_Q，I_Q)$ 附近引起的偏差。在任何时刻 t，$u_1(t)$ 和 $i_1(t)$ 相对于 U_Q、I_Q 都是很小的量。

考虑到给定非线性电阻的特性 $i = g(u)$，从以上两式得：

$$I_Q + i_1(t) = g[U_Q + u_1(t)]$$

由于 $u_1(t)$ 很小，可以将上式右方在 Q 点附近用泰勒级数展开，取级数前面两项而略去一次项以上的高次项，则上式可写为：

$$I_Q + i_1(t) \approx g(U_Q) + \frac{\mathrm{d}g}{\mathrm{d}u}\bigg|_{U_Q} u_1(t)$$

由于 $I_Q = g(U_Q)$，故从上式得：

$$i_1(t) = \frac{\mathrm{d}g}{\mathrm{d}u}\bigg|_{U_Q} u_1(t)$$

又因为：

$$\frac{\mathrm{d}g}{\mathrm{d}u}\bigg|_{U_Q} = G_d = \frac{1}{R_d}$$

为非线性电阻在工作点 $Q(U_Q，I_Q)$ 处的动态电导，所以有：

$$i_1(t) = G_d u_1(t)$$
$$u_1(t) = R_d i_1(t)$$

由于 $G_d = \dfrac{1}{R_d}$ 在工作点 $Q(U_Q，I_Q)$ 处是一个常量，所以从上式可以看出，由小信号电压 $u_S(t)$ 产生的电压 $u_1(t)$ 和电流 $i_1(t)$ 之间的关系是线性的。这样，式（13-6）可改写为：

$$U_0 + u_S(t) = R_0 i + u = R_0[I_Q + i_1(t)] + [U_Q + u_1(t)]$$

但是，$U_0 = R_0 I_Q + U_Q$，故得：

$$u_S(t) = R_0 i_1(t) + u_1(t)$$

又因为在工作点 $Q(U_Q，I_Q)$ 处，有 $u_1(t) = R_d i_1(t)$，代入上式，最后得：

$$u_S(t) = (R_0 + R_d) i_1(t)$$

上式是一个线性代数方程，由此可以做出给定非线性电阻在静态工作点 $Q(U_Q，I_Q)$ 处的小信号等效电路，如图 13-15 所示。于是，求得：

$$i_1(t) = \frac{u_S(t)}{R_0 + R_d}$$

$$u_1(t) = R_d i_1(t) = \frac{R_d u_S(t)}{R_0 + R_d}$$

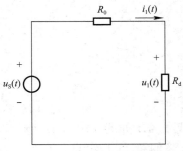

图 13-15　小信号等效电路

综上所述，小信号分析法的步骤为：

（1）求解非线性电路的静态工作点；

（2）求解非线性电路的动态电导或动态电阻；

（3）作出给定的非线性电阻在静态工作点处的小信号等效电路；

（4）根据小信号等效电路求解。

13.4.2　典型例题

【例 13.5】　非线性电路如图 13-16(a) 所示，非线性电阻为电压控制型，用函数表示则为

$$i = g(u) = \begin{cases} u^2 & (u > 0) \\ 0 & (u < 0) \end{cases}$$

而直流电压源 $U_S = 6\text{V}$，$R = 1\Omega$，信号源 $i_S(t) = 0.5\cos\omega t$，试求在静态工作点处由小信号所产生的电压 $u(t)$ 和电流 $i(t)$。

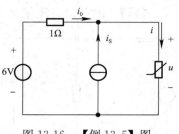

图 13-16　【例 13.5】图

【解】　对于图 13-16，应用 KCL 和 KVL，有：

$$i = i_0 + i_S$$
$$u = U_S - Ri_0 = 6 - 1 \times i_0$$

整理后即得

$$\frac{u}{R} + g(u) = 6 + 0.5\cos\omega t$$

(1) 先求电路的静态工作点，令 $i_S(t) = 0$，则：

$$u^2 + u - 6 = 0$$

解得：$u = 2$ 和 $u = -3$，而 $u = -3$ 不符合题意，故可得静态工作点 $U_Q = 2\text{V}$，$I_Q = U_Q^2 = 4\text{V}$。

(2) 求解非线性电路的动态电导，静态工作点处的动态电导为

$$G_d = \frac{dg(u)}{du}\bigg|_{U_Q} = 2u\bigg|_{U_Q} = 4\text{S}$$

(3) 作出给定非线性电导在静态工作点处的小信号等效电路，如图 13-17 所示，则有：

$$u_1(t) = \frac{i_S}{G + G_d} = \frac{0.5\cos\omega t}{1 + 4} = 0.1\cos\omega t\,\text{V}$$

$$i_1(t) = u_1(t) \times G_d = 4 \times 0.1\cos\omega t = 0.4\cos\omega t\,\text{A}$$

故得，图 13-16 中：

$$u(t) = U_Q + u_1(t) = (2 + 0.1\cos\omega t)\text{V}$$

$$i(t) = I_Q + i_1(t) = (4 + 0.4\cos\omega t)\text{A}$$

【例 13.6】　如图 13-18 所示，求通过电压源的稳态电流 $i(t)$。

已知：$u_S(t) = 10 + 0.1\sin t\,\text{V}$，非线性电阻的伏安特性为：$i = g(u) = 0.7u + 0.001u^3$。

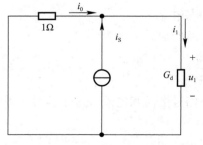

图 13-17　静态工作点处的小信号等效电路

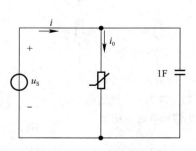

图 13-18　【例 13.6】图

【解】 电源的直流量远大于交流量，可用小信号分析。

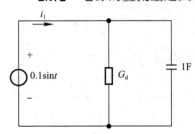

图 13-19 静态工作点处的
小信号等效电路

（1）先求电路的静态工作点

$$I_{\mathrm{Q}}=0.7U_{\mathrm{Q}}+0.001U_{\mathrm{Q}}^3=8\mathrm{A}$$
$$U_{\mathrm{Q}}=10\mathrm{V}$$

（2）求动态电导

$$G_{\mathrm{d}}=\left.\frac{\mathrm{d}g(u)}{\mathrm{d}u}\right|_{U_{\mathrm{Q}}}=0.7+0.3=1\mathrm{S}$$

（3）作出静态工作点处的小信号等效电路，如图 13-19 所示。

应用相量法：

$$\dot{I}_1=(G_{\mathrm{d}}+\mathrm{j}\omega C)\dot{U}_{\mathrm{S}1}$$
$$=(1+\mathrm{j}1)\times0.1\angle0°$$
$$=0.1414\angle45°\mathrm{A}$$

因此：

$$i_1=0.1414\sin(t+45°)\mathrm{A}$$
$$i(t)=I_{\mathrm{Q}}+i_1=8+0.1414\sin(t+45°)\mathrm{A}$$

【例 13.7】 如图 13-20 所示，电路中的直流电流源 $I_{\mathrm{S}}=10\mathrm{A}$，$R_{\mathrm{S}}=\frac{1}{3}\Omega$，小信号电流源 $i_{\mathrm{S}}=0.05\sin t$ A，非线性电阻的伏安特性为（电压、电流单位分别为 V、A）：

$$i=g(u)=\begin{cases}u^2 & u>0\\0 & u>0\end{cases}$$

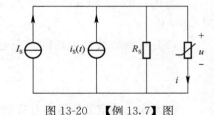

图 13-20 【例 13.7】图

试用小信号分析法求电压 $u(t)$ 和电流 $i(t)$。

【解】 电源的直流量远大于交流量，可用小信号分析。

（1）先求电路的静态工作点

令 $i_{\mathrm{S}}=0$，由 KCL 得：

$$\frac{u}{R_{\mathrm{S}}}+i=I_{\mathrm{S}}$$

因此 $3u+g(u)=10$，$3u+u^2=10$

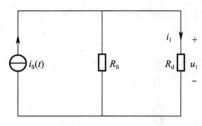

图 13-21 静态工作点处的
小信号等效电路

在静态工作点处有：

$$U_0=2\mathrm{V},\quad I_0=4\mathrm{A}$$

（2）求动态电导

静态工作点的动态电导为

$$G_{\mathrm{d}}=\left.\frac{\mathrm{d}g}{\mathrm{d}u}\right|_{u=U_0}=\left.\frac{\mathrm{d}(u^2)}{\mathrm{d}u}\right|_{u=U_0}=2u\big|_{u=2}=4\mathrm{S}$$

（3）求小信号电压和电流（作小信号等效电路，如图 13-21 所示）

$$i_1=\frac{R_{\mathrm{S}}}{R_{\mathrm{S}}+R_{\mathrm{d}}}i_{\mathrm{S}}=\frac{1/3}{1/3+1/4}0.05\sin t\,\mathrm{A}=\frac{1}{35}\sin t\,\mathrm{A}=0.0283\sin t\,\mathrm{A}$$

$$u_1 = R_d i_1 = \frac{1}{4} \times \frac{1}{35} \sin t \, \text{V} = \frac{1}{140} \sin t \, \text{V} = 0.0071 \sin t \, \text{V}$$

原电路的全解为：

$$u = U_0 + u_1 = (2 + 0.0071 \sin t) \, \text{V}$$
$$i = I_0 + i_1 = (4 + 0.0283 \sin t) \, \text{A}$$

习　　题

【13.1】　如果通过非线性电阻的电流为 $\cos \omega t \, \text{A}$，要使该电阻两端的电压中含有 4ω 角频率的电压分量，试求该电阻的伏安特性，写出其解析表达式。

【13.2】　写出图 13-22 所示电路的结点电压方程，假设电路中各非线性电阻的伏安特性为 $i_1 = u_1^3$，$i_2 = u_2^2$，$i_3 = u_3^{\frac{3}{2}}$。

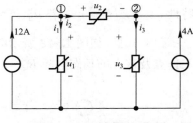

图 13-22　习题【13.2】图

【13.3】　一个非线性电容的库伏特性为 $u = 1 + 2q + 3q^2$，如果电容从 $q(t_0) = 0$ 充电至 $q(t) = 1\text{C}$。试求此电容储存的能量。

【13.4】　非线性电感的韦安特性为 $\varPsi = i^3$，当有 2A 电流通过该电感时，试求此时的静态电感值。

【13.5】　已知如图 13-23 所示电路中，$U_S = 84\text{V}$，$R_1 = 2\text{k}\Omega$，$R_2 = 10\text{k}\Omega$，非线性电阻 R_3 的伏安特性可用下式表示：$i_3 = 0.3u_3 + 0.04u_3^2$。试求电流 i_1 和 i_3。

【13.6】　如图 13-24 所示电路由一个线性电阻 R、一个理想二极管和一个直流电压源串联组成。已知 $R = 2\Omega$，$U_S = 1\text{V}$，在 $u - i$ 平面上画出对应的伏安特性曲线。

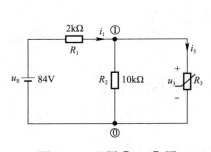

图 13-23　习题【13.5】图

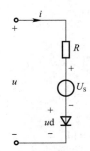

图 13-24　习题【13.6】图

【13.7】　设图 13-25 所示电路中二极管的伏安特性可用下式表示：$i_d = 10^{-6}(e^{40u_d} - 1) \, \text{A}$，式中 u_d 为二极管的电压，其单位为 V，已知 $R_1 = 0.5\Omega$，$R_2 = 0.5\Omega$，$R_3 = 0.75\Omega$，$U_S = 2\text{V}$。试用图解法求出静态工作点。

【13.8】　如图 13-26 所示非线性电阻电路中，非线性电阻的伏安特性为 $u = 2i + i^3$，现已知当 $u_S(t) = 0$ 时，回路中的电流为 1A。如果 $u_S(t) = \cos \omega t \, \text{V}$ 时，试用小信号分析法求回路中的电流 i。

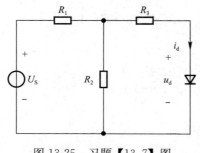

图 13-25　习题【13.7】图　　　　　图 13-26　习题【13.8】图

【13.9】　如图 13-27 所示电路中，$R=2\Omega$，直流电压源 $U_S=9V$，非线性电阻的伏安特性 $u=-2i+\dfrac{1}{3}i^3$，若 $u_S(t)=\cos t\,V$，试求电流 i。

【13.10】　如图 13-28 所示电路中，非线性电阻的伏安特性为 $i=u^2$，试求电路的静态工作点及该点的动态电阻 R_d。

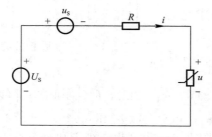　　　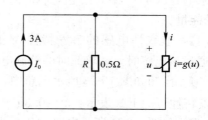

图 13-27　习题【13.9】图　　　　　图 13-28　习题【13.10】图

答　　案

【13.1】　$u=1-8i^2+8i^4$。

【13.2】　$u_1^3+(u_1-u_2)^2=12$，$u_2^{\frac{3}{2}}-(u_1-u_2)^2=4$。

【13.3】　3J。

【13.4】　$L=4H$。

【13.5】　$i_1^{(1)}=0.04193A$，$i_3^{(1)}=0.04192A$。

【13.6】

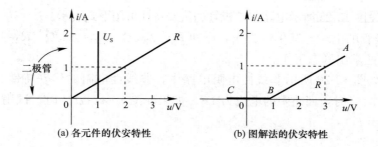

(a) 各元件的伏安特性　　　　　(b) 图解法的伏安特性

【13.7】　$U_Q = 0.34V$，$I_Q = 0.66A$。

【13.8】　$\left(1 + \dfrac{1}{7}\cos\omega t\right)A$。

【13.9】　$\left(3 - \dfrac{1}{9}\cos t\right)A$。

【13.10】　$R_d = 0.5\Omega$。

附录 A 实　　验

A.1　实验设备简介

A.1.1　概述

本书编写的八个实验项目依托"DGJ-3 型电工技术实验装置"。该实验设备是在传统电工实验设备基础上经过技术改进后推出的新型实验装置，它综合了目前我国大学本科、专科、中专及职校"电路分析""电工基础""电工学""数字电路""模拟电路"等课程实验大纲的要求，特别适用于高等院校现有实验设备的更新改造。它为高校新建或扩建实验室，提供了理想的实验设备。

A.1.2　设备特点要求

（1）综合性强。综合了目前国内各类学校电类基础课程的全部实验项目。

（2）适应性强。实验的深度与广度可根据需要作灵活调整，普及与提高可根据教学的进程有机地结合。

（3）整套性强。从仪器仪表、电源到实验连接导线等均配套齐全，仪器仪表的性能、精度、规格等均密切结合实验的需要进行配套。

（4）一致性强。实验器件选择合理、配套完整，使多组实验结果有良好的同一性，便于教师组织和指导实验教学。

（5）直观性强。本装置采用整体与挂件相结合的结构形式，电源配置、仪表一目了然，各实验挂件任务明确，操作、维护简便。

A.1.3　设备功能要求

（1）本装置可提供实验所需的交流电源、低压直流电源、可调恒流源、数控函数信号发生器（含频率计）、受控源、交直流测量仪表（电压、电流、功率、功率因数）、各实验挂箱等。

（2）能完成"电工基础""电工学"中的叠加、戴维南、双口网络、谐振、选频及一、二阶电路等实验。

（3）能完成"电路分析""电工学"中的单相、三相、日光灯、变压器、互感器及电度表等实验。

（4）能完成常规"数字电路""模拟电路"所有实验。可根据用户选配挂件。

（5）可以扩展电机与拖动实验、信号与系统实验、工厂电气实验等。

A.1.4　技术性能要求

输入电源：三相四线（或三相五线）380V±10%，50Hz。

工作环境：温度－10～＋40℃，相对湿度＜85%（25℃），海拔＜4km。

外形尺寸：167cm×73cm×153cm。

装置容量：＜1.5kV·A。

A.1.5 装置的配备要求

装置主要由电源仪器控制屏、实验桌、实验挂箱等组成。

（1）DGJ-01 电源仪器控制屏要求

控制屏为铁质双层亚光密纹喷塑结构，铝质面板。它为实验提供交流电源、直流电源、恒流源、受控源、数控信号源及各种测试仪表等。三相 $0\sim450V$ 及单相 $0\sim250V$ 连续可调交流电源。必须采用一台三相同轴联动自耦调压器，规格为 $1.5kV·A/0\sim450V$，克服了三只单相调压器采用链条结构或齿轮结构组成的许多缺点。可调交流电源输出处设有过流保护技术，相间、线间过电流及直接短路均能自动保护，克服了调换保险丝带来的麻烦。配有三只指针式交流电压表，通过切换开关可分别指示三相电网电压和三相调压输出电压。

提供两路低压稳压直流 $0\sim30V/1A$ 连续可调电源，配有数字式电压表指示输出电压，电压稳定度 $\leqslant0.3\%$，电流稳定度 $\leqslant0.3\%$，设有短路软截止保护和自动恢复功能。提供一路 $0\sim200mA$ 连续可调恒流源，分 2mA、20mA、200mA 三档，从 0mA 起调，调节精度 1%，负载稳定度 $\leqslant5\times10^{-4}$，额定变化率 $\leqslant5\times10^{-4}$，配有数字式直流毫安表指示输出电流，具有输出开路、短路保护功能。

设有实验台照明用的 220V30W 的日光灯一盏，还设有实验用 220V30W 的日光灯灯管一支，将灯管灯丝的四个头引出，供实验用。定时器兼报警记录仪（服务管理器），平时作为时钟使用，具有设定实验时间、定时报警、切断电源等功能；还可以自动记录漏电告警、过流告警及仪表量程告警总次数。

必须设有真有效值交流数字电压表一只，测量范围 $0\sim500V$，量程自动判断、自动切换，精度 0.5 级，三位半数显。

（2）信号源功能板

信号源：输出正弦波、矩形波、三角波、锯齿波、四脉方列、八脉方列。

特点：采用单片机主控电路、锁相式频率合成电路及 A/D 转换电路等构成，输出频率、脉宽均采用数字控制技术，失真度小、波形稳定。

输出频率范围：正弦波为 $1Hz\sim160kHz$、矩形波为 $1Hz\sim160kHz$、三角波和锯齿波为 $1Hz\sim10kHz$、四脉方列和八脉方列固定为 1kHz。

最小频率调整步幅：$1Hz\sim1kHz$ 为 1Hz，$1kHz\sim10kHz$ 为 10Hz，$10kHz\sim160kHz$ 为 100Hz。

输出脉宽选择：占空比分别固定为 1∶1、1∶3、1∶5、1∶7 四档。

输出幅度调节范围：A 口（正弦波、三角波、锯齿波）$5mV\sim17.0VP\text{-}P$，多圈电位器调节；B 口（矩形波、四脉、八脉）$5mV\sim3.8VP\text{-}P$，数控调节。A、B 口均带输出衰减（0dB、20dB、40dB、60dB）。

频率计：六位数字显示，测量范围 $1Hz\sim300kHz$，作为外部测量和信号源频率指示。

（3）仪表、受控源功能板

指针式精密交流电压表一只，采用带镜面、双刻度线（红、黑）、表头，测量范围 $0\sim500V$，分 10V、30V、100V、300V、500V 五档，输入阻抗 $1M\Omega$，精度 1.0 级，直键开关切换，每档均有量程告警、指示及切断总电源功能。

指针式精密交流电流表一只，采用带镜面、双刻度线（红、黑）表头，不同的量程读取相应的刻度线，分 0.3A、1A、3A、5A 四档，精度 1.0 级，直键开关切换，设均有量程告警、指示及切断总电源功能。

直流数显电压表一只，测量范围 0～200V，分 200mV、2V、20V、200V 四档，直键开关切换，三位半数字显示，输入阻抗 10MΩ，精度 0.5 级，具有量程报警、指示及切断总电源等功能。

直流数显毫安表一只，测量范围 0～2000mA，分 2mA、20mA、200mA、2000mA 四档，直键开关切换，三位半数字显示，精度 0.5 级，具有量程报警、指示及切断总电源等功能。

受控源 CCVS、VCCS 两路，打开电源开关，CCVS、VCCS 两路受控源即可工作，通过适当的连接，即可获得 VCVS、CCCS 受控源的功能。此外，还设有 ±12V 两路直流稳压电源，并有发光管指示。

（4）DGJ-02 实验桌要求

实验桌为铁质双层亚光密纹喷塑结构，桌面为防火、防水、耐磨高密度板；左右设有两个大抽屉（带锁），分别用于放置工具及资料。右边设有放置示波器用的可拆卸搁板。

（5）实验组件挂箱

① DGJ-03 电路基础实验箱

提供基尔霍夫定律（可设置三个典型故障点），叠加原理（可设置三个典型故障点），戴维南定理，诺顿定理，二端口网络，互易定理，R、L、C 串联谐振电路，R、C 串并联选频网络及一阶、二阶动态电路等实验。各实验器件齐全，实验单元隔离分明，实验线路完整、清晰，验证性实验与设计性实验相结合。

② DGJ-04 交流电路实验

提供单相、三相负载电路、日光灯、变压器、互感器及电度表等实验。负载为三个独立的灯组，可连接成 Y 或 △ 两种三相负载线路，每个灯组均设有三个并联的白炽灯螺口灯座，可插 60W 以下的白炽灯九只，各灯组设有电流插座便于电流的测试；各灯组均设有过压保护电路，保障实验学生的安全及防止灯组因过压而导致损坏；日光灯实验器件有30W 镇流器、高压电容、启辉器及短接按钮；铁芯变压器一只，原、副边均设有保险丝及电流插座便于电流的测试；互感线圈一组，实验时临时挂上，两个空心线圈 L1、L2 装在滑动架上，可调节两个线圈间的距离，并可将小线圈放到大线圈内，配有大、小铁棒各一根及非导磁铝棒一根；电度表一只，规格为 220V、3A/6A，实验时临时挂上，其电源线、负载线均已接在电度表接线架的接线柱上，实验方便。

③ DGJ-05 元件箱

设有三组高压电容（每组 1μF/500V、2.2μF/500V、4.7μF/500V 高压电容各一只），用于改变功率因数的实验；提供实验所需的各种元件，如电阻、二极管、发光管、稳压管、电位器及 12V 灯泡等，还提供十进制可调电阻箱，阻值为 0～99999.9Ω/2W。

④ XP03 实验连接线

根据不同实验项目的特点，配备两种不同规格的实验连接线，强弱电均采用高可靠护套结构插连接线（不存在任何触电的可能），里面采用无氧铜抽丝而成头发丝般细的多股线，达到软的目的，外包丁腈聚氯乙烯绝缘层，具有柔软、耐压高、强度大、防硬化、韧性好等优点，插头采用实芯铜质件外套镀轻铜弹片，接触安全、可靠；两种导线都只能配合相应内孔的插座，不能混插，从而大大提高了实验的安全性。

⑤ 导线架

欧式导线架，用于悬挂和放置实验连接导线，外形尺寸为 530mm × 430mm × 1200mm，设有五个万向轮，造型美观、大方。

A.1.6 装置要求

（1）三相四线制（或三相五线制）电源输入，总电源由三相钥匙开关控制，设有三相带灯熔断器作为断相指示。控制屏电源由接触器通过启、停按钮进行控制。

（2）三相交流电源 0～450V 连续可调，单相交流电源 0～250V 连续可调，设有三相同轴联动自耦调压器（1.5kV·A）一台，可更好地满足教学实验要求。

（3）控制屏上必须装有电压型漏电保护装置，控制屏内或强电输出若有漏电现象，即产生告警信号并切断总电源，确保实验进程的安全；控制屏上必须装有一套电流型漏电保护器，控制屏若有漏电现象，当漏电流过一定值时，即切断电源；控制屏上三相调压器副边必须设有一套过流保护装置。调压器输出短路或所带负载太大，电流过设定值，系统即告警并切断总电源。

（4）测量仪表精度高，采用精密镜面指针式（带量程告警）、数字化、智能化及人机对话模式，符合现代测量仪表发展方向。各种电源及各种仪表必须有可靠的保护功能。

（5）实验连接线及插座采用不同的结构，使用安全、可靠、防触电。

A.2 实验项目

本书共介绍八个实验项目，包括：实验一 基尔霍夫定律验证、实验二 叠加原理验证、实验三 电压源与电流源的等效变换、实验四 戴维南定理验证、实验五 受控源、实验六 典型电信号的观察与测量、实验七 RC 一阶电路的响应测试、实验八 R、L、C 元件阻抗特性的测定。

A.2.1 实验一 基尔霍夫定律的验证

（1）实验目的

① 熟悉实验室供电情况和实验电源、实验设备情况。

② 验证基尔霍夫定律的正确性，加深对基尔霍夫定律的理解。

③ 学会用电流插头、插座测量各支路电流。

（2）实验原理

基尔霍夫定律是电路的基本定律。测量某电路的各支路电流及每个元件两端的电压，应能分别满足基尔霍夫电流定律（KCL）和电压定律（KVL）。即对电路中的任一个节点而言，应有 $\sum I = 0$；对任何一个闭合回路而言，应有 $\sum U = 0$。

运用上述定律时必须注意各支路或闭合回路中电流的正方向，此方向可预先任意设定。

（3）实验设备（表 A-1）

实 验 设 备　　　　　　　　　　　表 A-1

序号	名称	型号与规格	数量	备注
1	直流可调稳压电源	0～30V	二路	
2	万用表		1	
3	直流数字电压表	0～200V	1	
4	电位、电压测定实验电路板		1	

（4）实验内容

实验线路如图 A-1 所示，用实验台挂箱的"基尔霍夫定律/叠加原理"线路。

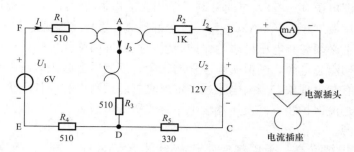

图 A-1　基尔霍夫定律/叠加原理实验连接图

① 实验前先任意设定三条支路和三个闭合回路的电流正方向。图 A-1 中的 I_1、I_2、I_3 的方向已设定。三个闭合回路的电流正方向可设为 ADEFA、BADCB 和 FBCEF。

② 分别将两路直流稳压源接入电路，令 $U_1=6V$，$U_2=12V$。

③ 熟悉电流插头的结构，将电流插头的两端接至数字毫安表的"＋""－"两端。

④ 将电流插头分别插入三条支路的三个电流插座中，读出并记录电流值，记录表如表 A-2 所示。

⑤ 用直流数字电压表分别测量两路电源及电阻元件上的电压值，记录表如表 A-2 所示。

电流电压记录表　　　　　　　　　　　表 A-2

被测量	I_1(mA)	I_2(mA)	I_3(mA)	U_1(V)	U_2(V)	U_{FA}(V)	U_{AB}(V)	U_{AD}(V)	U_{CD}(V)	U_{DE}(V)
计算值										
测量值										
相对误差										

（5）实验注意事项

① 本实验线路板系多个实验通用。实验台上的 K_3 应拨向 330Ω 侧，三个故障按键均不得按下。

② 所有需要测量的电压值，均以电压表测量的读数为准。U_1、U_2 也需测量，不应取电源本身的显示值。

③ 防止稳压电源两个输出端碰线短路。

④ 用指针式电压表或电流表测量电压或电流时，如果仪表指针反偏，则必须调换仪表极性，重新测量。此时指针正偏，可读得电压或电流值。若用数显电压表或电流表测

量，则可直接读出电压或电流值。但应注意：所读得的电压或电流值的正确正、负号应根据设定的电流参考方向来判断。

（6）预习思考题

① 根据图 A-1 的电路参数，计算出待测的电流 I_1、I_2、I_3 和各电阻上的电压值，记入表中。以便实验测量时，可正确地选定毫安表和电压表的量程。

② 实验中，若用指针式万用表直流毫安档测各支路电流，在什么情况下可能出现指针反偏？应如何处理？

③ 在记录数据时应注意什么？若用直流数字毫安表进行测量时，则会有什么显示呢？

④ 电阻带电测量会出现什么问题？

（7）实验报告

① 根据实验数据，选定节点 A，验证 KCL 的正确性。

② 根据实验数据，选定实验电路中的任一个闭合回路，验证 KVL 的正确性。

③ 将支路和闭合回路的电流方向重新设定，重复①、②两项验证。

④ 误差原因分析。

⑤ 心得体会及其他。

A.2.2 实验二 叠加原理的验证

（1）实验目的

验证线性电路叠加原理的正确性，加深对线性电路的叠加性和齐次性的认识与理解。

（2）实验原理

叠加原理指出：在有多个独立源共同作用下的线性电路中，通过每一个元件的电流或其两端的电压，可以看成是由每一个独立源单独作用时在该元件上所产生的电流或电压的代数和。

线性电路的齐次性是指当激励信号（某独立源的值）增加或减小 K 倍时，电路的响应（即在电路中各电阻元件上所建立的电流和电压值）也将增加或减小 K 倍。

（3）实验设备（表 A-3）

实 验 设 备   表 A-3

序号	名称	型号与规格	数量	备注
1	直流可调稳压电源	0～30V	二路	
2	万用表		1	
3	直流数字电压表	0～200V	1	
4	直流数字毫安表	0～500mA	1	
5	叠加原理实验电路板		1	

（4）实验内容

实验线路如图 A-2 所示，用实验台挂箱的"基尔霍夫定律/叠加原理"线路。

① 将两路稳压源的输出分别调节为 12V 和 6V，接入 U_1 和 U_2 处。

② 令 U_1 电源单独作用（将开关 K_1 投向 U_1 侧，开关 K_2 投向短路侧）。用直流数字电压表和毫安表（接电流插头）测量各支路电流及各电阻元件两端的电压，数据记入表 A-4。

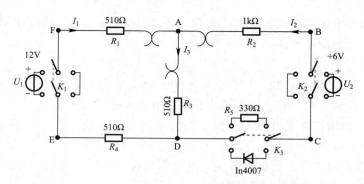

图 A-2 基尔霍夫定律/叠加原理电路连线图

③ 令 U_2 电源单独作用（将开关 K_1 投向短路侧，开关 K_2 投向 U_2 侧），重复实验步骤 2 的测量和记录，数据记入表 A-4。

④ 令 U_1 和 U_2 共同作用（开关 K_1 和 K_2 分别投向 U_1 和 U_2 侧），重复上述的测量和记录，数据记入表 A-4。

⑤ 将 U_2 的数值调至 +12V，重复上述第 3 项的测量并记录，数据记入表 A-4。

数据记录表 表 A-4

测量项目 实验内容	U_1(V)	U_2(V)	I_1(mA)	I_2(mA)	I_3(mA)	U_{AB}(V)	U_{CD}(V)	U_{AD}(V)	U_{DE}(V)	U_{FA}(V)
U_1 单独作用										
U_2 单独作用										
U_1、U_2 共同作用										
$2U_2$ 单独作用										

⑥ 将 R_5（330Ω）换成二极管 In4007（即将开关 K_3 投向二极管 In4007 侧），重复①～⑤的测量过程，数据记入表 A-5。

数据记录表 表 A-5

测量项目 实验内容	U_1(V)	U_2(V)	I_1(mA)	I_2(mA)	I_3(mA)	U_{AB}(V)	U_{CD}(V)	U_{AD}(V)	U_{DE}(V)	U_{FA}(V)
U_1 单独作用										
U_2 单独作用										
U_1、U_2 共同作用										
$2U_2$ 单独作用										

（5）实验注意事项

① 用电流插头测量各支路电流时，或者用电压表测量电压降时，应注意仪表的极性，正确判断测得值的＋、－号后，记入数据表格。

② 注意仪表量程的及时更换。

（6）预习思考题

① 在叠加原理实验中，要令 U_1、U_2 分别单独作用，应如何操作？可否直接将不作用的电源（U_1 或 U_2）短接置零？

② 实验电路中，若有一个电阻器改为二极管，试问叠加原理的叠加性与齐次性还成立吗？为什么？

（7）实验报告

① 根据实验数据表格，进行分析、比较，归纳、总结实验结论，即验证线性电路的叠加性与齐次性。

② 各电阻器所消耗的功率能否用叠加原理计算得出？试用上述实验数据，进行计算并作结论。

③ 通过实验步骤⑥及分析表 A-5 的数据，你能得出什么样的结论？

④ 心得体会及其他。

A.2.3 实验三 电压源与电流源的等效变换

（1）实验目的

① 掌握电源外特性的测试方法。

② 验证电压源与电流源等效变换的条件。

（2）实验原理

① 一个直流稳压电源在一定的电流范围内，具有很小的内阻。故在实用中，常将它视为一个理想的电压源，即其输出电压不随负载电流而变。其外特性曲线，即其伏安特性曲线 $U = f(I)$ 是一条平行于 I 轴的直线。一个实用中的恒流源在一定的电压范围内，可视为一个理想的电流源。

② 一个实际的电压源（或电流源），其端电压（或输出电流）不可能不随负载而变，因它具有一定的内阻值。故在实验中，用一个小阻值的电阻（或大电阻）与稳压源（或恒流源）相串联（或并联）来模拟一个实际的电压源（或电流源）。

③ 一个实际的电源，就其外部特性而言，既可以看成是一个电压源，又可以看成是一个电流源。若视为电压源，则可用一个理想的电压源 U_S 与一个电阻 R_0 相串联的组合来表示；若视为电流源，则可用一个理想电流源 I_S 与一电导 g_0 相并联的组合来表示。如果这两种电源能向同样大小的负载供出同样大小的电流和端电压，则称这两个电源是等效的，即具有相同的外特性。

一个电压源与一个电流源等效变换的条件为：

$$I_S = \frac{U_S}{R_0} \quad g_0 = \frac{1}{R_0} \quad R_0 = \frac{1}{g_0}，\text{或 } U_S = I_S R_0。\text{如图 A-3 所示。}$$

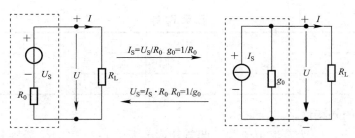

图 A-3 实验三

（3）实验设备（表 A-6）

实 验 设 备　　　　　　　　　　　　　　　　　　　表 A-6

序号	名称	型号与规格	数量	备注
1	可调直流稳压电源	0~30V	1	
2	可调直流恒流源	0~200mA	1	
3	直流数字电压表	0~200V	1	
4	直流数字毫安表	0~500mA	1	
5	万用表		1	
6	电阻器	51Ω，200Ω，1kΩ		
7	可调电阻箱	0~99999.9Ω	1	

测定直流稳压电源与实际电压源的外特性。

按图 A-4 接线。U_S 为 +6V 直流稳压电源。调节 R_2，令其阻值由大至小变化，记录两表的读数（表 A-7）。

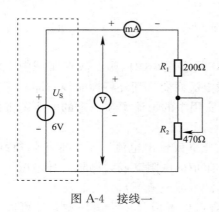

图 A-4　接线一　　　　　　　　　　图 A-5　接线二

记 录 读 数　　　　　　　　　　　　　　　　　　　表 A-7

$R_2(\Omega)$	470	400	350	300	250	200	150	100
$U(V)$								
$I(mA)$								

按图 A-5 接线，虚线框可模拟为一个实际的电压源。调节 R_2，令其阻值由大至小变化，记录两表的读数（表 A-8）。

记 录 读 数　　　　　　　　　　　　　　　　　　　表 A-8

$R_2(\Omega)$	470	400	350	300	250	200	150	100
$U(V)$								
$I(mA)$								

测定电流源的外特性。

按图 A-6 接线，I_S 为直流恒流源，调节其输出为 10mA，令 R_0 分别为 1kΩ 和 ∞（即接入和断开），调节电位器 R_L（从 0 至 470Ω），测出这两种情况下的电压表和电流表的读数。自拟数据表格，记录实验数据。

测定电源等效变换的条件。

先按图 A-7(a) 线路接线，记录线路中两表的读数；然后，利用图 A-7(a) 中右侧的元件和仪表，按图 A-7(b) 接线。调节恒流源的输出电流 I_S，使两表的读数与图 A-7(a) 时的数值相等，记录 I_S 的值，验证等效变换条件的正确性。

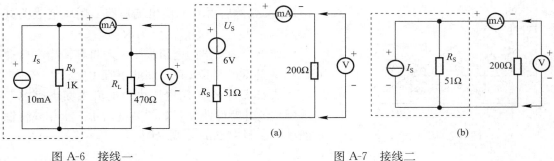

图 A-6　接线一　　　　　　　　　　　　　　　　　图 A-7　接线二

（4）实验注意事项

① 测电压源外特性时，不要忘记测空载时的电压值；测电流源外特性时，不要忘记测短路时的电流值。

② 换接线路时，必须关闭电源开关。

③ 直流仪表的接入应注意极性与量程。

（5）预习思考题

电压源与电流源的外特性为什么呈下降变化趋势？稳压源和恒流源的输出在任何负载下是否保持恒值？

（6）实验报告

① 根据实验数据绘出电源的四条外特性曲线，并总结、归纳各类电源的特性。

② 从实验结果，验证电源等效变换的条件。

③ 心得体会及其他。

A.2.4　实验四　戴维南定理的验证

（1）实验目的

① 验证戴维南定理和诺顿定理的正确性，加深对该定理的理解。

② 掌握测量有源二端网络等效参数的一般方法。

（2）实验原理

① 任何一个线性含源网络，如果仅研究其中一条支路的电压和电流，则可将电路的其余部分看作是一个有源二端网络（或称为含源一端口网络）。

戴维南定理指出：任何一个线性有源网络，总可以用一个电压源与一个电阻的串联来等效代替，此电压源的电动势 U_S 等于这个有源二端网络的开路电压 U_{oc}，其等效内阻 R_0 等于该网络中所有独立源均置零（理想电压源视为短接，理想电流源视为开路）时的等效电阻。

诺顿定理指出：任何一个线性有源网络，总可以用一个电流源与一个电阻的并联组合来等效代替，此电流源的电流 I_S 等于这个有源二端网络的短路电流 I_{SC}，其等效内阻 R_0 定义同戴维南定理。

$U_{oc}(U_S)$ 和 R_0 或者 I_{SC}（I_S）和 R_0，称为有源二端网络的等效参数。

② 有源二端网络等效参数的测量方法

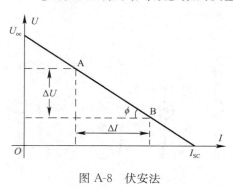

图 A-8　伏安法

开路电压、短路电流法测 R_0。在有源二端网络输出端开路时，用电压表直接测其输出端的开路电压 U_{oc}，然后再将其输出端短路，用电流表测其短路电流 I_{SC}，则等效内阻为 $R_0 = U_{oc}/I_{SC}$。

如果二端网络的内阻很小，若将其输出端口短路则易损坏其内部元件，因此不宜用此法。

伏安法测 R_0。用电压表、电流表测出有源二端网络的外特性曲线，如图 A-8 所示。根据外特性曲线求出斜率 $\tan\phi$，则内阻

$$R_0 = \tan\phi = \frac{\Delta U}{\Delta I} = \frac{U_{oc}}{I_{SC}}$$

也可以先测量开路电压 U_{oc}，再测量电流为额定值 I_N 时的输出端电压值 U_N，则内阻 $R_0 = \dfrac{U_{oc} - U_N}{I_N}$。

半电压法测 R_0。如图 A-9 所示，当负载电压为被测网络开路电压的一半时，负载电阻（由电阻箱的读数确定）即为被测有源二端网络的等效内阻值。

零示法测 U_{oc}。在测量具有高内阻有源二端网络的开路电压时，用电压表直接测量会造成较大的误差。为了消除电压表内阻的影响，往往采用零示测量法，如图 A-10 所示。

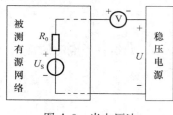

图 A-9　半电压法

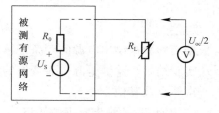

图 A-10　零示法

零示法测量原理是用一低内阻的稳压电源与被测有源二端网络进行比较，当稳压电源的输出电压与有源二端网络的开路电压相等时，电压表的读数将为"0"；然后，将电路断开，测量此时稳压电源的输出电压，即为被测有源二端网络的开路电压。

（3）实验设备（表 A-9）

实验设备				表 A-9
序号	名称	型号与规格	数量	备注
1	可调直流稳压电源	0～30V	1	
2	可调直流恒流源	0～200mA	1	
3	直流数字电压表	0～200V	1	
4	直流数字毫安表	0～500mA	1	

序号	名称	型号与规格	数量	备注
5	万用表		1	
6	可调电阻箱	0~99999.9Ω	1	
7	电位器	1K/2W	1	
8	戴维南定理实验电路板		1	

（4）实验内容

被测有源二端网络如图 A-11(a) 所示。

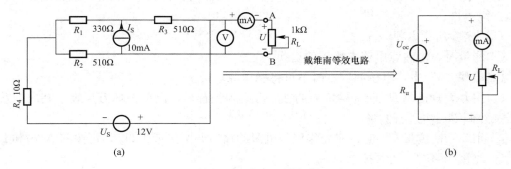

(a)   (b)

图 A-11 有源二端网络

用开路电压、短路电流法测定戴维南等效电路的 U_{oc}、R_0 和诺顿等效电路的 I_{SC}、R_0。按图 A-11(a) 接入稳压电源 $U_S=12\text{V}$ 和恒流源 $I_S=10\text{mA}$，不接入 R_L。测出 U_{oc} 和 I_{SC}，并计算出 R_0（测 U_{oc} 时，不接入 mA 表）。

负载实验

按图 A-11(a) 接入 R_L。改变 R_L 阻值，测量有源二端网络的外特性曲线。记录数据见表 A-10。

记 录 数 据   表 A-10

$R_L(\Omega)$	1000	900	800	700	600	500	400	300	200
$U(\text{V})$									
$I(\text{mA})$									

验证戴维南定理：从电阻箱上取得按步骤"1"所得的等效电阻 R_0 的值；然后，令其与直流稳压电源（调到步骤"1"时所测得的开路电压 U_{oc} 之值）相串联，如图 A-11(b)所示。仿照步骤"2"测其外特性，对戴氏定理进行验证。记录数据见表 A-11。

记 录 数 据   表 A-11

$R_L(\Omega)$	1000	900	800	700	600	500	400	300	200
$U(\text{V})$									
$I(\text{mA})$									

验证诺顿定理：从电阻箱上取得按步骤"1"所得的等效电阻 R_0 的值；然后，令其与直流恒流源（调到步骤"1"时所测得的短路电流 I_{SC} 的值）相并联，如图 A-12 所示。仿

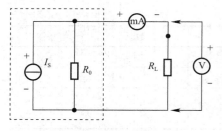

图 A-12　验证诺顿定理

照步骤"2"测其外特性，对诺顿定理进行验证。

　　有源二端网络等效电阻（又称输入端电阻）的直接测量法，见图 A-11(a)。将被测有源网络内的所有独立源置零（去掉电流源 I_S 和电压源 U_S，并在原电压源所接的两点用一根短路导线相连）；然后，用伏安法或者直接用万用表的欧姆档去测定负载 RL 开路时 A、B 两点间的电阻，此即为被测网络的等效内阻 R_0，或称网络的入端电阻 R_i。

　　用半电压法和零示法测量被测网络的等效内阻 R_0 及其开路电压 U_{oc}。线路及数据表格自拟。

　　（5）实验注意事项

　　① 测量时，应注意电流表量程的更换。

　　② 步骤"5"中，电压源置零时不可将稳压源短接。

　　③ 用万表直接测 R_0 时，网络内的独立源必须先置零，以免损坏万用表；其次，欧姆档必须经调零后再进行测量。

　　④ 用零示法测量 U_{oc} 时，应先将稳压电源的输出调至接近于 U_{oc}，再按图 A-10 测量。

　　⑤ 改接线路时，要关掉电源。

　　（6）预习思考题

　　① 在求戴维南或诺顿等效电路时，作短路试验，测 I_{sc} 的条件是什么？在本实验中可否直接作负载短路实验？请实验前对线路 A-11(a) 预先作好计算，以便调整实验线路及测量时可准确地选取电表的量程。

　　② 说明测有源二端网络开路电压及等效内阻的几种方法，并比较其优缺点。

A.2.5　实验五　受控源

　　（1）实验目的

　　通过测试受控源的外特性及其转移参数，进一步理解受控源的物理概念，加深对受控源的认识和理解。

　　（2）实验原理

　　电源有独立电源（如电池、发电机等）与非独立电源（或称为受控源）之分。

　　受控源与独立源的不同点是：独立源的电势 E_S 或电激流 I_S 是某一固定的数值或是时间的某一函数，它不随电路其余部分的状态而变。而受控源的电势或电激流则是随电路中另一支路的电压或电流而变的一种电源。

　　受控源又与无源元件不同，无源元件两端的电压和它自身的电流有一定的函数关系，而受控源的输出电压或电流则和另一支路（或元件）的电流或电压有某种函数关系。

　　独立源与无源元件是二端器件，受控源则是四端器件，或称为双口元件。它有一对输入端（U_1、I_1）和一对输出端（U_2、I_2）。输入端可以控制输出端电压或电流的大小。施加于输入端的控制量可以是电压或电流，因而有两种受控电压源（即电压控制电压源 VCVS 和电流控制电压源 CCVS）和两种受控电流源（即电压控制电流源 VCCS 和电流控制电流源 CCCS）。它们的示意图见图 A-13。

　　当受控源的输出电压（或电流）与控制支路的电压（或电流）成正比变化时，则称该受控源是线性的。理想受控源的控制支路中只有一个独立变量（电压或电流），另一个独立变量等于零，即从输入口看，理想受控源或者是短路（即输入电阻 $R_1=0$，因而 $U_1=0$）或者是开路（即输入电导 $G_1=0$，因而输入电流 $I_1=0$）；从输出口看，理想受控源或是一个理想电压源或者是一个理想电流源。

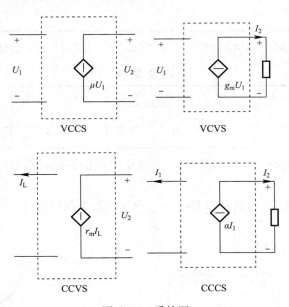

图 A-13　受控源

受控源的控制端与受控端的关系式称为转移函数。

四种受控源的转移函数参量的定义如下：

① 压控电压源（VCVS）：$U_2=f(U_1)$，$\mu=U_2/U_1$ 称为转移电压比（或电压增益）。

② 压控电流源（VCCS）：$I_2=f(U_1)$，$g_m=I_2/U_1$ 称为转移电导。

③ 流控电压源（CCVS）：$U_2=f(I_1)$，$R_m=U_2/I_1$ 称为转移电阻。

④ 流控电流源（CCCS）：$I_2=f(I_1)$，$\alpha=I_2/I_1$ 称为转移电流比（或电流增益）。

（3）实验设备（表 A-12）

实 验 设 备　　　　　　　　　　　　　　　　表 A-12

序号	名称	型号与规格	数量	备注
1	可调直流稳压源	0～30V	1	
2	可调直流恒流源	0～200mA	1	
3	直流数字电压表	0～200V	1	
4	直流数字毫安表	0～500mA	1	
5	可变电阻箱	0～99999.9Ω	1	
6	受控源实验电路板		1	

（4）实验内容

① 测量受控源 VCVS 的转移特性 $U_2=f(U_1)$ 及负载特性 $U_2=f(I_L)$，实验线路如图 A-14 所示。

不接电流表，固定 $R_L = 2\text{k}\Omega$，调节稳压电源输出电压 U_1，测量 U_1 及相应的 U_2 值，记入表 A-13、表 A-14。

记 录 数 据　　　　　　　　　　　　　　　　表 A-13

U_1(V)	0.1	0.5	1.0	2.0	3.0	3.5	3.7	4.0	g_m
I_L(mA)									

在方格纸上绘出电压转移特性曲线 $U_2 = f(U_1)$，并在其线性部分求出转移电压比 μ。

记 录 数 据　　　　　　　　　　　　　　　　表 A-14

R_L(kΩ)	5	4	2	1	0.5	0.4	0.3	0.2	0.1	0
I_L(mA)										
U_2(V)										

接入电流表，保持 $U_1 = 2\text{V}$，调节 R_L 可变电阻箱的阻值，测 U_2 及 I_L，绘制负载特性曲线 $U_2 = f(I_L)$。

② 测量受控源 VCCS 的转移特性 $I_L = f(U_1)$ 及负载特性 $I_L = f(U_2)$，实验线路如图 A-15 所示。

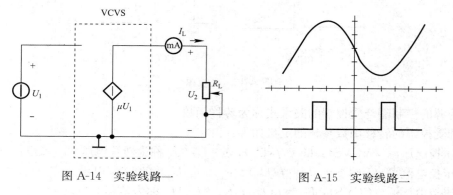

　　图 A-14　实验线路一　　　　　　　　图 A-15　实验线路二

（5）预习思考题

① 受控源和独立源相比有何异同点？比较四种受控源的代号、电路模型、控制量与被控量的关系如何？

② 四种受控源中的 r_m、g_m、α 和 μ 的意义是什么？如何测得？

③ 若受控源控制量的极性反向，试问其输出极性是否发生变化？

④ 受控源的控制特性是否适合于交流信号？

⑤ 如何由两个基本的 CCVS 和 VCCS 获得其他两个 CCCS 和 VCVS，它们的输入输出如何连接？

（6）实验报告

① 根据实验数据，在方格纸上分别绘出四种受控源的转移特性和负载特性曲线，并求出相应的转移参量。

② 对预习思考题作必要的回答。

③ 对实验的结果作出合理的分析和结论，总结对四种受控源的认识和理解。

④ 心得体会及其他。

A.2.6 实验六 典型电信号的观察与测量

（1）实验目的

① 熟悉低频信号发生器、脉冲信号发生器各旋钮、开关的作用及其使用方法。

② 初步掌握用示波器观察电信号波形，定量测出正弦信号和脉冲信号的波形参数。

③ 初步掌握示波器、信号发生器的使用。

（2）实验原理

① 正弦交流信号和方波脉冲信号是常用的电激励信号，可分别由低频信号发生器和脉冲信号发生器提供。正弦信号的波形参数是幅值 U_m、周期 T（或频率 f）和初相；脉冲信号的波形参数是幅值 U_m、周期 T 及脉宽 t_k。本实验装置能提供频率范围为 $20Hz \sim 50kHz$ 的正弦波及方波，并有 6 位 LED 数码管显示信号的频率。正弦波的幅度值在 $0 \sim 5V$ 之间连续可调，方波的幅度为 $1 \sim 3.8V$ 可调。

② 电子示波器是一种信号图形观测仪器，可测出电信号的波形参数。从荧光屏的 Y 轴刻度尺并结合其量程分档选择开关（Y 轴输入电压灵敏度 V/div 分档选择开关）读得电信号的幅值；从荧光屏的 X 轴刻度尺并结合其量程分档（时间扫描速度 t/div 分档）选择开关，读得电信号的周期、脉宽、相位差等参数。为了完成对各种不同波形、不同要求的观察和测量，它还有一些其他的调节和控制旋钮，希望在实验中加以摸索和掌握。

一台双踪示波器可以同时观察和测量两个信号的波形及参数。

（3）实验设备（表 A-15）

实验设备 表 A-15

序号	名称	型号与规格	数量	备注
1	双踪示波器		1	自备
2	函数信号发生器		1	
3	交流毫伏表	$0 \sim 600V$	1	
4	频率计		1	

（4）实验内容

① 双踪示波器的自检

将示波器面板部分的"标准信号"插口，通过示波器专用同轴电缆接至双踪示波器的 Y 轴输入插口 Y_A 或 Y_B 端，然后开启示波器电源，指示灯亮。稍后，协调地调节示波器面板上的"辉度""聚焦""辅助聚焦""X 轴位移""Y 轴位移"等旋钮，使在荧光屏的中心部分显示出线条细而清晰、亮度适中的方波波形；通过选择幅度和扫描速度，并将它们的微调旋钮旋至"校准"位置，从荧光屏上读出该"标准信号"的幅值与频率，并与标称值（1V、1kHz）作比较；如相差较大，请指导老师给予校准。

② 正弦波信号的观测

将示波器的幅度和扫描速度微调旋钮旋至"校准"位置。通过电缆线，将信号发生器的正弦波输出口与示波器的 Y_A 插座相连。接通信号发生器的电源，选择正弦波输出。通过相应调节，使输出频率分别为 50Hz、1.5kHz 和 20kHz（由频率计读出），填入表 A-16；再使输出幅值分别为有效值 0.1V、1V、3V（由交流毫伏表读得）。调节示波器 Y 轴和 X 轴的偏转灵敏度至合适的位置，从荧光屏上读得幅值及周期，记入表 A-17 中。

记录数据　　　　　　　　　　　　　　　表 A-16

频率计读数所测项目	正弦波信号频率的测定		
	50Hz	1.5kHz	20kHz
示波器"t/div"旋钮位置			
一个周期占有的格数			
信号周期（ms）			
计算所得频率（Hz）			

记录数据　　　　　　　　　　　　　　　表 A-17

交流毫伏表读数所测项目	正弦波信号幅值的测定		
	1V	2V	3V
示波器"V/div"位置			
峰—峰值波形格数			
峰—峰值			
计算所得有效值			

③ 方波脉冲信号的观察和测定

将电缆插头换接在脉冲信号的输出插口上，选择方波信号输出。

调节方波的输出幅度为 $3.0V_{P-P}$（用示波器测定），分别观测 100Hz、3kHz 和 30kHz 方波信号的波形参数。

使信号频率保持在 3kHz，选择不同的幅度及脉宽，观测波形参数的变化。

（5）实验注意事项

① 示波器的辉度不要过亮。

② 调节仪器旋钮时，动作不要过快、过猛。

③ 调节示波器时，要注意触发开关和电平调节旋钮的配合使用，以使显示的波形稳定。

④ 作定量测定时，"t/div"和"V/div"的微调旋钮应旋至"标准"位置。

⑤ 为防止外界干扰，信号发生器的接地端与示波器的接地端要相连（称共地）。

⑥ 不同品牌的示波器，各旋钮、功能的标注不尽相同，实验前请详细阅读所用示波器的说明书。

⑦ 实验前应认真阅读信号发生器的使用说明书。

（6）预习思考题

① 示波器面板上"t/div"和"V/div"的含义是什么？

② 观察本机"标准信号"时，要在荧光屏上得到两个周期的稳定波形，而幅度要求为五格，试问 Y 轴电压灵敏度应置于哪一档位置？"t/div"又应置于哪一档位置？

③ 应用双踪示波器观察到如图 A-15 所示的两个波形，Y_A 和 Y_B 轴的"V/div"的指示均为 0.5V，"t/div"指示为 $20\mu S$，试写出这两个波形信号的波形参数。

（7）实验报告

① 整理实验中显示的各种波形，绘制有代表性的波形。

② 总结实验中所用仪器的使用方法及观测电信号的方法。

③ 如用示波器观察正弦信号时，荧光屏上出现图 A-16 所示的几种情况时，试说明测

试系统中哪些旋钮的位置不对？应如何调节？

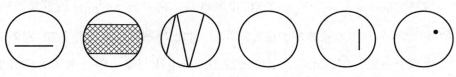

图 A-16　正弦信号

④ 心得体会及其他。

A.2.7　实验七 RC 一阶电路的响应测试

（1）实验目的

① 测定 RC 一阶电路的零输入响应、零状态响应及完全响应。

② 学习电路时间常数的测量方法。

③ 掌握有关微分电路和积分电路的概念。

④ 进一步学会用示波器观测波形。

（2）实验原理

① 动态网络的过渡过程是十分短暂的单次变化过程。要用普通示波器观察过渡过程和测量有关的参数，就必须使这种单次变化的过程重复出现。为此，我们利用信号发生器输出的方波来模拟阶跃激励信号，即利用方波输出的上升沿作为零状态响应的正阶跃激励信号；利用方波的下降沿作为零输入响应的负阶跃激励信号。只要选择方波的重复周期远大于电路的时间常数 τ，那么电路在这样的方波序列脉冲信号的激励下，它的响应就和直流电接通与断开的过渡过程是基本相同的。

② 图 A-17(b) 所示 RC 一阶电路的零输入响应和零状态响应分别按指数规律衰减与增长，其变化的快慢决定于电路的时间常数 τ。

③ 时间常数 τ 的测定方法：

用示波器测量零输入响应的波形如图 A-17(a) 所示。

根据一阶微分方程的求解得知，$U_C=U_m e^{\frac{t}{RC}}=U_m e^{\frac{t}{\tau}}$。当 $t=\tau$ 时，$U_{C(\tau)}=0.368U_m$。此时，所对应的时间就等于 τ。亦可用零状态响应波形增加到 $0.632U_m$ 所对应的时间测得，如图 A-17(c) 所示。

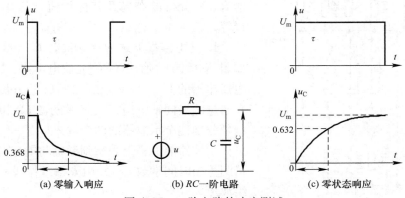

图 A-17　一阶电路的响应测试

④ 微分电路和积分电路是 RC 一阶电路中较典型的电路，它对电路元件参数和输入信号的周期有着特定的要求。一个简单的 RC 串联电路，在方波序列脉冲的重复激励下，当满足 $\tau = RC \ll \dfrac{T}{2}$ 时（T 为方波脉冲的重复周期），且由 R 两端的电压作为响应输出，则该电路就是一个微分电路。因为此时，电路的输出信号电压与输入信号电压的微分成正比，如图 A-18(a) 所示。利用微分电路可以将方波转变成尖脉冲。

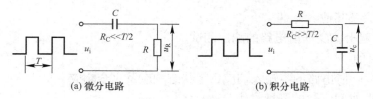

(a) 微分电路　　　　　　　　(b) 积分电路

图 A-18　微分电路和积分电路

若将图 A-18(a) 中的 R 与 C 位置调换一下，如图 A-18(b) 所示，由 C 两端的电压作为响应输出，且当电路的参数满足 $\tau = RC \gg \dfrac{T}{2}$，则该 RC 电路称为积分电路。因为此时，电路的输出信号电压与输入信号电压的积分成正比。利用积分电路可以将方波转变成三角波。

从输入输出波形来看，上述两个电路均起着波形变换的作用，请在实验过程仔细观察与记录。

（3）实验设备（表 A-18）

实　验　设　备　　　　　　　　　　　　　　表 A-18

序号	名称	型号与规格	数量	备注
1	函数信号发生器		1	
2	双踪示波器		1	
3	动态电路实验板		1	

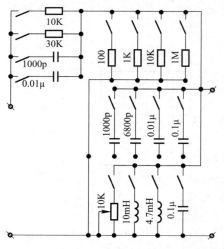

图 A-19　动态电路、选频电路实验板

（4）实验内容

实验线路板的器件组件，如图 A-19 所示，请认清 R、C 元件的布局及其标称值，各开关的通断位置等。

1. 从电路板上选 $R = 10\text{k}\Omega$、$C = 6800\text{pF}$，组成如图 A-17(b) 所示的 RC 充放电电路。U_i 为信号发生器输出的 $U_{PP} = 3\text{V}$、$f = 1\text{kHz}$ 的方波电压信号，并通过两根同轴电缆线，将激励源 U_i 和响应 U_C 的信号分别连至示波器的两个输入口 Y_A 和 Y_B。这时，可在示波器的屏幕上观察到激励与响应的变化规律，请测算出时间常数 τ，并用方格纸按 $1:1$ 的比例描绘波形。

少量地改变电容值或电阻值，定性地观察对响应的影响，记录观察到的现象。

2. 令 $R=10\text{k}\Omega$，$C=0.1\mu\text{F}$，观察并描绘响应的波形，继续增大 C 的值，定性地观察对响应的影响。

3. 令 $C=0.01\mu\text{F}$，$R=100\Omega$，组成如图 A-18(a) 所示的微分电路。在同样的方波激励信号（$U_{\text{p-p}}=3\text{V}$，$f=1\text{kHz}$）作用下，观测并描绘激励与响应的波形。

增减 R 的值，定性地观察对响应的影响并作记录。当 R 增至 $1\text{M}\Omega$ 时，输入输出波形有何本质上的区别？

（5）实验注意事项

① 调节电子仪器各旋钮时，动作不要过快、过猛。实验前，需熟读双踪示波器的使用说明书。观察双踪时，要特别注意相应开关、旋钮的操作与调节。

② 信号源的接地端与示波器的接地端要连在一起（称共地），以防外界干扰而影响测量的准确性。

③ 示波器的辉度不应过亮，尤其是光点长期停留在荧光屏上不动时，应将辉度调暗，以延长示波管的使用寿命。

（6）预习思考题

① 什么样的电信号可作为 RC 一阶电路零输入响应、零状态响应和完全响应的激励源？

② 已知 RC 一阶电路 $R=10\text{k}\Omega$，$C=0.1\mu\text{F}$，试计算时间常数 τ，并根据 τ 值的物理意义，拟定测量 τ 的方案。

③ 何谓积分电路和微分电路，它们必须具备什么条件？它们在方波序列脉冲的激励下，其输出信号波形的变化规律如何？这两种电路有何功用？

④ 预习要求：熟读仪器使用说明，回答上述问题，准备方格纸。

（7）实验报告

① 根据实验观测结果，在方格纸上绘出 RC 一阶电路充放电时 U_{C} 的变化曲线，由曲线测得 τ 值，并与参数值的计算结果作比较，分析误差原因。

② 根据实验观测结果，归纳、总结积分电路和微分电路的形成条件，阐明波形变换的特征。

心得体会及其他。

A.2.8 实验八 R、L、C 元件阻抗特性的测定

（1）实验目的

① 验证电阻、感抗、容抗与频率的关系，测定 $R\sim f$、$X_{\text{L}}\sim f$ 及 $X_{\text{C}}\sim f$ 特性曲线。

② 加深理解 R、L、C 元件端电压与电流间的相位关系。

（2）原理说明

① 在正弦交变信号作用下，R、L、C 电路元件在电路中的抗流作用与信号的频率有关，它们的阻抗频率特性 $R\sim f$、$X_{\text{L}}\sim f$、$X_{\text{C}}\sim f$ 曲线如图 A-20 所示。

② 元件阻抗频率特性的测量电路如图 A-21 所示。

图中的 r 是提供测量回路电流用的标准小电阻，由于 r 的阻值远小于被测元件的阻抗值，因此可以认为 AB 之间的电压就是被测元件 R、L 或 C 两端的电压，流过被测元件的电流则可由 r 两端的电压除以 r 所得。

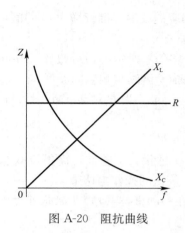

图 A-20 阻抗曲线

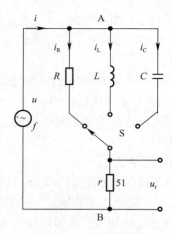

图 A-21 测量电路

若用双踪示波器同时观察 r 与被测元件两端的电压，亦就展现出被测元件两端的电压和流过该元件电流的波形，从而可在荧光屏上测出电压与电流的幅值及它们之间的相位差。

将元件 R、L、C 串联或并联相接，亦可用同样的方法测得 $Z_{串}$ 与 $Z_{并}$ 的阻抗频率特性 $Z \sim f$，根据电压、电流的相位差可判断 $Z_{串}$ 或 $Z_{并}$ 是感性还是容性负载。

元件的阻抗角（即相位差 ϕ）随输入信号的频率变化而改变，将各个不同频率下的相位差画在以频率 f 为横坐标、阻抗角 ϕ 为纵坐标的坐标纸上，并用光滑的曲线连接这些点，即得到阻抗角的频率特性曲线。用双踪示波器测量阻抗角的方法如图 A-22 所示。从荧光屏上数得一个周期占 n 格，相位差占 m 格，则实际的相位差 ϕ（阻抗角）为：

$$\phi = m \times \frac{360^\circ}{n}(^\circ)$$

（3）实验设备（表 A-19）

实 验 设 备   表 A-19

序号	名称	型号与规格	数量	备注
1	函数信号发生器		1	
2	交流毫伏表	$0 \sim 600\text{V}$	1	
3	双踪示波器		1	
4	频率计		1	
5	实验线路元件	$R=1\text{k}\Omega$，$r=51\Omega$，$C=1\mu\text{F}$，L 约 10mH	1	

（4）实验内容

① 测量 R、L、C 元件的阻抗频率特性

通过电缆线将函数信号发生器输出的正弦信号接至如图 A-21 所示的电路，作为激励源 u，并用交流毫伏表测量，使激励电压的有效值为 $U=3\text{V}$ 并保持不变。

使信号源的输出频率从 200Hz 逐渐增至 5kHz（用频率计测量），并使开关 S 分别接通 R、L、C 三个元件，用交流毫伏表测量 U_r，并计算各频率点时的 I_R、I_L 和 I_C（即 U_r/r）以及 $R=U/I_R$、$X_L=U/I_L$ 及 $X_C=U/I_C$ 之值。

【注意】在接通 C 测试时，信号源的频率应控制在 200～2500Hz 之间。

② 用双踪示波器观察在不同频率下各元件阻抗角的变化情况，按图 A-22 记录 n 和 m，算出 ϕ。

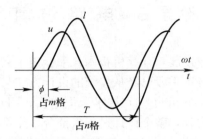

图 A-22　观察阻抗角的变化

③ 测量 R、L、C 元件串联的阻抗角频率特性，填入表 A-20。

记 录 数 据　　　　　　　　　　　　　　　　表 A-20

f(kHz)						
U_0(V)						
U_L(V)						
U_C(V)						

$U_i = 8V_{p-p}$　　　$C = 0.01\mu F$　　　$R = 200\Omega$　　　$f_0 =$　　　$f_2 - f_1 =$

（5）实验注意事项

① 交流毫伏表属于高阻抗电表，测量前必须先调零。

② 测 ϕ 时，示波器的"V/div"和"t/div"的微调旋钮应旋置"校准位置"。

（6）预习思考题

测量 R、L、C 各个元件的阻抗角时，为什么要与它们串联一个小电阻？可否用一个小电感或大电容代替？为什么？

（7）实验报告

① 根据实验数据，在方格纸上绘制 R、L、C 三个元件的阻抗频率特性曲线，从中可得出什么结论？

② 根据实验数据，在方格纸上绘制 R、L、C 三个元件串联的阻抗角频率特性曲线，并总结、归纳出结论。

③ 心得体会及其他。

附录 B 电 路 仿 真

随着电子信息产业的快速发展，计算机技术几乎涵盖了在电子电路设计的全过程。如今的电子产品的设计开发的技术手段已经从传统的设计方法与计算辅助设计（CAD）逐步被 EDA（Electronic Design Automation）技术全面取代。EDA 技术包括电路设计、电路仿真和系统分析三个方面的内容，整个设计过程大部分工作都是通过计算机完成的。基于其强大的设计、仿真和分析功能，EDA 的相关应用已经成为目前学习电子技术的重要工具和辅助手段。目前国内外常用的 EDA 软件包括：EWB、PSpice、Protel、OrCAD 等。以下以 EWB 系列软件中的最新 Multisim14.3 专业仿真软件为平台介绍相关电路仿真。

B.1 Multisim 仿真软件概述

B.1.1 Multisim 仿真软件简介

仿真软件 Multisim 的前身是在电子电路仿真软件 EWB（Electronics Workbench）在不断改进和发展的过程中诞生的。在 20 世纪 80 年代末期，由加拿大 IIT（Interactive Image Technologies）公司研发的 EWB 仿真软件，后经不断的改进升级出了不同版本。从 EWB6.0 版本开始，IIT 公司为突出电路的仿真功能，而专门设置用于电路的仿真与设计模块，并命名为 Multisim。后于 2005 年被美国的 NI（National Instrument）公司收购，并于次年推出了基于 Windows 系统的 Multisim9.0 版本。

Multisim 是行业标准的 SPICE 仿真和电路设计软件，适用于模拟、数字和电力、电子领域的教学和研究。Multisim 集成了业界标准的 SPICE 仿真以及交互式电路图环境，可即时可视化和分析电子电路的行为。其直观的界面可帮助我们对电路理论的理解，也有助于高效地记忆工程课程的理论。研究、设计人员可借助 Multisim 减少 PCB 的原型迭代，并为设计流程添加功能强大的电路仿真和分析，以节省开发成本。

Multisim 软件的虚拟测试仪器仪表种类齐全，有一般实验室所用的通用仪器，如直流电源、函数信号发生器、万用表、双踪示波器，还有一般实验室少有或没有的仪器，如波特图仪、数字信号发生器、逻辑分析仪、逻辑转换器、失真仪、频谱分析仪和网络分析仪等。该软件的元器件库中有数以万计的电路元器件供实验选用，不仅提供了元器件的理想模型，还提供了元器件的实际模型，同时还可以新建或扩充已有的元器件库，而且建库所需的元器件参数可以从生产厂商的产品使用手册中查到，与生产实际紧密相联，可以非常方便地用于实际的工程设计。该软件可以对被仿真的电路中的元器件设置各种故障，如开路、短路和不同程度的漏电等，从而观察不同故障情况下的电路工作状况。在进行仿真的同时，该软件还可以存储测试点的所有数据，列出被仿真电路的所有元器件清单，以及存储测试仪器的工作状态、显示波形和具体数据等；该软件还具有多种电路分析功能，如直流工作点分析、交流分析、瞬态分析、傅里叶分析、失真分析、噪声分析、直流扫描分析、参数扫描分析等，便于设计人员对电路的性能进行推算、判断和验证。Multisim 软件易学易用，可以很好地解决理论教学与实际动手实验相脱节的问题。

与传统的实物实验比较，基于 Multisim 软件的仿真实验主要有以下特点：

（1）集成化的设计环境，可以任意的在系统中集成数字及模拟元器件，完成原理图输入、数模混合仿真以及波形图的显示等工作。当改变电路连线或元器件参数时，相应波形实时变化显示。

（2）软件界面友好，便于操作仿真。用户可以同时打开多个电路，轻松地选择和编辑元器件、调整电路连线、修改元器件属性。旋转元器件的同时管脚名也随着旋转并且自动配置元器件标识。此外，还有自动排列连线、在连线时自动滚动屏幕、以光标为准对屏幕进行缩小和放大等功能，画原理图时更方便、快捷。

（3）设计和实验用的元器件及测试用的仪器仪表齐全、准确，可以克服在实际实验室中的条件限制，随意组合应用完成各种类型的电路设计与实验。进行电子电路的实验成本低，实验中不消耗实际的电子元器件，并且实验中的种类和数量不受限制，从而克服了经费不足的制约。

（4）实验效率大大提高。在虚拟仿真实验中，可以克服采用传统实验方式进行实验时所遇到的各种不利因素的干扰和影响，如设备仪器的损坏、故障等情况影响实验的进行。从而，使实验结果更好地反映出了不同实验的本质，使整个实验过程更快捷、准确。

（5）实验分析手段丰富，可以完成电路的瞬态分析和稳态分析、时域和频域分析、器件的线性和非线性分析、电路的噪声分析和失真分析、离散傅里叶分析、电路零极点分析、交直流灵敏度分析等电路分析方法，能够快速、轻松、高效地对电路参数进行测试和分析，使设计与实验同步进行，可以边设计边实验，修改、调试方便。还可直接打印输出实验数据、测试参数、曲线和电路原理图。

B.1.2 NI Multisim14.3 软件的安装

NI Multisim14.3 是目前 Multisim 软件的最新版本，该软件分为教学版和专业版。软件支持德语和英语（目前也支持汉化）。不同版本开放的软件资源部同，但安装和使用方法基本相同。

首先在 NI 官方网站技术支持栏下按照个人需求进行软件版本和类型的选择并进行下载。如图 B-1 所示。下载后的文件进行解压，并找到 Install.exe 文件并运行，按照类似软件正常安装即可，如图 B-2 所示。

图 B-1 软件版本选择与下载

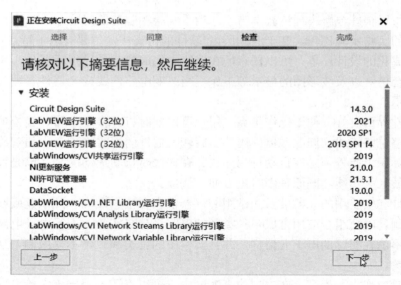

图 B-2　软件的安装

B.1.3　Multisim14.3 主界面

运行 NI Multisim14.3 后，即进入仿真软件的主界面。演示的仿真软件已经进行汉化后的界面，如图 B-3 所示。Multisim14.3 的主界面由多个区域构成，从上至下包括：标题栏、菜单栏、主工具栏、标准工具栏、元件工具栏、设计工具箱、仿真电路工作窗、仪器工具条、状态栏等。通过软件操作界面上这些工具栏提供的功能，就可以开始电路的设计与仿真，可实现编辑电路、调试、观测和分析电路。

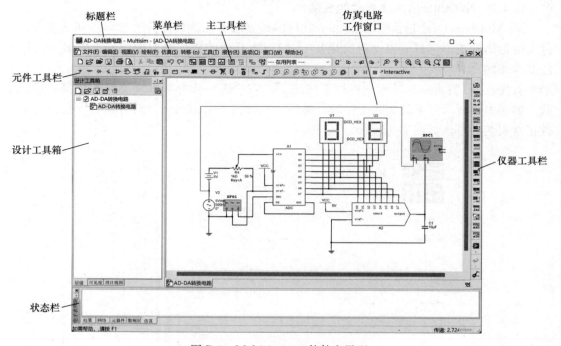

图 B-3　Multisim14.3 软件主界面

B.2　Multisim 电路仿真

我们将选取 7 个有代表性的电路仿真实例，来进行电路理论学习的验证与分析。希望通过仿真例程的学习，在熟练仿真软件 Multisim14.3 操作的同时，能够强化电路课程中所学习到的线性电路基本理论、应用和分析方法等相关内容。电路的仿真实例的内容分别为：基尔霍夫定律、线性叠加定理、戴维南定理、一阶 RC 动态电路、正弦稳态电路、谐振电路、三相电路。

B.2.1　基尔霍夫定律仿真

应用 Multisim14.3 来进行不同电路的仿真实验，第一步就是要在我们的电路仿真工作窗口中搭建想要的仿真电路原理图，通用步骤如下：

（1）创建目标电路的仿真文件；

（2）设置电路工作窗口界面；

（3）设计目标电路原理图；

（4）查找、选择电路所用到的元器件；

（5）设置元器件参数；

（6）添加并设置仪器仪表；

（7）按要求连接仿真电路。

基尔霍夫定律包括基尔霍夫电压定律和电流定律，两个定律的仿真实验过程相似，故以验证基尔霍夫电压定律为例进行演示，而基尔霍夫电流定律读者可按照下面内容自行进行仿真验证。基尔霍夫电压定律的仿真电路如图 B-4 所示。通过一个直流电阻电路，验证两个电阻的电压与电源电压的关系是否与基尔霍夫电压定律内容相一致。

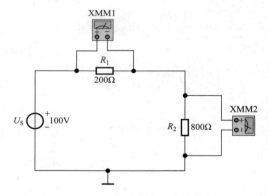

图 B-4　基尔霍夫电压定律实验电路

添加元件时，单击"元件工具栏"中的"基本元件库"（快捷键 Ctrl＋W），并按图中内容搭建仿真电路。本例中，用到了直流电压源、电阻及万用表。搭建完成后，可以单击 ▶（快捷键 F5）运行仿真，可得如图 B-5 所示结果。通过仿真结果，可验证理论内容。仿真电路的内容，大家可以按自己的需要随意更改。

B.2.2　线性叠加定理仿真

线性电路由线性元件组成并具有叠加性，本实验就是验证线性电路的叠加定理。本实验的设计思路是分别测量电压源和电流源单独作用在线性电路时的电阻电压，如图 B-6 所示。再测量电压源和电流源共同作用下的电阻电压，如图 B-7 所示。并对结果进行比较，观察三个电路中的安培计中的读数，验证叠加定理。

添加元件时，单击"元件工具栏"中的"基本元件库"（快捷键 Ctrl＋W），并按图中内容搭建仿真电路。本例在"电源库"中调用直流电压源、电流源、接地，"基本元件库"中调用电阻，在"仪器工具栏"中调用安培计，仿真参数如图 B-6、图 B-7 所示。

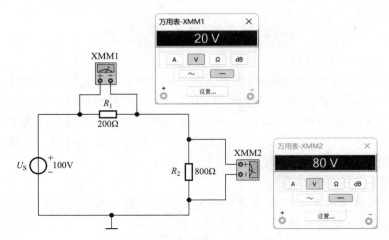

图 B-5　基尔霍夫电压定律电路仿真

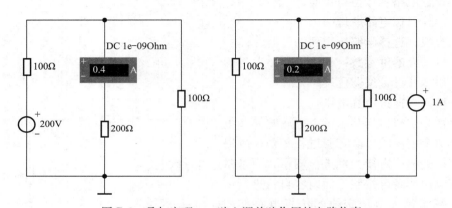

图 B-6　叠加定理——独立源单独作用的电路仿真

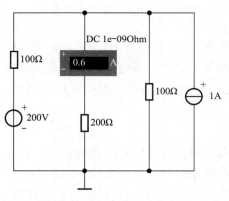

图 B-7　叠加定理——独立源
共同作用的电路仿真

B.2.3　戴维南定理仿真

戴维南定理是指任何一个线性有源的二端网络，对外电路而言，都可以等效为一个理想的电压源和一个电阻串联。通过如图 B-8(a) 所示搭建的戴维南定理仿真电路模型，通过测量端口 ab 的电压可以确定端口伏安关系。并通过戴维南定理理论内容计算等效模型，搭建如图 B-8(b) 所示的等效仿真电路，观察测量结果，确定并进一步理解和验证戴维南定理的正确性。

添加元件时，单击"元件工具栏"中的"基本元件库"（快捷键 Ctrl＋W），并按图中内容搭建仿真电路。本例在"电源库"中调用直流电压源、受控电压源、接地，"基本元件库"中调用电阻，在"仪器工具栏"中调用安培计，以及如图 B-9 所示的探针工具栏，选取电压探针工具。如果探针工具栏未设置在常用工具栏中，可通过如图 B-10 所示进行添加。电路其他仿真参数如图 B-8 所示。

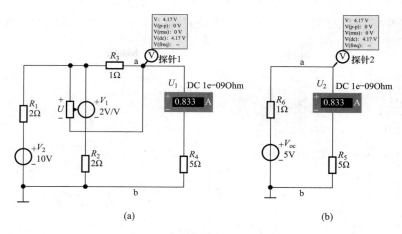

图 B-8　戴维南定理的电路仿真

图 B-9　探针工具栏位置及探针工具

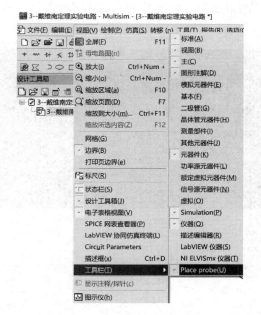

图 B-10　添加探针工具栏

B.2.4　一阶动态电路仿真

验证一阶 RC 动态电路的仿真电路如图 B-11 所示，并按图中内容搭建仿真电路。本例在"电源库"中调用接地，"基本元件库"中调用电阻和电容，在"仪器工具栏"中调用函数发生器和示波器，电路其他仿真参数如图 B-11 所示。

仿真电路中的函数发生器 XFG1 的参数设置如图 B-12 所示。示波器 XSC1 的显示参数和仿真波形如图 B-13 所示。

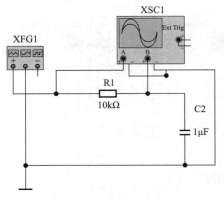

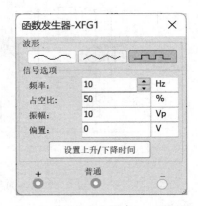

图 B-11　一阶动态仿真电路　　　　　图 B-12　函数发生器 XFG1 的参数

仿真电路中的函数发生器 XFG1 的参数设置如图 B-13 所示。示波器 XSC1 的显示参数和电路运行后的仿真波形如图 B-13 所示。图 B-13 中，可以看到由信号发生器输出的方波和电容电压波形，从波形可以很容易发现电容充电电压波形呈指数规律上升。同时，可以通过改变仿真电路中电阻和电容的参数值来改变一阶动态电路的时间常数，$\tau = RC$ 来调整不同的电路波形。观察测量结果，确定并进一步理解和验证一阶电路的理论内容。

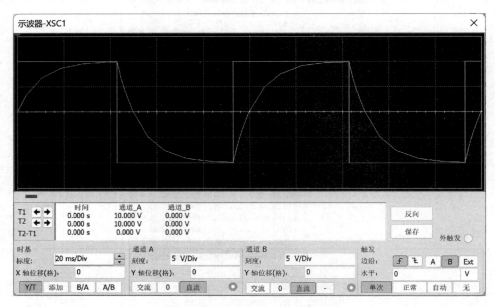

图 B-13　示波器参数和波形图

同时，可以参照如图 B-14 所示的一阶动态仿真电路的频率响应。图 B-14(a) 为一阶 RC 仿真电路图，图 B-14(b) 为波特测试仪波形，图 B-14(c) 为图视仪波形。

B.2.5　正弦稳态电路仿真

在正弦稳态电路仿真过程中，我们将应用示波器来测量正弦稳态电路中的不同波形之间的相位关系。通过电感器件和 RL 串联电路为例，验证正弦稳态电路中应用示波器测量相位差的结论。正弦稳态仿真电路及其他仿真参数如图 B-15 所示。

　　本例在"电源库"中调用交流电压源和接地，"基本元件库"中调用电阻和电感，在"仪器工具栏"中调用双踪示波器 XSC。其中，用通道 A 测量输入波形（标注为红色），通道 B 测量电阻两端波形（标注为蓝色）。测量并观察波形相位关系，如图 B-16 所示。

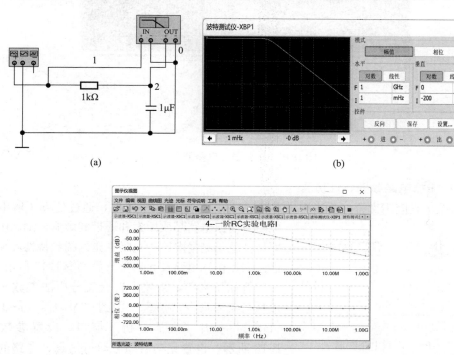

(a)　　　　　　　　　　　　　　　(b)

(c)

图 B-14　一阶 RC 电路频率响应

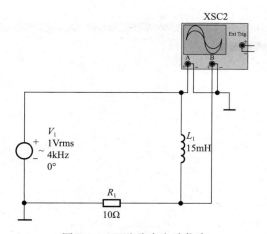

图 B-15　正弦稳态电路仿真

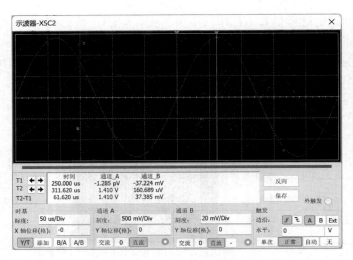

图 B-16　正弦稳态电路波形

B.2.6　谐振电路频率特性仿真

串联谐振仿真应用交流分析法测试 *RLC* 串联谐振电路频率特性，通过仿真了解电路中电阻对谐振电路品质因素和通带的影响。测试电路频率特性就是测量电路中电阻电压的幅频特性和相频特性。谐振仿真电路及元器件参数如图 B-17 所示。

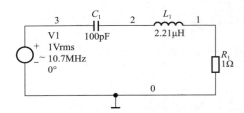

图 B-17　*RLC* 串联电路波形

开始仿真前，需要设置交流分析法参数，可通过执行菜单命令"仿真"中的"Analyses and Simulation"打开"交流分析"窗口。设置参数如图 B-18 所示。设置完毕后即可运行仿真，电路的频率特性曲线如图 B-19 所示。图中，上部曲线是幅频特性曲线和数据；下半部分是相频特性曲线和数据。

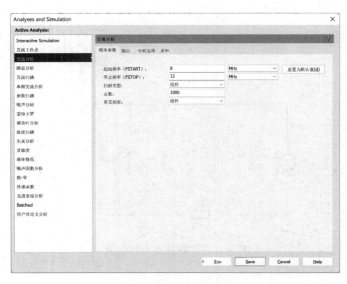

图 B-18　交流参数设置

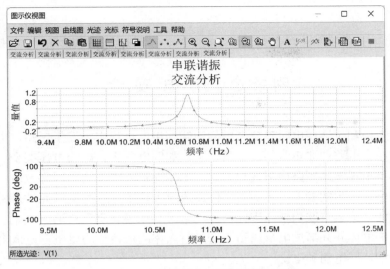

图 B-19　串联谐振电路的频率特性曲线

B.2.7　三相电路

利用仿真软件搭建并测量三相电路中的相电压、线电压、相电流和线电流值，并验证三相系统的相、线关系。通过仿真模拟，加深对三相系统的理解。三相仿真电路及元器件参数如图 B-20 所示。

本例在"电源库"中调用三相交流电压源，三相负载的灯泡参数为 120V100W，在"仪器工具栏"中调用伏特计和安培计。测量并观察计量表的读数如图 B-20 所示。

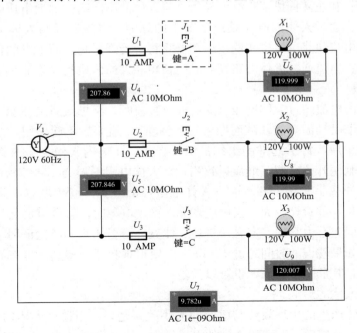

图 B-20　对称负载的三相仿真电路

附录 C 用电安全

安全是在工作和生活用电时首要考虑的问题。用电过程中,发生短路、电击和烧伤的可能性始终存在。电路在非正常的工作条件下,如闪电雷击、电流电压突变、潮湿、绝缘层老化等,容易出现电路短路而引发火灾。当电压加在人体上的不同部位时,人体便提供了一条电流通路,产生的触电电流会对人体造成电击伤害;有些电气元件通常在高温下工作,意外接触便会造成皮肤灼伤。因此,在用电时必须树立安全意识。

人体触及带电体并并形成电流通路,造成对人体的伤害称为触电。电流对人体的伤害可分为两种类型,即电伤和电击。

电伤是指由于电流的热效应、化学效应和机械效应对人体的外表造成的局部伤害,例如灼伤电烙印、皮肤金属化等。电伤不是很严重的情况下,一般无生命危险。

电击是指电流流过人体内部造成人体内部器官的伤害。当电流流过人体时会造成人体内部器官发生生理或病理变化,工作机能紊乱,严重时会导致人体休克乃至死亡。

1. 用电安全知识

(1) 电击与触电危险

① 人体与电击

人体内的血管和血液构成了很好的导体,当人体的不同部位加上电压时,就会有电流沿血管流过人体,通过人体的电流是产生电击的原因。电流路径与人体上加电的部位有关,流过人体的电流通路决定了哪些组织和器官将会受到影响,而电击的伤害程度与电压高低、电流大小、电流通过人体的路径、时间长短和人的体质状况等都有直接关系。

② 触电危险

当通过人体的电流超过人体所能忍受的安全数值时,会导致肌肉痉挛,使肺部停止工作,心肌失去收缩跳动的功能,从而导致心室颤动,"血泵"不起作用,全身血液循环停止。血液循环停止后,将引起细胞组织缺氧,在 $10\sim15s$ 内人便会失去知觉;再过几分钟,人的神经细胞便开始麻痹,继而导致死亡。人体电阻一般为 $10\sim50k\Omega$,与测量部位有关。如果在出汗或手脚湿、有水时,人体电阻可能降到 400Ω 左右,此时触电会很危险。触电时间越长,危险性越大。当触电者无法摆脱电源时,触电电流会导致肌肉收缩力迅速下降,进而引起心力衰竭、窒息、昏迷、休克,乃至死亡。经验证明,对于一般低压触电者的抢救,如果耽误的时间超过 $15min$,人便很难救活。特别是患有心脏病、肺病或精神病的人触电,其危险性更大,也难以救治。

(2) 电流对人体的影响

电流导致人体产生的生理效应与电流的大小关系密切。当通过人体的电流非常小时,人体感觉轻微或没有感觉;若通过人体的电流稍大,人就会有"麻电"的感觉;当电流达到 $8\sim10mA$ 时,便可形成危险的触电事故;当电流超过 $75mA$ 时,在很短时间内就会使人窒息、心跳停止。表 C-1 详细列举了不同电流值对人体的影响。

不同电击电流导致的人体生理效应 表 C-1

电流（mA）	人体生理效应
0.4	轻微感觉
1.1	感觉阈值，有针刺感觉
1.8	无害电击，有"麻电"感觉，未失去肌肉控制感
9.0	有害电击，感到不能忍受，但还没有失去肌肉控制感
16.0	有害电击，摆脱阈值
23.0	有害电击，肌肉收缩，呼吸困难
75.0	心脏纤维性颤动，致颤阈值，10～15s 内会危及生命
235.0	心脏纤维性颤动，通常在 5s 或更短时间内就能致人死亡
4000.0	心脏停止跳动（没有心脏纤维性颤动）
5000.0	内部组织严重烧伤

当加在人体上的电压大到一定数值时，就会发生触电事故。因此，我国规定 36V 及以下的电压为安全电压；超过 36V，就有使人触电死亡的危险。

（3）常见的触电类型

触电导致人身伤亡的事例很多，原因各有不同，但可以归纳为以下四个方面。

① 缺乏安全用电知识

对安全用电缺乏认识，对电击产生的危险性缺乏认识。攀爬高压线杆及高压设备；架空线附近放风筝；不明导线用手错抓、误碰；低压架空线路断线后不停电，用手接触；在安全措施不完善时带电作业；中性线作地线使用；带电体任意裸露，随意摆弄电器；没有经过电工专业培训，进行电器的安装、接线、私拉乱接等，造成本人和他人的触电事故。不能正确判断物体是否带电，不能正确区分导电材料和绝缘材料，不能正确选择绝缘的安全操作方法和处置措施；未牢固树立用电故障必须请专业电工检修的意识等。

② 未做好绝缘保护。

人站在绝缘物体上，却用手扶墙或接触其他导电体，或与非绝缘人体接触；人站在木桌、木椅上，而木桌、木椅却因潮湿等原因转化成为导体。电源插座未连接地线。用电仪器设备安装使用时，机壳必须接地，通常采用三芯插头通过电源插座连接地线。如果电源插座未连接地线，如某些电风扇、电冰箱、空调、仪器仪表等金属外壳未连接接地线，电器长时间工作时会产生感应电流或发生漏电现象，人体接触设备的外壳就会发生触电，引起人身伤害事故。

在配电系统中，应分级安装新型的电气安全装置——漏电保护器和空气开关，实行分级保护。漏电保护和空气开关可以及时切断电源，对预防各类事故的发生，保护设备和人身的安全，提供了可靠、有效的技术手段。

③ 用电设备未及时检修

如果开关、插座、灯头等日久失修，胶木、塑料外壳老化破裂，电线绝缘层老化脱裂，各种电器或电动机受潮，蓄电池腐蚀漏液等，极易引起触电电击。农村和乡镇企业往往是触电事故的高发区，其原因大致有如下几种类型。安装修理电灯、电线时，似懂非懂、私拉乱接，造成触电；私设低压电网，用电捕鱼和捉老鼠，造成触电；用"一线一地"安装电灯，极易造成触电事故；误拾断落电线触电，同伴用手去拉触电者，便会造成多人受伤或死亡；电灯安装的位置过低，碰撞打碎灯泡时，人手触及灯丝引起触电；在供电线路下或变压器旁盲目施工，因碰撞电线或变压器而引起触电；儿童在电线或电器附近追逐、玩耍，误触电线而酿成大祸。

④ 违反操作规程

违反操作规程。带电拉合隔离开关或跌落式熔断器；在高压线路下违章建筑施工；带电进行线路或电气设备的操作而又未采取必要的安全措施；误入带电间隔，误登带电设备；带电修理电动工具；带电移动电气设备；不遵守安全规章规程，违章操作或约时停、送电；抢救触电者时，用手直接拉伤员，从而使救护人员触电等。特别值得强调的是，人体触电的方式主要可以划分为直接触电、间接触电及带电体的距离小于安全距离的触电。

2. 安全用电原则

在使用或操作电气装置和电子设备时，必须遵循安全用电原则，坚持按规程操作和使，预防发生触电伤亡事故。具体执行中要把握如下原则：

（1）线路、设备必须是合格产品

线路、电气、设备产品合格是保障安全用电的根本性措施，因此必须选择有安全认证志的产品。特别是新设立的用电部门和企业，必须向当地供电部门申报；安装时，应由证的合格电工按照供电部门的规划设计和标准施工。修理时，也必须找合格的电工。

（2）树立安全用电意识

普及安全用电知识，思想上建立安全用电观念，行动上须严格做到如下几点：

① 禁止私设电网、私拉乱接、带电连接火线；

② 禁止带电移动、安装、检修电气设备，禁止接触高于 36V 的带电体；

③ 禁止靠近高压带电体，禁止损坏电器设备中的绝缘体；

④ 开关接在火线上，各种电器一定要按要求接地；

⑤ 安装螺纹灯的灯头时，火线接中心、零线接金属的螺纹端；

⑥ 铺设室内电线时，不要与其他金属导体接触；电线老化及破损时，要及时更换修复；

⑦ 不要用湿手插拔插头、拨动开关或操作仪器，不站在金属或潮湿的地面上接触火线；

⑧ 检修线路前，先把总电闸断开，再用测电笔检测接触点是否带电，并尽可能用单手操作；

⑨ 在必须带电操作时，要注意与大地绝缘；检修电器设备前，正确使用各种电工工具，确保金属工具手柄的绝缘性良好；

⑩ 连接电路时，一定要最后连接最高电压点。

3. 触电急救

触电急救的关键是迅速脱离电源及正确的现场救护。人身触电事故时有发生，对触电者施救属于紧急教护，报据相关法律法规的规定，紧急救护原则可归纳为以下几点。

（1）紧急救护的根本原则是在现场采取积极保护措施保护伤员生命安全，减轻伤情，减少痛苦，并根据伤情需要，迅速联系医疗部门救治。急救成功的条件是动作快、操作正确，任何拖延和操作错误都会导致伤员的伤情加重或死亡。

（2）要认真观察伤员全身的情况，防止伤情恶化。发现伤员意识不清、瞳孔放大、无反应、呼吸和心跳停止时，应立即在现场就地抢救，用心肺复苏法支持呼吸和循环，对脑、心等重要器官进行供养。心停止跳动后，只有迅速开展就地抢救，救活的可能才比较大。

（3）现场工作人员都应该定期进行培训，掌握紧急救护方法。会正确脱离电源、会心肺复苏法、会止血、会包扎、会转移搬运伤员、会处理急救外伤或中毒。

（4）生产现场和经常有人工作的场所应配备急救箱，存放急救用品，并指定专人经常检查、补充和更换。

4. 电气安全用具

在电能生产、使用或电气维护的过程中，工作人员经常使用各种电气工具，这些工具不仅对完成工作任务起一定的作用，而且对保护人身安全，如防止人身触电，电弧约伤、高空摔跌等起重要作用。为充分发挥电气安全用具的保护作用，电气工作人员应对各种电气用具的基本结构、性能有所了解，掌握其使用和保管方法。

电气安全用具就其基本作用可分为电气绝缘安全用具和一般防护安全用具两大类。这里介绍这两类安全用具的性能、作用、使用及维护的方法。

（1）电气绝缘安全用具

电气绝缘安全用具是用来防止电气工作人员直接触电的安全用具，它分为基本电气安全用具和辅助电气安全用具两种。

① 基本电气安全用具

基本电气安全用具是指那些绝缘强度能长期承受设备的工作电压，并且在该电压等级产生内部过电压时能保证人身安全的绝缘工具。基本电气安全用具可直接接触带电体，如绝缘棒、验电器、绝缘隔板、绝缘罩、核相器、个人保安接地线等。

② 辅助电气安全用具

辅助电气安全用具是指那些主要用来进一步加强基本电气安全用具绝缘强度的工具，如绝缘手套、绝缘靴、绝缘垫、绝缘毯和绝缘站台等。辅助电气安全用具的绝缘强度比较低，不能承受高电压带电设备或线路的工作电压。只能加强基本电气安全用具的保护作用。因此，辅助电气安全用具配合基本电气安全用具使用时，能起到防止工作人员遭受接触电压、跨步电压、电弧灼伤等伤害。但在低压带电设备上，辅助电气安全用具可作为基本电气安全用具使用。

（2）一般防护安全用具

为了保证电力工作人员的安全和健康，除上述基本和辅助电气安全用具之外，还可使用一般防护安全用具，如安全带、安全帽、脚扣、梯子、安全绳、防静电服、防电弧服、安全自锁器、速差自控器、防护眼镜、过滤式防毒面具、正压式消防空气呼吸器、气体检漏仪、氧量测试仪、遮栏、标示牌、安全牌等。通过一般防护安全用具的介绍，掌握其正确使用和管理要求。一般防护安全用具主要用于防止停电检修的设备突然来电而发生触电事故，或防止工作人员走错间隔、误登带电设备、电弧灼伤和高空跌落等事故的发生。这种安全用具虽不具备绝缘性能，但对保证电气工作的安全必不可少。

5. 电气工作安全措施

电气工作包括电气安装、检修、维护以及电气系统的运行操作等。为保证工作的安全必须遵循相关的安全规程和安全规定。电气工作安全措施主要包括安全组织措施和安全技术措施。

（1）电气工作安全组织措施

电气工作安全组织措施是指在进行电气作业时，将与检修、试验及运行有关的部门组织起来，密切配合，在统一指挥下共同保证电气作业安全的规定和制度。

在电气设备上工作，保证电气作业安全的组织措施有工作票制度、工作许可制度、工作监护制度及工作间断、转移和终结制度。目前，部分企业在线路施工过程中，除了完成规定的组织措施外，还增加了现场勘察制度。

（2）电气工作安全技术措施

电气工作安全技术措施是指工作人员在电气设备上工作时，为了防止停电检修设备突然来电，防止工作人员由于身体或使用的工具接近临近设备的带电部分而小于允许的安全距离，防止工作人员误走带电间隔和带电设备等造成触电事故，对于全部停电或部分停电的设备上作业，必须采取的安全技术措施。

全部停电或部分停电的设备上作业时，必须完成的技术措施包括停电、验电、挂接地线、装设遮拦及悬挂标示牌。部分企业还增加了使用个人保安接地线的技术措施。